Andreas Dress
Gottfried Jäger (Hrsg.)

# Visualisierung
# in Mathematik, Technik und Kunst

Andreas Dress
Gottfried Jäger (Hrsg.)

# Visualisierung in Mathematik, Technik und Kunst

Grundlagen und Anwendungen

Die Deutsche Bibliothek – CIP-Einheitsaufnahme

**Visualisierung in Mathematik, Technik und Kunst:**
Grundlagen und Anwendungen / Andreas Dress und Gottfried Jäger
(Hg.). – Braunschweig; Wiesbaden: Vieweg, 1999
  ISBN 978-3-528-06912-4      ISBN 978-3-663-07748-0 (eBook)
  DOI 10.1007/978-3-663-07748-0


**Herausgeber:**

Prof. Dr. Andreas Dress
Forschungsschwerpunkt Mathematisierung – Strukturbildungsprozesse
Fakultät für Mathematik
Universität Bielefeld
Postfach 10 01 31
D-33501 Bielefeld
e-mail: dress@mathematik.uni-bielefeld.de

Prof. Gottfried Jäger
Forschungs- und Entwicklungsschwerpunkt Fotografie und Medien
Fachhochschule Bielefeld
Fachbereich Design
Postfach 10 11 13
D-33511 Bielefeld
e-mail: gjaeger@fhzinfo.fh-bielefeld.de





http://www.vieweg.de


Layout: Claudia Grotefendt, Bielefeld

Gedruckt auf säurefreiem Papier


ISBN 978-3-528-06912-4

# Inhaltsverzeichnis


Vorwort der Herausgeber — 1

## I. Mathematische und künstlerische Grundlagen

Schnittstelle Mathematik/Kunst — 3
*Herbert W. Franke*

Optimal Geometry Representations for High-Quality Visualization — 23
*Wolfgang Dahmen, Bernd Raabe, Tom-Michael Thamm*

## II. Wissenschaftliche Anwendungen

Simulation & Mathematik:
Anwendungen in der Luft- und Raumfahrt und in der Verkehrsforschung — 51
*Achim Bachem, K. Pixius*

Visualisierung zur Datenexploration in der Medizin. — 63
*Gabor Székely*

Mathematik, Complexe Systeme, Medizin:
Von der Potentialtheorie zu neuen radiologischen Werkzeugen — 91
*Hans-Otto Peitgen, Dirk Selle, Jean H. D. Fasel, Klaus-Jochen Klose,*
*H. Jürgens, Carl J. G. Evertsz*

Virtuelle und fotorealistische Projektvisualisierung im Bauwesen — 109
*Günter Pomaska*

## III. Künstlerische Anwendungen

Bildgeschichten aus Zahlen und Zufall. Betrachtungen zur Computerkunst — 117
*Frieder Nake*

Abbildungstreue.
Fotografie als Visualisierung: Zwischen Bilderfahrung und Bilderfindung — 137
*Gottfried Jäger*

Die lebendigen Sprachen der Medien und deren Repräsentationssprachen.
Einige Fragen der Visualisierung tanzsprachlicher Repräsentationen — 151
*János S. Petöfi*

Der Voronator – Eine Übung in Morphographie — 169
*Georg Nees*

**IV. Studium und Lehre**

Von Bildern und neuen Ingenieuren.
Aspekte eines Studiengangs Computervisualistik    189
*Jörg R. J. Schirra, Thomas Strothotte*


**V. Apparat**

Sachregister    208

Namensregister    216

Farbtafeln    219

Autorenverzeichnis    228

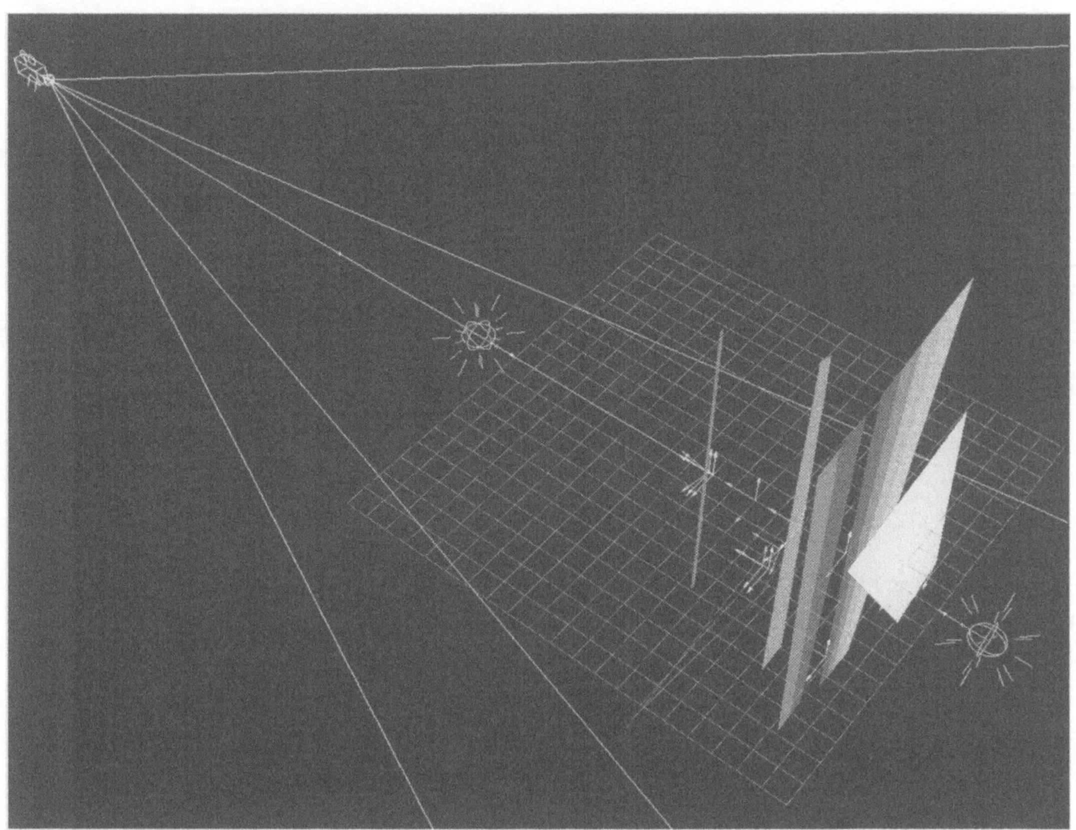

*Künstlerische Visualisierung eines historischen Kunstwerks. Bildschirmdarstellung von P. Serocka aus dem Projekt „Animato", Audiovisuelle Paraphrasen über das Gemälde K XVII von László Moholy-Nagy aus dem Jahr 1923 von G. Jäger, K. M. Holzhäuser, A. Dress u. a. (zum Beitrag „Abbildungstreue").*

# Vorwort

ZAHL, BILD und BEDEUTUNG, so heisst ein am Forschungsschwerpunkt
Mathematisierung-Strukturbildungsprozesse der Universität Bielefeld an-
gesiedeltes Forschungsprojekt, welches der Frage nach den Möglichkeiten und Grenzen visueller Kommunikation im Mathematikunterricht nach-
geht. Es widmet sich der Frage nach dem faszinierenderen Zusammenhang zwischen dem Abstraktesten, das wir kennen – der mathematischen Begrifflichkeit – und dem Bild, das uns als Abbild einer konkreten
„Wirklichkeit" entgegenkommt. Von immenser Bedeutung ist nun deren
Wechselbeziehung, ein Verhältnis, das man zur Interpretation von „Welt"
gern ein für allemal bestimmen und fixieren möchte – und das sich doch
einer abschliessenden definitorischen Festlegung immer wieder entzieht.

Die menschliche Bereitschaft und Fähigkeit, Bedeutung in Bildern zu
kodieren, ja, Bilder geradezu zum Inbegriff von Bedeutsamkeit zu machen, hat sich sicherlich bereits vor Jahrhunderttausenden und ineins mit
der Menschwerdung entwickelt. Davon legt jedes vorgeschichtliche Museum reichlich Zeugnis ab – bis hin zu den berühmten Höhlenbildern in
Spanien und Süd-Frankreich. Zahlen durch Bilder zu repräsentieren, war
für die Griechen *der* Ausweg aus der durch die Entdeckung der Irrationalzahlen entstandenen ersten „Grundlagenkrise" der damals noch so
jungen Mathematik. Bilder in Zahlen umzusetzen, lehrten Descartes und
Fermat, die Erfinder der Koordinatensysteme. Und spätestens seit Galilei
weiß man um die Bedeutung der Zahlen im Kontext der entstehenden exakten Wissenschaften – von den für die heutigen politischen und ökonomischen Entscheidungsprozesse so zentralen statistischen Erhebungen
ganz zu schweigen.

Diese vielfachen, gut etablierten und wohlbekannten, wenn auch nur
selten bewusst bedachten Beziehungen, welche zwischen der Welt der
Zahlen, dem Medium Bild und sinnhafter Bedeutung bestehen, befinden
sich heute allerdings in einem alles Hergebrachte infrage stellenden Um-
bruch, und sie müssen völlig neu hinterfragt werden. Das noch immer bei
weitem nicht absehbare Potential heutiger Computer, das gesamte soziale Gefüge unserer Welt nachhaltig zu verändern, beruht nicht zuletzt
auf deren Fähigkeit, in ungeahnter Schnelligkeit Bilder in Zahlen und Zahlen in Bilder umwandeln zu können und dabei mit den Bedeutungsinhalten
von Zahl und Bild fast spielerisch zu jonglieren, ja, auf dieser Basis ganz
neue, „virtuelle" Welten vorzugaukeln.

Wer von dieser Entwicklung nicht überrannt werden will, muss sich ihr bewusst stellen. Dazu wollen die Autoren dieses Buches beitragen. Dabei soll weder Angst geschürt noch einer unreflektierten Computerbegeisterung das Wort geredet werden. Vielmehr geht es darum, sachlich über die heutigen Möglichkeiten zu informieren, mit Computern Bilder zu erzeugen und zu bearbeiten: Bilder aus der Medizin werden ebenso diskutiert wie Bilder aus der Technik oder auch die mathematischen Grundlagen von Verfahren zur interaktiven Bilderzeugung. Vor allem aber werden – in eins damit – künstlerisch-gestalterische Anwendungen des Werkzeugs Computer thematisiert, und zwar, weil wir der Meinung sind, dass nur unter Einbeziehung gerade auch dieses Aspekts eine angemessene, dem Menschen und nicht der Maschine dienende Umgangsform mit diesem neuen Gast auf unserer Erde entwickelt werden kann.

Die hier vorliegende Publikation geht auf eine Ringvorlesung an der Universität Bielefeld im Sommersemester 1996 zum Thema „Visualisierung zwischen Kunst und Mathematik" zurück. Die Veranstaltung wurde von dem Forschungsschwerpunkt Mathematisierung – Strukturbildungsprozesse an der Universität Bielefeld und dem Forschungs- und Entwicklungsschwerpunkt Fotografie und Medien an der Fachhochschule Bielefeld geplant und ausgerichtet und, ebenso wie dieses Buch, durch die Weidmüller-Stiftung in Detmold finanziell in großzügiger Weise gefördert. Dafür danken wir an dieser Stelle besonders herzlich. Unser Dank gilt aber auch Herrn Peter Serocka für seine kontinuierliche, von höchster Sachkompetenz geprägte inhaltliche Unterstützung in allen Phasen der Arbeit und der Designerin Frau Claudia Grotefendt und ihrem Team für die sorgfältige Buchgestaltung sowie dem Vieweg-Verlag für sein Drängen ebenso wie für seine Geduld. Wir bedanken uns nicht zuletzt bei den Autoren, die sich bereitgefunden haben, hier gemeinsam, Fachgrenzen überspringend, aber nie das eigene Fach verleugnend, zu dem Thema „Visualisierung in Mathematik, Technik und Kunst" Stellung zu beziehen.

Die Herausgeber
Im September 1998

*Hinweis: Die in einzelnen Beiträgen mit einem (f) gekennzeichneten Schwarzweiß-Abbildungen, sind als Farbabbildungen auf den Seiten 221 bis 227 zusammengefasst wiedergegeben.*

# Schnittstelle Mathematik/Kunst

Herbert W. Franke

## Einleitung

Zwischen Mathematik und Kunst gibt es seit altersher viele Berührungspunkte. Manche strukturellen Eigenschaften, die in der Mathematik Bedeutung haben, sind auch wichtig für die Kunst. Ein Beispiel dafür ist die Symmetrie, die insbesondere im Ornament schon in vorgeschichtlicher Zeit in verschiedenster Weise in Erscheinung trat. Im Mittelalter begannen sich Maler mit der Perspektive auseinanderzusetzen, woraus sich eine enge Verbindung zur darstellenden Geometrie ergab. In diesem Jahrhundert kam es zu einem neuen Anknüpfungspunkt, und zwar durch die Versuche einer rational ausgerichteten Kunstwissenschaft, die statistische Methoden zur Beschreibung ästhetischer Strukturen anzuwenden versuchte.

Konnten diese Beziehungen noch als sporadische, auf bestimmte Fragestellungen bezogene Einzelfälle gelten, so kam es durch das Auftreten der computerunterstützten Grafik zu einer festen und wohl auch für die Zukunft dauerhaften Verbindung, die – wie gezeigt werden wird – sowohl für die bildenden Künstler als auch für die Wissenschaftler fruchtbar ist.

Ein großer Teil der sogenannten Computergrafik ist der Visualisierung mathematisch beschreibbarer Zusammenhänge gewidmet. Die ersten Anwender, darunter Mathematiker, Maschinenbauer, Architekten usw., waren an einer Verbesserung der damals aufkommenden Monitordarstellungen in Richtung auf höhere Auflösungen und erweitertes Farbrepertoire wenig interessiert. Es ist eine historische Facette, daß die heute erreichte hohe Qualität der Bilder den Wünschen und Trends von der Wissenschaft fernstehenden, eher an ästhetischen Fragen interessierten Kreisen zu verdanken ist. Der Anstoß zur Weiterentwicklung kam vor allem aus Werbung und Film, die für die neue Art der Bildgenerierung Einsatzmöglichkeiten im Fernsehen und im Kino fanden. Von dieser Seite wurde im übrigen auch ein Großteil der finanziellen Mittel für die Entwicklung beigetragen. Bemerkenswert ist daran nicht zuletzt auch die Tatsache, daß aus dem Wunsch nach „fotorealistischen Bildern" heraus ein Großteil der im Softwarebereich ausgelösten Forschungsarbeit der geometrischen und lichtoptisch einwandfreien Wiedergabe von Objekten gewidmet wurde; wie auch in anderen Entwicklungszügen der Computergrafik wiederholt sich hier gewissermaßen im Zeitraffertempo eine Entwicklung, die in der konventionellen bildenden Kunst Jahrtausende dauerte. Denn die Probleme – speziell im Zusammenhang mit Perspektive, Licht und Schatten, Farben und dergleichen –, die nun in Bezug auf die computerunterstützte Darstellung zu lösen waren, standen bei bildenden Künstlern schon früher einmal zur Diskussion und führten auch jetzt wieder zu Erkenntnissen, die für die mathematisch orientierte wie auch für die ästhetisch orientierte Computergrafik nützlich sind.

Völlig neue Perspektiven für eine Synergie zwischen Mathematik und Kunst ergeben sich im Aufgabenkreis der Visualisierung mathematischer Zusammenhänge. In der Geometrie, soweit sie sich innerhalb des dreidimensionalen Raums bewegt, ist die Möglichkeit der Veranschaulichung von vornherein gegeben, und auch andere Probleme der Mathematik sind eng mit räumllich darstellbaren Situationen verbunden, und so stößt man in einschlägigen Lehrbüchern immer wieder auf Illustrationen.

In Fachkreisen galten diese aber eher als Zugeständnisse an unbedarfte Leser. Erst die Auseinandersetzung mit der Differentialgeometrie führte zur Einsicht, daß die Formeln und die Bilder gleichrangige alternative Beschreibungsmöglichkeiten geometrischer Tatbestände sein können. Dennoch führte das Bild in der Mathematik noch lange Zeit eine untergeordnete Rolle. Einer der Gründe dafür liegt in der Tatsache, daß die Erstellung der grafischen Darstellungen mühsam und zeitraubend ist. Meist wurden nur die einfachsten Probleme mit Hilfe von Bildern beschrieben, während gerade die komplizierteren, bei denen visuelle Vorstellungshilfen besonders hilfreich wären, lediglich anhand von Formeln abgehandelt wurden.

Durch den Computer hat sich diese Situation grundlegend geändert. Die meisten Programmiersprachen bieten schon in der Grundausstattung die Möglichkeit, Bilder nach mathematischen Ausdrücken zu erstellen, und zum ersten Mal bei der Beschäftigung mit dieser Aufgabe spielte es keine Rolle mehr, wie kompliziert die numerische Auswertung der dahintersteckenden mathematischen Formeln sein mochte.

Erst jetzt konnte das Bild als ein echtes alternatives Beschreibungssystem mathematischer Zusammenhänge gelten – eine Idee, die in Fachkreisen nicht nur beistimmend aufgenommen wurde. Erst die Thematik der Fraktale wurde zum Beweis für die Brauchbarkeit der Bildsprache, denn nur die Visualisierung ließ erkennen, was hinter den einfachen iterativen Formeln eigentlich steckt. Die Visualisierung der Fraktale, von Benoit Mandelbrot initiiert und von Heinz-Otto Peitgen und Mitarbeitern zur Vollendung gebracht, führte zum Durchbruch eines ganzen Wissenschaftszweiges.

Trotzdem sind die Bedenken gegen mathematische Bilddarstellungen nicht verstummt. Man weist beispielsweise darauf hin, daß mit Bildern stets nur ein singularer Fall veranschaulicht werden kann, während die Formel eine Vielfalt verschiedenster Einzelfälle in sich schließt. Auf der anderen Seite ist zu bemerken, daß das Bild sofort zu einer Übersicht über die Zusammenhänge führt, während die Formel erst mühsam interpretiert werden muß. Beide Hinweise treffen zu, doch bei genauerer Überlegung wird man es nicht als Nachteil, sondern als Vorteil empfinden, daß sich die beiden nun verfügbaren Beschreibungssysteme als komplementär erweisen – man kann sie alternativ einsetzen, je nachdem, welcher Aspekt gerade wichtig ist.

Ein bedenkenswerter Hinweis zur Problematik kommt von den Wahrnehmungspsychologen. Aus ihrer Sicht stellt sich die Aufgabe, bestimmte Zusammenhänge, Aufgaben oder Probleme mathematischer Natur so zu verschlüsseln, daß sie möglichst klar ausgedrückt werden. Wenn man will, kann man den größten Teil der Mathematik sowieso als eine Fülle von Tautologien ansehen, und die Tatsache, daß wir überhaupt Mathematik betreiben, liegt in der Unzulänglichkeit des menschlichen Intellekts, der sich stets nur auf Teilaspekte konzentrieren kann und die großen Zusammenhänge prinzipiell nicht erkennt. Es kommt dann darauf an, welches Kodierungssystem der menschlichen Einsicht am besten angemessen ist. Diese Einsicht beruht zum großen Teil auf der Sinneswahrnehmung und der Datenverarbeitung der einlaufenden Reizmuster im Gehirn. Und es ist eine Tatsache, daß der Mensch ein Augenwesen ist, daß also der größte Teil der Datenanalyse der visuellen Auslese gewidmet ist. Hier liegt der entscheidende Unterschied zwischen der Formel und dem Bild: Sind wir mit einer Formel konfrontiert, dann müssen wir den größten Teil der Denkkapazität ihrer Interpretation widmen. Bei der Konfrontation mit einem Bild dagegen erfolgt die Interpretation in Form von Gestaltbildungsprozessen unterbewußt und wird dem Bewußtsein dadurch unmittelbar zugänglich – und die Denkkapazität kann dann auf weiterführende Aufgaben angewandt werden.

Von hier aus ergibt sich ein direkter Bezug zur Kunst. Wie schon der Ausdruck „Ästhetik" besagt, hat Kunst etwas mit Wahrnehmen zu tun, und die auf der Informationspsychologie beruhende kybernetische Ästhetik legt nahe, daß das, was wir als klassische Schönheit empfinden, in einer besonderen Art der Strukturierung liegt. Diese erweist sich aber als nichts anderes als eine besonders gut gelungene Aufbereitung des Informationsaggregats, was auch immer es sein mag, auf die Fähigkeit und Bereitschaft des Adressaten zur wahrnehmenden Aufnahme. Speziell auf die mathematische Visualisierung angewandt bedeutet das, daß gerade jenen Visualisierungen, die die beste Übersicht, die beste Prägnanz aufweisen, auch das Attribut der Schönheit zukommt. Das ist übrigens auch die Erklärung für den grafischen Reiz der Fraktale und vieler Gebilde aus anderen mathematischen Disziplinen, die lediglich weniger bekannt sind.

Als Konsequenz der geschilderten Entwicklung ist festzustellen, daß sie auch enge Verbindungen zwischen Mathematik und Kunst mit sich bringt. Man könnte es einfach ausdrücken: Immer dann, wenn Bilder ins Spiel kommen, rücken auch ästhetische Momente in den Vordergrund – und das läßt sich bei der Visualisierung mathematischer Zusammenhänge ein weiteres Mal bestätigen.

## Visuelle Datenverarbeitung

Die einfachste Art der mathematischen Beschreibung eines Bildes ist eine Matrix: ein Feld von Zahlen, die Hell/Dunkelwerte oder Farben angeben. In dieser Form ist es bereits den drei Arten computergrafischer Prozesse zugänglich, nämlich der Produktion, der Analyse und der Verarbeitung optischer Daten. Bei der Produktion werden die Farbwerte nach bestimmten Gesichtspunkten über die Matrix verteilt, bei der Analyse wird in vorgegebenen Verteilungen nach Mustern gesucht, und bei der Verarbeitung wird die Verteilung nach vorgegebenen Regeln verändert.

Alle drei Kategorien eröffnen auch interessante Aspekte für die Kunst. Die Produktion kann mit den heute verfügbaren Paintsystemen in der beschriebenen Art durch die Verteilung von Farben über ein Feld erfolgen; das Computersystem wird dann zur Simulation eines klassischen Mal- und Zeichenwerkzeugs verwendet. Die Bildanalyse kann als neue Methode der Kunsttheorie benutzt werden, beispielsweise um Rückschlüsse auf ästhetisch wirksame Ordnungsgesetze zu finden. Die vielfachen Möglichkeiten, die der Einsatz des Computers bei der Umsetzung von Bildern für ästhetische Untersuchungen bietet, sind bisher nur selten ausgenutzt worden.

Die Bildverarbeitung, eher unter der englischen Bezeichnung Picture Processing genannt, hat einen Vorläufer in der Labortechnik der Fotografen, die nachträgliche Veränderungen an Originalaufnahmen möglich machte. Ziel war meist eine Bildverbesserung, beispielsweise eine Erhöhung der Kontraste, doch wurde diese Methode in der experimentellen Fotografie auch für Gestaltungszwecke eingesetzt. Die Möglichkeiten des Picture Processing, die jene der Labortechnik bei weitem übertreffen, ermöglicht eine Vielzahl von Umsetzungen, von denen manche auch für künstlerisch-ästhetische Zwecke brauchbar sind. Einige dieser Transformationsmethoden sind von Fotografie und Film her bekannt, beispielsweise die Überblendung zweier Motive, die einer Matrizenaddition enspricht. Mit Hilfe der Computers sind allerdings auch weitaus anspruchsvollere Verrechnungsmethoden möglich, beispielsweise die flächenhafte Integration, mit der Konturen hervorgehoben und Gleichverläufe unterdrückt werden, (das sogenannte „Pseuderelief" der experimentellen Fotografie ist ein Vorläufer davon). Aber auch die ganze Skala der mathematischen Transformationen ist hier anwendbar, wobei man über Dehnungen und Verformungen weit hinausgehen kann; so erlaubt beispielsweise die flächenhafte Fouriertransformation den Übergang zu Bilddarstellungen, die keine Ähnlichkeit mehr mit dem Ausgangsmotiv haben.

Eine der einfachsten Arten mathematischer Visualisierung betrifft Funktionen einer einzigen Variablen, die man dann normalerweise als Kurven über der x-Achse aufträgt. Durch Wiederholungen, wie sie beispielsweise bei den Zykloiden auftreten, ergeben sich auf diese Weise Bandmuster, wie sie auch von ornamentalen Zierleisten bekannt sind. Und geht man vom rechtwinkeligen Koordinatensystem zu einem Polarkoordinatensystem über – Auftrag der unabhängig Veränderlichen als Radius in Abhängigkeit vom Winkel –, dann kommt man u. a. zu zentralsymmetrischen Ornamenten.

Der Prototyp der mathematischen Visualisierung, der auch in der Kunst von höchster Bedeutung ist, ist die Darstellung von Funktionen zweier Veränderlicher. Trägt man die Höhe $z$ über der x,y-Ebene auf, dann ergibt sich eine Reliefkonfiguration, die perspektivisch darstellbar ist. Vielfach kommt aber eine andere Methode der Visualisierung zum Einsatz, und zwar die Kodierung der Höhe $z$ durch Grauwerte oder Farben. Normalerweise unterteilt man den Wertebereich von $z$ in eine Stufenfolge von Grauwerten, wie sie durch das verwendete Grafiksystem gegeben ist. Verfügt man über 256 Graustufen, dann ergibt sich so für den Wert von $z = 0$ die Farbe Weiß und für den Wert von $z = 255$ die Farbe Schwarz; der Grauwert der dazwischenliegenden Partien ist der Höhe $z$ proportional.

Stehen Farben zur Verfügung, dann erfolgt eine zweite Zuordnung zwischen der Grauwertskala und einer willkürlich wählbaren Farbskala. Entschließt man sich für die Folge der Regenbogenfarben, dann resultieren bunte und farblich wenig attraktive Bilder. Stehen ästhetische Ziele im Vordergrund, dann läßt sich die Farbskala völlig beliebig festsetzen, wobei die Farben kontinuierlich verlaufen oder auch scharf getrennt sein können, sie können sich auch wiederholen oder mit schwarzen Abschnitten abwechseln. Diese Schwarzbereiche lassen sich übrigens auch für gestalterische Zwecke einsetzen, denn sie erlauben es, bestimmte Bildanteile zu unterdrücken. Manche Grafiksysteme gestatten es, Farben entlang der Skala zu verschieben oder auch zu dehnen und zu stauchen – der erste Schritt zu einer (Pseudo-)Bewegung. Die gezielte Verwendung von schwarzen Abschnitten verstärkt diesen Effekt, da dann in der Folge der Abwandlungen bestimmte Bildteile gezielt hervorgeholt, kombiniert oder unterdrückt werden können.

Methoden dieser Art sind manchesmal auch für die Mathematik brauchbar, beispielsweise, wenn es gilt, bestimmte Bereiche der Funktion zu markieren oder zwischen positiven und negativen Anteilen zu unterscheiden.

Die Veränderung der Farbskala, die keine echte Bewegung hervorruft, weil die Grundfigur unverändert bleibt, ist eher als Trick anzusehen, der noch aus der Zeit der langsam arbeitenden Computer stammt. Moderne Systeme, die in Bruchteilen von Sekunden Bilder zu berechnen vermögen, machen den echten kinematografischen Ablauf möglich. Entweder man berechnet die einzelnen Bildphasen als Vorbereitung für die Präsentation, um sie dann mit den üblichen filmischen Bildfrequenzen ablaufen zu lassen oder – wenn man über einen Hochleistungsrechner verfügt – ist auch die Berechnung von Animationssequenzen in Echtzeit möglich. Das bringt im Umgang mit Mathematik völlig neue Praktiken ins Spiel, beispielsweise den interaktiven Eingriff in die Funktionen, also eine Art des mathematischen Experimentierens. Ihrer Eigenart entsprechend hat Mathematik nichts mit zeitlich veränderlichen Abläufen zu tun, es ist aber durchaus möglich, Darstellungen so aufzubereiten, daß bestimmte Variablen als Funktionen der Zeit codiert sind. Die auf diese Weise auftretende kinetische Komponente ist also nicht mehr als ein Darstellungstrick, sie führt aber zu einer guten Übersicht, beispielsweise um den Einfluß veränderter Parameter zu zeigen. Abgesehen von der mathematischen Bedeutung sind manche solcher Animationen auch ästhetisch besonders reizvoll.

## Eine grafische Notenschrift

Bei kunsttheoretischen Diskussionen wird manchmal die Frage aufgeworfen, warum es für Bilder nicht ähnliche Benotungssysteme gibt wie für Musik. Was für Gründe auch immer man dafür anführt, so hat sich die Situation durch die computergenerierte Grafik grundlegend geändert. Genau genommen kann man schon jene Form der Matrix mit den codierten Farbwerten, die irgendwo im Computerspeicher in dieser Form auch tatsächlich auftritt, als exakte Beschreibung eines Bildes auffassen.

Diese Form der Bildbeschreibung ist für den Benutzer weder interessant noch praktikabel, und sie läßt auch die Gesetze nicht erkennen, die für eine mögliche ästhetische Wirkung maßgebend sind. Nun stellt sich gewiß kaum ein Bild als Chaos beliebig gefärbter Einzelpunkte dar, sondern enthält stets gewisse Ordnungen. In letzter Zeit sind solche auch für den Techniker interessant geworden, da sie ihm zu einer günstigeren Codierung von Bildern verhelfen, wie sie beispielsweise Voraussetzung für eine brauchbare Bildkommunikation sind. Manche solcher Ordnungen und dadurch möglicher Datenreduktionen beruhen auf recht einfachen Regeln, beispielsweise auf der Erfahrung, daß sich die Farben benachbarter Punkte oft gleichen; es genügt dann anzugeben, wie oft hintereinander dieselbe Farbe auf einer Zeile aufzutragen ist. Die Aufgabe der Bildcodierung hat aber auch zu weitaus beachtlicheren Ergebnissen geführt; so zeichnet sich beispielsweise die Möglichkeit einer „fraktalen Codierung" ab, begründet auf die Einsicht, daß es in den meisten Bildern vielfache Wiederholungen visueller Elemente in verschiedenen Größenordnungen gibt. Die Arbeiten an einer solchen Verschlüsselungsmethode sind noch im Gang, und es erscheint nicht ausgeschlossen, daß sich hierbei auch Anhaltspunkte für die Lösung wahrnehmungspsychologischer oder ästhetischer Probleme ergeben.

Alles das gilt für Bilder, die auf irgendeine Weise vorgegeben sind und vor der Beschreibung erst auf in ihnen enthaltene Ordnungen untersucht werden müssen. Ganz anders präsentiert sich die Aufgabe bei der ursprünglichen Form der Computergrafik, die mit Hilfe von Programmen aufgebaut wird. Diese Programme sind nämlich neben allem anderen auch ein exaktes grafisches Beschreibungssystem, und in ihrer Art – als Schlüssel für das Verständnis der darin verankerten Ordnungsbeziehungen – übertreffen sie die Notenschrift der Musik beiweitem. Das liegt an der Tatsache, daß das Programm das generative Prinzip der von ihm erzeugten Grafik enthält. Dadurch kehrt sich die Problemstellung gewissermaßen um: Es gilt nicht mehr, nach gewissen Ordnungen zu suchen, sondern diese Ordnungen liegen von vornherein fest, und man kann sie, wenn das die Absicht ist, auf ihre ästhetische Ergiebigkeit untersuchen.

Es ist recht einfach, jenen Harmonieregeln, die nach klassisch-ästhetischer Ansicht Schönheit hervorbringen, in Programme zu fassen, beispielsweise Symmetrien aller Art, Wiederholungen, Proportionen und so fort. Nach der modernen rationalen Ästhetik genügen aber die Ordnungsbeziehungen – vom informationstheoretischen Standpunkt her als Redundanz anzusehen – nicht für die Erklärung der Kunst. Eine ebenso wesentliche Rolle spielt die Innovation, also genau das, was sich den Regeln zu entziehen scheint, oder zumindest, was im Moment neu wirkt. Etwas vereinfacht ausgedrückt kann man behaupten, daß zwischen Redundanz und Komplexität, zwischen Ordnung und Unordnung, zwischen Bekanntem und Unbekanntem eine gewisse Balance bestehen muß. Gerade für die Untersuchung dieser Abweichung vom regelhaft Vorgegebenen weisen die meisten Programmiersprachen eine gute Voraussetzung auf, und zwar den „Zufallsgenerator". Im Prinzip ist es ein Rechenprogramm, das ungeordnete Zahlenfolgen ausgibt (wobei es keine Rolle spielt, daß es sich eigentlich nur um Pseudozufall handelt, also um Zahlenfolgen, denen die Ordnung nicht anzusehen ist). Es ist erwähnenswert, daß die drei Mathematiker und Programmierer, die man als Pioniere der Computerkunst ansieht, nämlich Frieder Nake, Georg Nees und A. Michael Noll, unabhängig voneinander auf die Idee kamen, zur Gestaltung ihrer Grafiken Zufallsgeneratoren einzusetzen. Schon bei ihren frühen Werken war das auch für Nichtmathematiker gut zu erkennen: Die feste Ordnung war durchbrochen, die Ordnungsgefüge der Geometrie, die damals in den Darstellungen vorherrschend war, schienen gestört; manche der Betrachter stellten sogar eine Art der Annäherung an Naturformen fest. Inzwischen hat man über Fragen dieser Art viel nachgedacht, und im übrigen bestätigt gefunden, daß im Formenschatz der Natur der Zufall tatsächlich eine ausschlaggebende gestalterische Funktion hat. Durch den Zufall veranlaßte Verteilungen lassen sich mit Hilfe statistischer Methoden beschreiben, untersuchen und vergleichen, und somit hat sich die programmierte Grafik nicht nur als ein Verfahren herausgestellt, in dem Althergebrachtes wiederholt und kombiniert wird, sondern sie brachte eine Innovation mit sich, die sowohl praktisch wie theoretisch nutzbringend ist. Gerade heute, im Zeitalter der fotorealistischen Bilder, greift man auf die Erfahrungen zurück, die man seinerzeit mit dem Zufallsgenerator gemacht hat, und kurioserweise gibt es auch Fälle, bei denen manuell arbeitende Künstler Zufallsgeneratoren anwandten oder zu simulieren versuchten.

Zusammenfassend zu dieser Problematik kann man sagen, daß die Verfügbarkeit einer grafischen Notenschrift, insbesondere in Form der Programme mit den in ihnen enthaltenen generativen Regeln, zu einer weiteren engen Klammer zwischen der Mathematik und der Kunst geführt haben. Sie betrifft vor allem theoretische Fragestellungen, hat aber durchaus auch Auswirkungen auf die Praxis der visuellen Gestaltung.

## Mathematik als gestalterisches Neuland

Jedes neue Verfahren muß sich die Frage gefallen lassen, ob es echten Fortschritt mit sich bringt. Im Fall der Computergrafik richten sich die Bedenken auf die künstlerische Potenz: Läßt sich mit Hilfe des Automaten tatsächlich etwas hervorbringen, was auf manuellem Weg nicht möglich ist? Am einfachsten ist diese Frage mit dem Hinweis auf die Animation zu beantworten. Erst durch den schnellen Bildaufbau, der mit Computern möglich ist, können wir jene Filmszenen erstellen, die beliebig von der Realität weg, in einen Bereich phantastischer Gestalten führen.

Aber der Hinweis auf den Film beantwortet nicht die Frage, die sich eher auf Malerei und Grafik bezieht. Kann man mit dem Computer nichts anderes als Bilder erzeugen, die prinzipiell auch mit Stift und Pinsel herzustellen wären? Wenn man den Zeitaufwand nicht als entscheidende Kenngröße anerkennen will, dann sieht es so aus, als müsse man der Computergrafik die Innovationskraft aberkennen. In besonderem Maß gilt das für die schon erwähnten Paint-Systeme, mit denen der klassische Mal- und Zeichenvorgang simuliert wird. Aber selbst diese bieten doch ein wenig mehr, beispielsweise dadurch, daß man Bildphasen beliebig zwischenspeichern kann, um sie später wieder hervorzuholen, oder Ausschnitte herausvergrößern, um sie zu bearbeiten, zu transformieren und schließlich wieder ins Bild einzufügen. Vielleicht ist es nur die Bequemlichkeit des Verfahrens, in der der Fortschritt liegt, und doch stellt sich in der Praxis heraus, daß allein infolge der Verfügbarkeit verschiedener Möglichkeiten des Eingriffs in das Bild neuartige Strukturen entstehen.

Noch viel mehr gilt das natürlich für die programmierte Grafik, und auch hier wieder bezieht sich das weniger auf das technisch Machbare, sondern auf die Anregung, die der Methode entspringt. Der Zufallsgenerator ist ein Beispiel dafür, und unzählige andere Möglichkeiten des Bildaufbaus, an die die Künstler bisher nicht gedacht hatten, drängen sich nun gleichsam aus einer anderen Denkweise heraus auf. Auch hier wieder liegt ein entscheidender Punkt, an dem Mathematik und Kunst konfrontiert sind.

Das zur Diskussion gestellte Problem konzentriert sich dann auf die Frage, ob es ein künstlerisch legitimes Mittel ist, den Formenschatz der Mathematik in die Kunst zu übertragen. Manchmal wird hier auf das Mikroskop verwiesen, das eine vergleichbare Rolle spielt: Mit seiner Hilfe kommen Strukturen ans Tageslicht, die die Makrowelt nicht aufweist und die Künstler als Innovation begreifen können, die ihnen hilft, ihr Formenbewußtsein zu erweitern. Abgesehen von dem kleinen Unterschied, der in der Tatsache liegt, daß auch die Mikrowelt letztendlich von der Natur vorgegeben ist, während man die Mathematik als Schöpfung des Menschen ansehen kann, ist der Vergleich sicher erlaubt. Aus dem Aspekt einer Kunst, die sich vor einigen Jahrzehnten noch bevorzugt der Realität, also beispielsweise der Landschaft, widmete, kann die Suche nach Motiven im Bereich der Mathematik nicht verboten sein. Schon gar nicht aber kann ein solches Verbot aus der modernen Kunstauffassung abgeleitet werden, die es dem Künstler selbst überläßt, seine Kunst zu definieren.

In der Tat gibt es bekannte Beispiele für neue, direkt aus der Mathematik abgeleiteten Formklassen. Allem voran sind es die Fraktale, mit denen sich unzählige Programmierer nicht aus mathematisch-kognitiven Gründen, sondern aus Lust an reizvollen Formen heraus beschäftigt haben. Die Pioniere der hochaufgelösten Fraktalbilder, der Kreis um Heinz-Otto Peitgen, bezeichneten ihre Schöpfungen als „Map Art", und auch viele Künstler, die eher an den interessanten Formen interessiert waren als an kunsttheoretischen Erörterungen, griffen den Formenschatz der Fraktale auf und bezogen ihn in ihre Werke ein.

Das alles ist aber gewiß kein Beweis für den Kunstcharakter der Fraktale, und wahrscheinlich sind sie für sich genommen keine Kunstschöpfungen im konventionellen Sinn. Eigentlich wissen wir es ja längst genauer, als es sich durch eine bloße Zuordnung zur einen oder anderen Seite ausdrücken ließe: Es sind mathematische Gebilde, denen ein gewisser grafischer Reiz im Sinn der klassischen Schönheit zueigen ist, und es gibt viele Menschen, die sich mit ihnen eben dieser Schönheit wegen beschäftigen. Die Kunstkritikerin Juliane Roh hat einmal für die „objects trouvés" – von Künstlern zu Kunstwerken erklärte Fundgegenstände – den Namen „Kunstwerke der Natur" verliehen; vielleicht könnte man im entsprechenden Fall von „Kunstwerken der Mathematik" sprechen – und jeder, der sich damit beschäftigt hat, weiß, was damit gemeint ist.

Wie sich nachweisen läßt, finden sich interessante Formen nicht nur im Bereich der Fraktale, sondern in vielen anderen mathematischen Disziplinen, und somit gilt es festzuhalten, daß infolge der Überschneidung mathematischer und künstlerischer Bereiche ein dort bisher unberücksichtigter Formenschatz in die Vorstellungswelt der Künstler einbezogen wurde.

Mit den folgenden Überlegungen soll gezeigt werden, daß das Problem damit aber noch nicht erschöpft ist, sondern daß es, ganz im Gegenteil, durch die neu entstandenen Beziehungen zwischen Mathematik und Kunst zu einem neuen Betätigungsfeld gekommen ist, das sicherlich nicht im Bereich der Wissenschaft und Technik liegt, sondern woanders – vielleicht nun tatsächlich in der Kunst.

Wie schon erörtert wurde, ist es mit Hilfe von mathematischen Formeln und Computerprogrammen möglich, Bilder eindeutig zu beschreiben. Im übrigen gilt das – wie sich beweisen läßt – nicht nur für bestimmte Bilder, sondern für alle. Es gibt sogar mehrere Methoden, beispielsweise jene der Fourier-Synthese oder auch der fraktalen Codierung, um dieses Ziel zu erreichen. Daraus ergibt sich die Anregung zu einer neuartigen kreativen Methode der Bilderzeugung: In ähnlicher Weise, wie ein Musiker seine künstlerischen Ideen schon in einem frühen Stadium mit Noten zu dokumentieren versucht, kann nun ein Künstler vorgehen, um seine malerisch-grafischen Vorstellungen niederzulegen – dazu steht ihm ja jetzt die Formelsprache der Mathematiker und Programmierer zur Verfügung. Wer Wert darauf legt, kann dem Künstler vorwerfen, daß er gerade durch die Anwendung dieser Methode nichts anderes als mathematische Gebilde hervorbringt, aber wenn das gilt, dann ist eben auch jedes andere Bild ein mathematisches Gebilde. Hier kann also die entscheidende Grenze nicht gezogen werden. Darzulegen, worauf es ankommt, sollte eigentlich das Ziel des Künstlers sein; vermutlich liegt es im Ausdruck bestimmter Bildideen – welches Mittel zur Realisierung verwendet wurde, bleibt schließlich zweitrangig.

Man kann also zusammenfassen: Der mathematische Formalismus läßt sich auch dann nutzbringend einsetzen, wenn es nicht um Mathematik, Naturwissenschaft, Technik usw. geht, sondern lediglich um freie Gestaltung, um Kunst. Auf diese Art können Bilder entstehen, die erwiesenermaßen keinerlei praktischen Sinn haben und sich nur an ihren ästhetischen Qualitäten messen lassen. Oder kurz ausgedrückt: Die Methode ist der Mathematik entnommen, das Ziel liegt in der Kunst.

## Beispiele mathematisch-ästhetischer Experimente

Die im folgenden beschriebenen Arbeiten resultieren aus einer langjährigen Zusammenarbeit zwischen Horst Helbig und dem Verfasser. Das Ziel war vielschichtig gesetzt: Auf der einen Seite sollte festgestellt werden, ob bestimmte, bisher aus diesem Aspekt heraus noch nicht untersuchte mathematische Disziplinen einer Visualisierung zugänglich sind; auf der anderen Seite sollte die mathematische Formelsprache gezielt zum Aufbau frei gestalteter ästhetischer Gebilde verwendet werden. Die Ergebnisse wurden zum Teil für Demonstrationen und Vorträge über den Themenbereich des mathematischen Unterrichts, andererseits auch in künstlerischen Vorführungen verwendet.

### Modulografik

In manchen Darstellungen mathematischer Funktionen $z = f(x,y)$ treten Moirémuster auf, die nichts mit dem Verlauf der beschriebenen Raumfläche zu tun haben, und daher im Sinne der mathematischen Auswertung als Störungen anzusehen sind. Andererseits sind sie von beachtlichem grafischen Reiz. Aus beiden Gründen erscheint es sinnvoll, sich mit ihnen zu beschäftigen – einerseits, um Störungen zu vermeiden, andererseits um diese für ästhetische Zwecke auszuwerten.

Die Moiréerscheinungen sind darauf zurückzuführen, daß das Pixel-Raster des verwendeten Grafiksystems nur singulare Punkte aus dem eigentlich kontinuierlichen Farbverlauf der Darstellung herauslesen kann und die dazwischenliegenden Farbwerte unterdrückt werden. Dieser Effekt ist besonders stark, wenn man die Farbskala nicht über den gesamten Wertebereich der Funktion $z$ dehnt, sondern – was wegen der be-

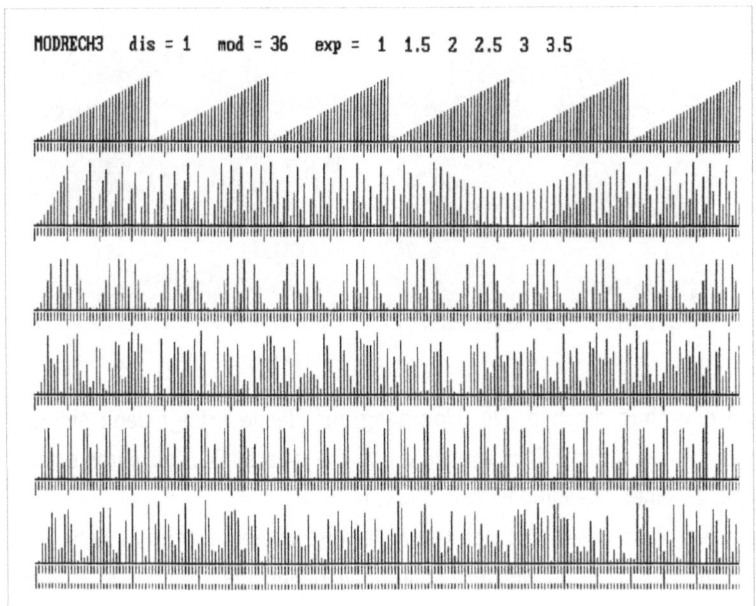



Abb. 1 *Interferenzeffekte in der Modulo-Darstellung – bemerkenswert ist die Entstehung von Periodizitäten bei Funktionen, die selbst nicht periodisch sind – speziell bei Exponentialfunktionen. Kompliziertere algebraische oder trigonometrische Funktionen ergeben oft überraschende ornamentale Muster.*
1a *Eindimensionale Exponentialfunktionen in Modulo-Darstellung ( y = e^p für sechs Werte für den Exponenten).*

grenzten Palette aus praktischen Gründen oft nötig ist – mehrfach hintereinander aufträgt. Dann stellt man die Funktion eigentlich nicht durch $z = f(x,y)$ dar, sondern durch $z = f(x,y)$ mod n dar, wobei n der Farbwert ist. Aus den speziellen Rechenregeln für die Restklassenarithmetik, zu der die Modulofunktion gehört, läßt sich nun für verschiedene Bildraster das entstehende Interferenzmuster angeben.

Interferenzen dieser Art treten natürlich nicht nur bei der Visualisierung von Flächen, sondern auch bei einer entsprechenden Visualisierung von Linien auf. Zur besseren Übersicht ist es daher günstig, den Effekt zunächst am linearen Fall zu studieren. Stellt man die Ergebnisse visuell dar, dann lassen sich die Regeln für die Interferenzmuster gut verständ-

1b *Zweidimensionale algebraische Funktionen in Modulo-Darstellung*
$(z = x^2 - y^2$ *und* $z = x.y)$.

1c (f) *Drei Beispiele nach ästhetischen Gesichtspunkten gestalteter Interferenzmuster für eine Überblendungsprojektion.*

lich einsichtig machen. Der Übergang zur Fläche erfolgt dann einfach durch Reihung der Zeilen, wie sie durch die linearen Darstellungen erfaßt sind, zu einer zweidimensionalen Matrix.

Auf diese Weise läßt sich beispielsweise zeigen, warum manche dieser Interferenzen zu Mustern führen, in denen die Grundfigur an verschiedenen Stellen immer wieder auftritt. Die Folgerungen, die sich daran knüpfen, sollen hier unberücksichtigt bleiben, auffällig ist hingegen, daß schon die linearen Darstellungen deutlichen Mustercharakter haben, und daß die Interferenzen, insbesondere wenn man sie mit Absicht verstärkt, zu Bildern ornamentalen Charakters führen, die durch ihre formale Eigenart von allem unterscheiden, was die klassische Ornamentik hervorgebracht hat.

Längere Reihen aufeinander bezogener Farbdarstellungen auf der Basis der Interferenzerscheinungen wurden zu einer Serie zuammengefaßt, die unter der Bezeichnung „Prinzip K" (K als Anfangsbuchstabe von Kombinatorik) anläßlich der Eröffnung eines Mathematikerkongresses zusammen mit Musik als Überblendungsprojektion an der Universität Bielefeld gezeigt wurde.

Fraktale Logik

Im folgenden wird eine Versuchsreihe beschrieben, die auf der binären Logik, oder, was dasselbe ist, auf einer Restklassenarithmetik Modulo 2 beruht. Je nachdem, von welchen logischen Formeln man ausgeht, ergeben sich für den gewählten Zusammenhang charakteristische lineare Muster, in denen fraktale Wiederholungen auftreten. Deckt man in diesen Darstellungen bestimmte Teile nach der beschriebenen Methode der durch Schwarzabschnitte unterbrochenen Farbskalen ab, dann erhält

 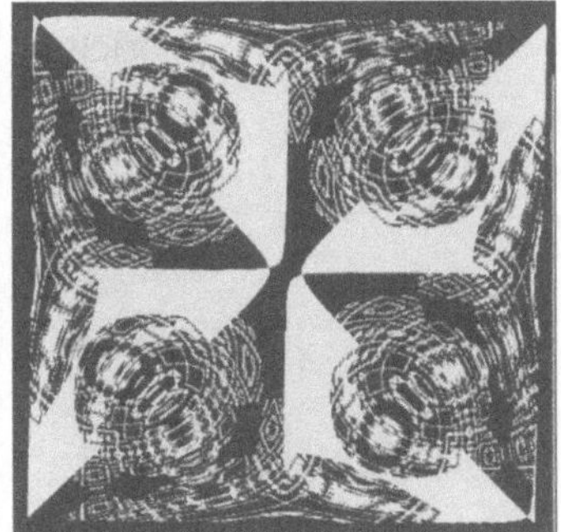 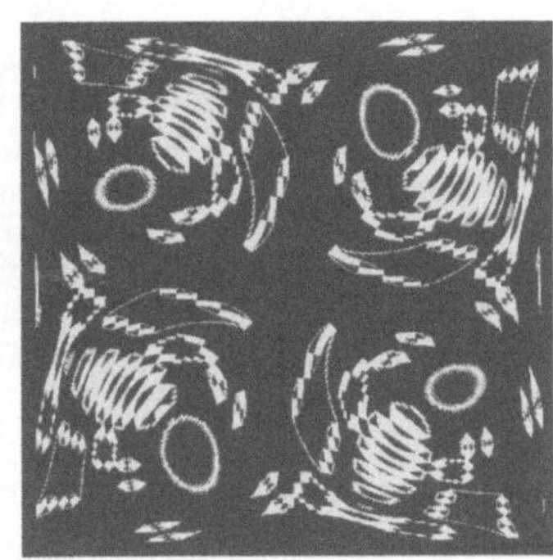

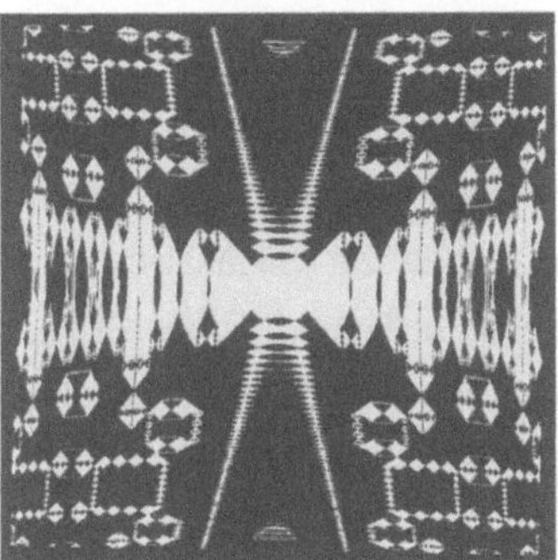  

man eine Vielfalt von Einzelbildern, die, da sie auf dieselbe Grundkonfiguration zurückgehen, aufeinander bezogen sind. Damit ist gemeint, daß beispielsweise bei der Überblendung eines Bildes in das andere bestimmte Bereiche unverändert bleiben, während andere die Farben wechseln oder in feiner strukturierte Areale übergehen.

Da die Verschiebung der Farbskalen und damit der Wechsel von einem Bild zum anderen auf physikalischem Weg erfolgt, konnte er auch schon zur Zeit der noch recht langsam arbeitenden Computersysteme für interaktive Versuche verwendet werden. Auf die beschriebene Weise entstand eine Animation, die durch die Anpassung der Bilder an ein vorgegebenes Musikstück in Echtzeit entstand. Die dokumentierte Sequenz, an der auch Horst Helbig beteiligt ist, enthielt den Namen „Kalte Logik".

Das beschriebene Prinzip ist verschiedenen Erweiterungen zugänglich, beispielsweise durch Kombination mit algebraischen Visualisierungen. Die beigegebenen Beispiele zeigen, daß auch auf diese Weise ein Formenschatz zutagetritt, wie er bisher nicht beobachtet wurde.

*Abb. 2 „Kalte Logik" – die Verrechnung von Bildern mit logischen Funktionen, im Grunde genommen eine Restklassenarithmetik mod 2, ergibt merkwürdige technoid scheinende Strukturen. 2a Eine Vielfalt von Formen läßt sich aus einfachen algebraischen Funktionen gewinnen.*

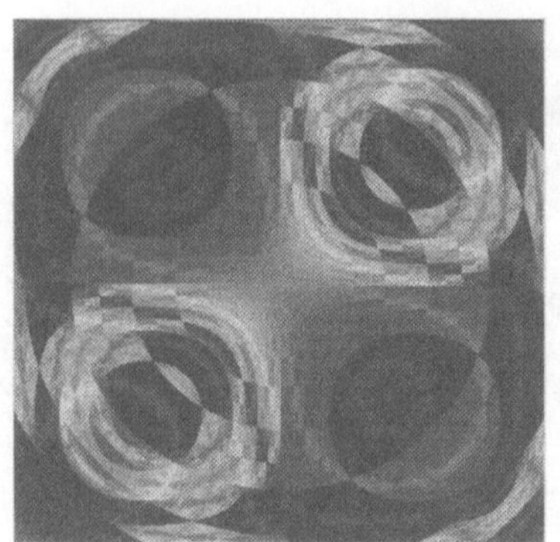

*2b (f) Farbbeispiele für die Kombination logischer und algebraischer Funktionen.*

Fourier-Transformationen

Die Fourier-Transformation ist aus verschiedenen Bereichen der Mathematik und der mathematisch unterstützten Technik bekannt. Insbesondere werden flächenhafte Fourier-Transformationen zur Bildanalyse und -verbesserung eingesetzt. Bemerkenswert ist, daß durch Fourier-Transformationen Bilder entstehen, die keine Ähnlichkeit mit den vorgegebenen Grundmotiven erkennen lassen. Genau genommen handelt es sich um eine grundsätzlich verschiedene Art der Codierung von Bildern, und zwar mit Hilfe ihrer (räumlichen) Frequenzen.

In mehreren Versuchsreihen wurden Fourier-Transformationen herangezogen, und zwar speziell für den Gewinn einer Übersicht über den für sie charakteristischen Formenschatz. Am besten eignen sich hierfür relativ einfache Ausgangsbilder, beispielsweise aus quadratischen Elementen zusammengesetzte Schrift- und Zahlenzeichen. Aus den Ergebnissen lassen sich die in den Ausgangsbildern auftretenden Periodizitäten erkennen, woraus sich unter anderem auch eine wirkungsvolle Methode der Bildverbesserung, und zwar speziell des Unterdrückens von Rauschanteilen, ergibt. Aber auch aus ästhetischer Sicht sind die Ergebnisse interessant, und wieder entstehen dabei Bilder einer bestimmten Gesetzlichkeit, die man bisher weder von der Natur noch von der Kunst her kennt.

Die Fourier-Transformationen eignen sich aber noch für eine weitere Art ästhetischer Experimente. Vorauszuschicken ist, daß die zweimalige Anwendung einer Fouriertransformation wieder zum Ausgangsbild zurückführt. Verändert man jedoch das Ergebnis der ersten Transformation geringfügig, beispielsweise durch Herausschneiden einer ringförmigen Fläche, dann entstehen durch die Rücktransformation Bilder, die das Aus-

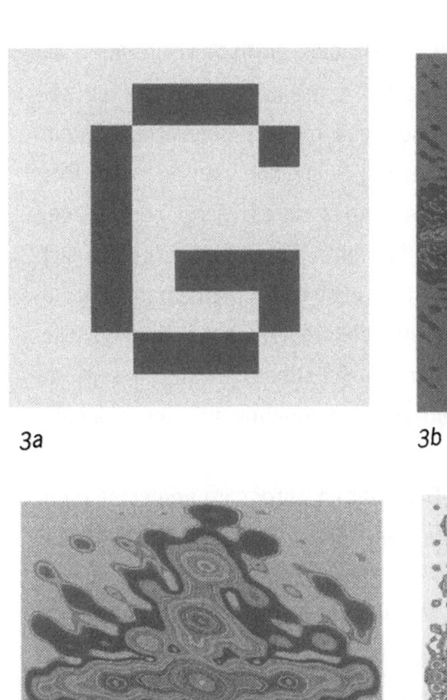

3a

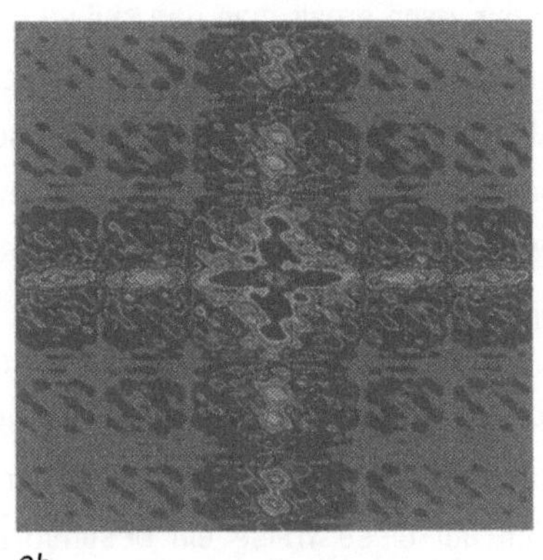

3b

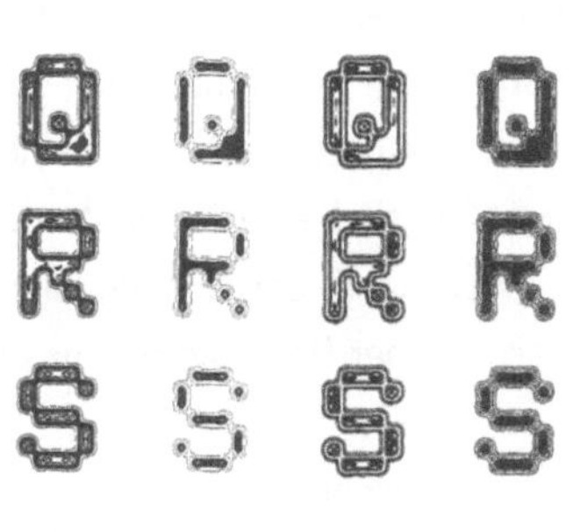

3b

3c

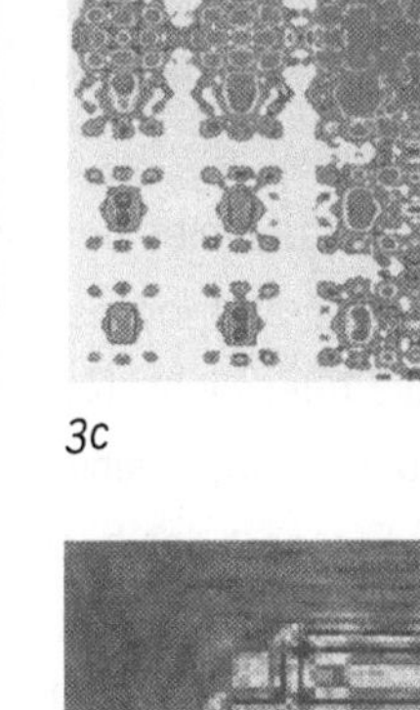

3d

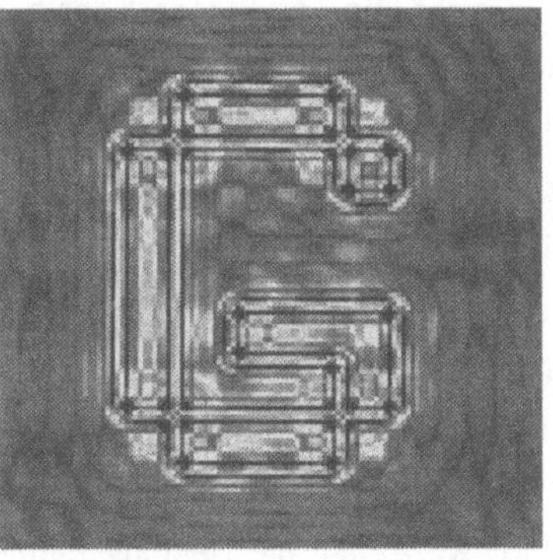

3e

Abb. 3 *Fourier-Transformationen ergeben symmetrische Figurationen, die Diagramme im Ausgangsbild auftretender geometrischer Periodizitäten sind.*
3a (f) *Als Ausgangsbilder wurden aus quadratischen Elementen grob zusammengesetzte Schriftzeichen verwendet; hier als Beispiel der Buchstabe „G".*
3b (f) *Fourier-Transformationen von „G" in zwei verschiedenen Ausschnitten; da im Ausgangsbild nur wenige Periodizitäten auftreten, sind die Ergebnisse einfach und gut überblickbar.*
3c (f) *Fourier-Transformation einer bilateral symmetrischen Basiskonfiguration*
3d (f) *Schneidet man aus den transformierten Bildern ringförmige Bereiche heraus, dann erscheinen als Resultate der Rücktransformation ornamental verfremdeter Buchstaben – Ausschnitt aus drei auf diese Weise generierten Alphabeten.*
3e (f) *Ein Ergebnis der ornamentalen Verfremdung des Buchstabens „G".*

gangsbild zwar noch erkennen lassen, es aber in bestimmter Weise verfremdet haben. Dieser Effekt, den man sich im übrigen auch bei der Bildverbesserung zunutzemacht, wurde für ästhetische Untersuchungen angewandt, wobei wiederum Schriftzeichen als Ausgangsmaterial dienten. Unterwirft man beispielsweise einen Buchstaben der beschriebenen Prozedur, dann erhält man den selben Buchstaben, grafisch verfremdet, als Ergebnis. Wiederholt man das selbe bei den anderen Buchstaben des Alphabets, dann erhält man ein solches, das in einem definierten, als einheitlich empfundenen Stil verfremdet ist. Schneidet man aus dem Bildergebnis der ersten Transformation eine andere Fläche heraus, beispielsweise einen schmaleren oder breiteren Ring, dann ergeben sich wieder ornamentale Alphabete, deren Stil in strenger mathematischer Abhängigkeit von der Form der herausgeschnittenen Fläche abhängt. Dieses Resultat mag vielleicht auch für die Kunsttheorie nützlich sein, da sich auf diese Weise ein bestimmter Stil mathematisch kennzeichnen läßt.

Fourier-Transformationen von Buchstaben wurden im gemeinsam mit Horst Helbig gestalteten computergenerierten Film „Metamorphosen" verwendet, der anläßlich der Hannover Messe 1984 uraufgeführt wurde. Die ebenfalls computergenerierte Musik dazu schrieb Gershon Kingsley.

## Zusammenfassung und Ausblick

An einer Thematik wie der hier behandelten entzünden sich oft heftige Diskussionen über die Frage, ob es sich bei den beschriebenen Aktivitäten um Kunst handle oder nicht. Nach der subjektiven Meinung des Verfassers hat eine solche Frage wenig Bedeutung, wenn man bereits weitaus mehr über die Eigenart der beschriebenen Erscheinungen weiß, als sich durch eine bloße Klassifizierung erreichen ließe. Im vorliegenden Fall dürfte wohl Einigkeit darüber bestehen, daß die auf mathematischer Basis erzeugten Bilder sowohl vom wissenschaftlichen wie auch vom ästhetischen Standpunkt her von Interesse sind. Sie sind eine Herausforderung an kognitive und kreative Fähigkeiten desjenigen, der sich mit ihnen aktiv oder passiv beschäftigt, und führen so zu einer Bereicherung unseres Denk- und Vorstellungsraums.

Von besonderem Reiz sind sie für den Unterricht, und zwar überall dort, wo es um die Deutung mathematisch beschreibbarer Zusammenhänge geht, speziell aber natürlich auch im Fach der Mathematik selbst. Vielleicht weisen sie jenen von griechischen Philosophen vergeblich gesuchten Königsweg zur Mathematik, der nun mit Hilfe des Computers Wirklichkeit geworden ist. Es erscheint möglich, den Schwerpunkt des Mathematikunterrichts, zumindest in der elementaren Phase, auf Bilder zu verlagern. Als Vorteil kann man die Anschaulichkeit buchen, darüber hinaus aber auch die Tatsache, daß die Ästhetik der Bilder ein wirkungsvolles Moment für die positive Anmutung und für das Interesse der Lernenden sein kann.

Die Beherrschung mathematischer Methoden für die Generierung von Bildern ist aber auch Voraussetzung für die weitere Entwicklung jener Techniken, die die visuelle Präsentation noch eindrucksvoller werden lassen als bisher, beispielsweise mit Hilfe von Großprojektion und VR-Methoden (VR als Abkürzung für Virtual Reality). Für den Wissenschaftler und Lehrer wird es künftig möglich sein, Kollegen und Schüler auf einem Schwebeflug durch mathematische Landschaften mitzunehmen, deren Eigenart sich dadurch spielend einprägt. Und der Künstler gewinnt die Möglichkeit, sein Publikum in die von ihm geschaffene Welt einzuführen, die bunt und plastisch erscheint, und der niemand anmerkt, daß sie durch Rechenprozesse entstanden ist.

## Literatur

**Douglas Cruickshank:** The Inevitable Engine – The Evolution of Visual Computing. Iris Universe, Nr. 13. S. 18–22, 1996.

**Herbert W. Franke:** Mathematics as an Artistic-Generative Principle. Leonardo, Computer Art in Context Supplememt Issue. S. 25–26, 1989.

**Herbert W. Franke:** The computer – a new tool for visual art. The Visual Computer, Nr. 4, S. 35–39, 1988.

**Thomas G. West:** In the Mind's Eye. Prometheus Books, Buffalo, N.Y., 1991.

# Optimal Geometry Representations for High-Quality Visualization

Wolfgang Dahmen, Bernd Raabe, Tom-Michael Thamm


**Abstract**

This paper reviews some basic ideas concerning the relationship between free-form surface design and high-quality, i. e. photorealistic, rendering techniques. In particular, the possibilities of closing the present gap between both tasks by employing the same mathematical representation of geometry are investigated.


## 1. Introduction

Processing geometric data plays an increasingly important role in many areas of mathematical applications in industry and technology. We do not attempt to give a representative account of the diversity of different tasks arising in this context, but focus here on two major areas, namely Computer Aided Geometric Design (CAGD) and the *high-quality visualization* of resulting data. It is fair to say that the state of the art in both areas has reached a high level of perfection. It is possible to create and control surfaces of essentially arbitrary shape with great accuracy. In most cases, such surfaces are defined through *parametric representations*. The techniques involve a fair amount of analysis, in particular some ingredients from classical differential geometry. Geometry in this context is always associated with continuous objects like smooth surfaces. This permits the control of features which are defined through limit processes like derivatives and curvature. Moreover, a photorealistic display of geometrical data would provide a designer with important visual feedback. Consequently, many users demand increasingly better quality of geometric visualization. However, the typical present quality of graphical realizations obtained from CAGD and free form surface design packages does by far not meet such standards.

On the other hand, it is nowadays possible to create photorealistic computer images of mathematically defined objects. Here, photorealistic or high quality display means that effects like refraction and reflection for a complex distribution of light sources should be realized in a (within reason) physically correct way. In other words, one strives for a reasonably good simulation of the physics of light. Therefore, *geometric optics* is currently accepted as an adequate framework for this purpose. Among the many known visualization techniques which are presently available, there are essentially two approaches to simulations of light meeting the above mentioned standard of quality, namely radiosity and ray-tracing (10,11,1,28). One may argue that ray-tracing is the superior option, in particular, when animating scenes (20). In any case, both rendering techniques apply to a representation of geometry which is quite different from the output of standard CAGD packages. It is inherently discrete in that objects are composed of planar triangular facets. In order to guarantee sufficient accuracy and physically correct visual effects, these facets may have to be very small. In consequence, such processes are extremely storage intensive, i. e. a "nice" car-body approximation by triangles normally involves 150.000 to 200.000 triangles.

Thus, the respective data formats for CAGD output on the one hand and high quality rendering schemes on the other hand are so different that it is quite understandable that advances in either area were essentially independent of each other. And indeed, there has been tremendous progress in both directions, see for instance (2, 20) for techniques aimed at accelerating ray-tracing. A first reasonable and most natural response to increasing demands for high quality visualization of CAGD data put forward by users is to combine the best products in both areas by creating suitable interface software converting CAGD data into a format which is accessible to rendering software. However, up to now there is no standard format to support that goal. RenderMan, for instance, does not support free form surface design with highly non-planar individual patches. On the other hand, it is clear that for principal reasons, the "interfacing" approach will never increase the interactivity between modeling and rendering because it consolidates the difference of data formats on either side due to inherently different mathematical representations of geometry.

Obviously, geometric design and visualization is a multifacetted field requiring sophisticated tools from computer science as well as mathematics. Here, we will primarily focus on the role of the latter component. In fact, the question of how to overcome the above mentioned barrier between modeling and high quality rendering may be rephrased in the light of the above comments as "Are there mathematical representation of geometry that are simultaneously suitable for both purposes?"

The objective of this paper is to discuss the perspectives, potential consequences and also limitations of tackling this question.

In Section 2, we briefly review some basic ingredients of parametric surface representations and the principle of ray-tracing in order to derive the essential requirements on interfacing both tasks. In particular, we will comment on the role of 2D triangulation in 3-space. The principal limitations encountered in this context will motivate the use of implicit surface representations as an alternative. At this stage, we will have prepared the ground for formulating, in Section 3, some more specific conditions on implicit schemes which, in our opinion, are indispensable for a successful application of the above principles. Furthermore, we outline several schemes for modeling with *algebraic* and *piecewise algebraic* surfaces. Section 4 gives a somewhat more detailed introduction to one of these schemes which appears to be most suitable for the present purposes. Finally, Section 5 is devoted to some illustrations, applications and comparisons of performance.

## 2. Parametric Representations and Rendering

The most common way of designing and modeling free form surfaces $S$ of complex shape is to compose them from smaller surface patches $P$ of the form

$$P = \{x = x(u) : u \in \Omega\}$$

where $x : \Omega \to \mathbb{R}^3$ is a it parametric mapping of some parameter domain $\Omega \subset \mathbb{R}^2$. Each mapping $x$ has a certain finite number of degrees of freedom which can be used to alter the shape of the surface patch. Moreover, a preferable way of encoding these degrees of freedom is to write $x$ in the form.

$$x(u) \;=\; \sum_{i \in I} c_i B_i(u) \tag{0.1}$$

where the $c_i \in \mathbb{R}^3$ are often referred to as *control parameters* and the scalar valued functions $B_i$, $i \in I$ are taken from a fixed finite collection of *shape functions* indexed by the finite set $I$. Since such a representation should be affinely invariant, the $B_i$ should satisfy

$$\sum_{i \in I} B_i(u) = 1, \, u \in \Omega. \tag{0.2}$$

Moreover, if in addition

$$B_i(u) \geq 0, \, u \in \Omega, \tag{0.3}$$

the patch $P$ is contained in the *convex hull* of the coefficients $c_i \, (i \in I)$. Hence, the coefficients $c_i$ already convey geometric information on the corresponding portion of the surface which is, of course, extremely useful for design purposes. In most packages that are currently used in practice, $\Omega$ is a rectangular domain and the $B_i$ have a tensor product structure built from so-called univariate shape functions. In recent CAGD literature, one also finds much about triangular patches which offer more flexibility [22, 23, 24]. More generally, $n$-sided patches are sometimes useful for filling holes left by meshes formed by the more convenient rectangular patches. Typical examples of shape functions are B-splines and Bernstein-Bézier basis functions. Moreover, one often uses rational expressions of the form

$$x(u) = \frac{\sum_{i \in I} c_i w_i B_i(u)}{\sum_{i \in I} w_i B_i(u)}, \tag{0.4}$$

where the "weights" $w_i$ are scalar parameters offering more flexibility for altering the shape of the patch. Of course, under the assumption (0.2), we see that (0.1) corresponds to the special case of (0.4) where $w_i = 1 \, (i \in I)$. On the other hand, defining

$$B_{i,w}(u) := \frac{w_i B_i(u)}{\sum_{i \in I} w_i B_i(u)},$$

(0.4) can be rewritten in the form (0.1)

$$x(u) = \sum_{i \in I} c_i B_{i,w}(u)$$

for a family of rational shape functions $B_{i,w}$. When the $B_i(u)$ are B-splines, the expression (0.4) is commonly termed NURB. On the other hand, the expression (0.4) suggests using homogeneous coordinates and employing tools from projective geometry. Of course, the main issues are local shape control and the ability of joining several patches in a way that normal directions or curvature vary continuously across patch boundaries. These questions are addressed extensively in the literature and many important facts can be found e. g. in [15, 16].

Here, we are interested in photorealistic display of a surface $S$ given in parametric form by means of ray-tracing. Recall from [1, 28] that ray-tracing works by approximating the intensity of the pixels in an image by following rays from the focal point of the camera through points in the image plane into the scene composed of geometric objects. If a ray hits a surface defining such an object, rays to the light sources and other directions are followed recursively. This amounts to determining the paths of photons that reach the local point of the camera from different directions. To determine such ray/surface intersection one would express a ray $R$ in implicit form

$$R = \{\, x \in \mathbf{R}^3 : Ax = 0 \,\},$$

where $A$ is the 2 x 3 matrix whose rows span the plane perpendicular to $R$. Thus every solution $u^*$ of the nonlinear system

$$Ax(u^*) = 0 \tag{0.5}$$

yields a point of intersection $x(u^*)$. Note that if there are several solutions $u$ of (0.5), it is not easy to derive from the parametric representation on which side of the actual surface $x(u)$ is located or whether $x(u)$ belongs to the visible part. Also, when $x(u)$ is a (piecewise) polynomial or rational function of degree greater than two, some care about sufficient accuracy of the solutions of (0.5) has to be taken. Overall, since these tasks have to be performed very frequently, it is clear that the whole procedure would quickly become very inefficient.

Therefore, one usually approximates the surface $S$ by a piecewise planar surface $S^*$, as intersections of rays and planes are easily computed. This approach has, of course, several obvious principal drawbacks:

- After conversion, the representation requires significantly more memory.
- It is much less accurate.
- It is totally inappropriate for further technical processing.
- The conversion itself will depend on the particular type of parametric representations. Thus, a preprocessing based on an appropriate free form surface library may be necessary for converting data from different CAGD packages [20].
- Another serious difficulty is often caused by the lack of topological information, e.g. concerning the adjacency of the patches stored by the CAGD system. It is not sufficient to triangulate each parametric patch separately. Here, a *triangulated surface patch* means a piecewise planar surface, where each planar piece is a triangle, any two triangles have either empty intersection or share a common vertex or a common edge and an edge belongs to at most two triangles. Thus, the triangulation of two adjacent patches should produce matching edges along their common boundary whenever these two patches together form a "smooth" continuous surface. Any failure of recovering such adjacencies would cause clearly visible deficiencies of the resulting display. Figure 2.1 a) shows a global triangulation without proper edge merging, while in Figure 2.1 b) the necessary topological information has been recovered from the data. Some practical solutions to these problems are proposed in [20].

The efficiency and quality of the rendering scheme depends also on the triangulation of the parametric surface.

The quickest way of computing the triangulation itself is to map a simple regular triangulation of the parameter domain on the surface patch. However, this may require a very small step size and hence a

*Figure 2.1 a (left)*
*Triangulation without edge merging*

*Figure 2.1 b (right)*
*Triangulation with edge merging*

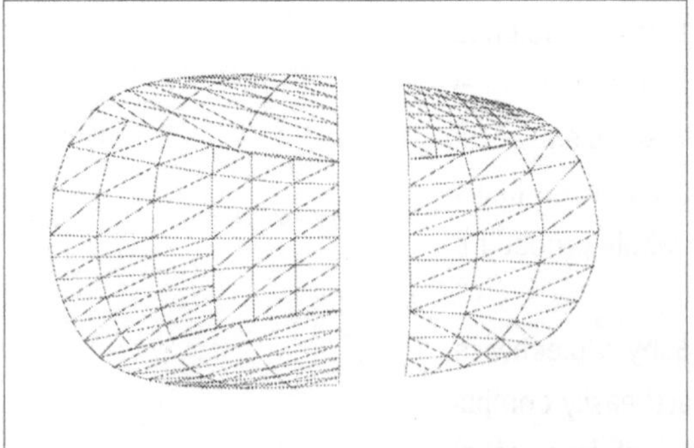
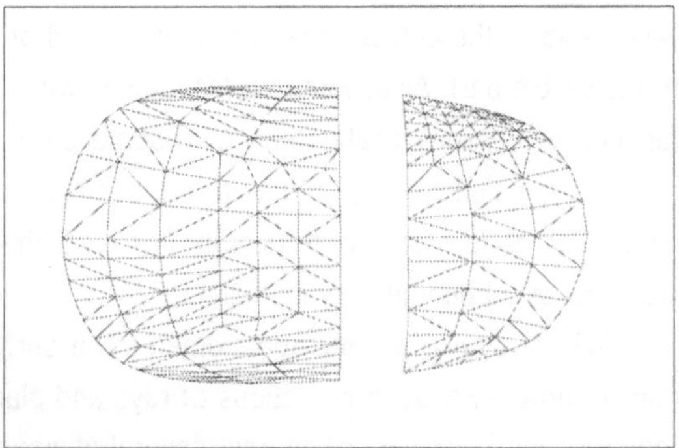

large number of triangles in order to avoid adversary effects of the distortion caused by the parametric mapping. Reducing storage and increasing the efficiency of ray-tracing requires keeping the number of triangles as small as possible. To maintain high quality of the graphic display, the fineness of the triangulation will therefore have to depend locally on the data represented by the parametric surface. It is clear that more triangles are needed in regions with high curvature. One such adaptive scheme which is used in [20] as well as in the implicit surface scheme described later in Section 4, can be described as follows:

1. Define a (coarse) initial triangulation of the surface $S$, for instance, by mapping a uniform triangulation of the parameter domain (taking also trimming curves into account).

2. Consider a typical collection of vertices $(u_i, v_j)$, $(u_{i+1}, v_j)$, $(u_i, v_{j+1})$, $(u_{i+1}, v_{j+1})$. Given an angle tolerance $\varepsilon_a$ and a distance tolerance $\varepsilon_d$, we require that

$$\cos(\varepsilon_a) < n(u_i, v_j) \cdot n(u_i, (v_j + v_{j+1})/2),$$
$$\cos(\varepsilon_a) < n(u_i, v_{j+1}) \cdot n(u_i, (v_j + v_{j+1})/2),$$

where $n(u)$ denotes the unit normal of $S$ at $x(u)$, as well as analogous conditions when the roles of $u$ and $v$ are interchanged. Furthermore, the height of the triangle with vertices $x(u_i, v_j)$, $x(u_i, (v_j + v_{j+1})/2)$, $x(u_i, v_{j+1})$ is to be less than $\varepsilon_d$. The triangulation is locally refined until both criteria

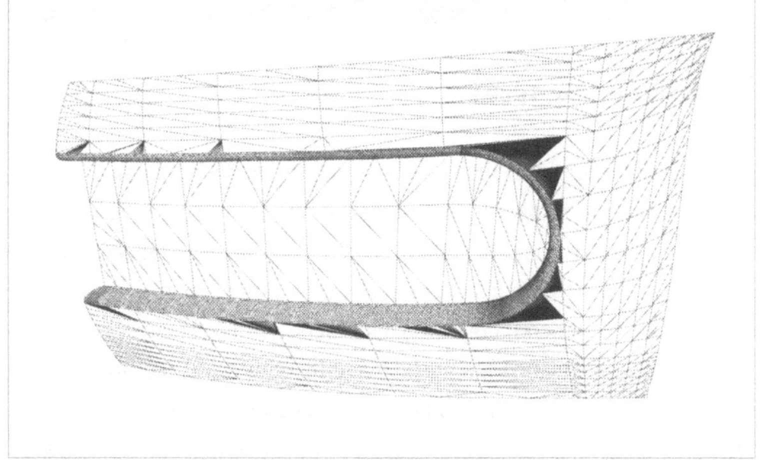

Figure 2.2 a *Uniform Parametric Triangulation*

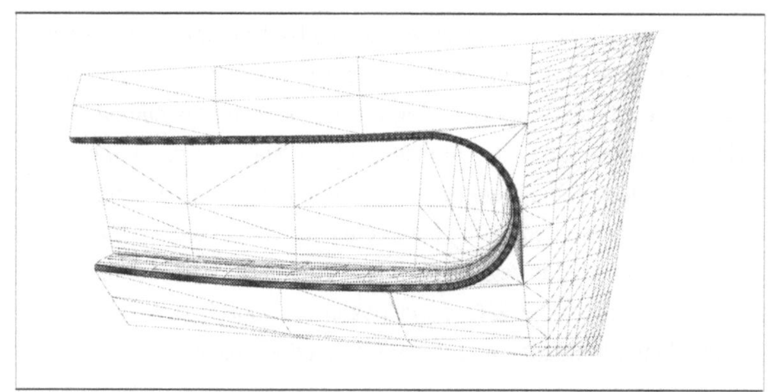

*Figure 2.2 b* *Curvature Dependent Triangulation*

are met. Figure 2.2 illustrates the effect of curvature dependent triangulation (Fig. 2.2 b) as opposed to mapping triangulations in parameter space (Fig. 2.2 a).

As mentioned before, triangulations are not only pivotal for the above rendering concept but will soon be seen to form also a crucial ingredient of the following alternative methodology.

*Image I (left) (f)*
*Carbody designed by Evans & Sutherland*
*Image II (right) (f)*
*Propellor designed with CATIA Version 4*

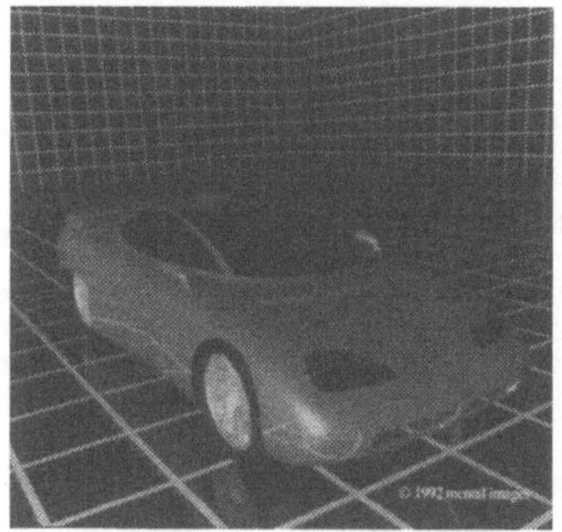
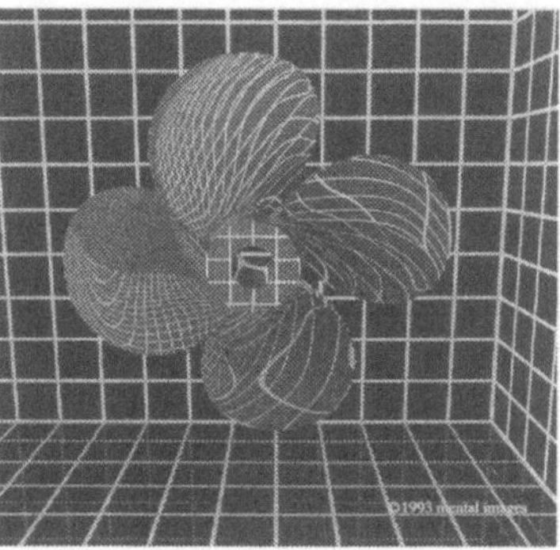

## 3. Implicit Surfaces

In view of the inherent difficulties in high quality rendering parametric surfaces, it is natural to search for alternative representations which, on the one hand, should permit modeling "smooth" surfaces at technically reasonable accuracy by means of relatively small sets of control parameters while, on the other hand, they should still support ray-tracing directly, i. e. without first triangulating the surface and thereby increasing the amount of data to be processed. It has been observed long ago that *implicit surface representations* do have several promising features in this regard.

Here we call $S$ an implicit surface if $S$ has the form

$$S_f = \{\, x \in \mathbb{R}^3 : f(x) = 0 \,\} \qquad\qquad (0.6)$$

where $f : \mathbb{R}^3 \to \mathbb{R}$ is some scalar valued function. Specifically, when $f$ is a polynominal of degree $k$, one speaks of an algebraic surface of degree (at most) $k$. Let

$$S_{f,\pm} = \{\, x \in \mathbb{R}^3 : \pm f(x) > 0 \,\}$$

be the "half-spaces" separated by $S_f$. Determining "on which" side of $S_f$ a given point $x$ is located, now amounts to checking the sign of $f(x)$, a much simpler task than before. Moreover, the set of algebraic surfaces is closed under Boolean operations and offsetting. Finally, intersecting $S_f$ with a ray $R$ which in this case we prefer to define parametrically by

$$R = \{\, r(t) = v + ta \ : \ t \in \mathbb{R}_+ \,\},$$

where $v \in \mathbb{R}^3$ is the focal point of the camera and $a \in \mathbb{R}^3$ is the direction of the ray, amounts to finding the roots of

$$f(r(t)) = 0. \qquad\qquad (0.7)$$

When $S$ is algebraic, this requires determining the zeros of the univariate polynomial $f \circ r$, a task which at least for moderate degree of $f$ is significantly simpler than solving (0.5), (cf. [17]).

These principal advantages have been indeed exploited in solid modeling if the class of objects is sufficiently restricted to be defined by Boolean combinations of algebraic surfaces (cf. [3, 4, 14]). Since the class of solids to which these schemes apply is rather restricted, we confine the subsequent considerations to free-form surfaces, i.e. to the task of modeling surfaces of arbitrary shape. The problem then becomes significantly harder and the feasibility of an implicit scheme depends on a number of further conditions which we will briefly discuss now.

**i)  Shape and topology:**
   The scheme should be able to handle surfaces of arbitrary shape and topology.

**ii) Piecewise structure and global smoothness:**

Raising the degree of algebraic surfaces is certainly not a practicable way of providing enough flexibility for modeling complex shapes. Difficulties caused by singular points and self-intersections, problems of computing intersections and the occurrence of unwanted undulations will quickly become prohibitive not to mention the costs of frequently solving (0.7) for high degree and selecting the "right" zero each time. Thus, one has to cope with piecing implicit patches of low degree together where the meaning of "low" will be made more precise below.

However, since one certainly wants to get away with *significantly less* implicit patches than triangles in a piecewise planar approximation without loss of visual quality and since one wants to realize a certain accuracy, one must be able to join such implicit patches at least in a "smooth" way.

**iii) Low degree:**

The implicit patches should have low degree. If a patch has degree $k$, one may encounter up to $k$ real zeros in (0.7). Perhaps more important than the costs for computing these zeros which clearly grow with $k$, is the task of determining that zero which belongs to the "right" zero sheet which is to form a portion of the global surface. It should be emphasized that in this context the "right" zero sheet may not always be the one which is hit by the ray first, so that the typical selection criterion of picking the first real root [17] does not apply. This decision has to be made frequently and automatically for generic patches. Experiments reveal that this difficulty already increases significantly when passing from degree two to degree three surfaces. Furthermore, it would be desirable to parametrize the implicit surfaces to exploit in addition the advantages of parametric representations. To obtain rational parametrizations one should not exceed degree three [5]. Thus since one needs at least degree two patches to realize globally continnous tangent planes, it would be most desirable to have a scheme based on degree *two* or degree *three* patches.

**iv) Interpolation of positional data and normal directions:**

The type of data that define the surface should include positional data and normal directions. The latter ones are, for instance, important for shape control and for computing offsets.

**v) Locality:**

The construction of implicit surfaces should be completely local, i. e. any portion of the surface should only depend on data near that portion. This is, of course, essential for the exploitation of parallel techniques. Moreover, it allows one to store only the above mentioned input data from which the parameters that define a surface patch could then be computed "just in time", i. e. only when the corresponding portion of the surface is being processed. For instance, invisible parts of the surface could be skipped over without affecting the rest of the surface.

There seems to be be relatively little literature about schemes with the potential of satisfying the above requirements. For instance, extending an idea of Sederberg [27] which we will comment on again later, Patrikalakis and Kriezis [25] consider the zero sets of linear combinations of tensor product B-splines. However, they do not explain how to choose coefficients in order to fit given data. Moore and Warren [21] extended the so called "marching cube" schemes of Lorensen and Cline [19] to obtain least squares fits by "smooth" piecewise quadrics to scattered data.

There are at least two further but rather different schemes for constructing "smooth" piecewise algebraic surfaces which interpolate positional data as well as normal directions.

The scheme proposed by Bajaj and Ihm (cf. [18, 6, 7]) consists of two stages. As a first step, one constructs a triangular curvilinear net of continuously differentiable curves such that the mesh points agree with given positional data and the curves attain specified normals at these mesh points. In a second step, one constructs a normal field along the mesh points which is then interpolated by triangular algebraic patches to fill the mesh cells. It is shown that, as long as the curvilinear mesh consists of piecewise conic sections, one needs only algebraic patches of degree five to fill the mesh. In particular, one can show that the scheme therefore applies to "smoothing" convex polyhedra [7]. For non-convex shapes, the segments of the wireframe will generally have inflection points so that higher order algebraic curve segments are needed to form the wireframe in the first step. It can be shown that curve segments of degree three always suffice which then requires algebraic patches of degree seven. For more details the reader is referred to [18, 6, 7]. In principle, such a scheme satisfies the above listed requirements except $v$), and therefore does not seem to support ray tracing directly.

A quite different approach takes up an earlier idea of Sederberg's to define an implicit patch by confining the zero set of a polynomial to some convex body, preferably a tetrahedron [27]. It was pointed out that representing a polynomial in Bézier form on such a tetrahedron, the corresponding Bézier coefficients could still be used to execute direct control on the position of the zero set inside the tetrahedron. However, the question of how to "smoothly" join such patches to form more complex surfaces remained open. An idea how to overcome this difficulty was presented first in [12]. The scheme proposed in [12] aims at constructing "smooth" piecewise algebraic surfaces of degree only two which interpolate positional data and normal directions. The idea was to construct first an appropriate thin layer of tetrahedra, the *polyhedral hull*, enveloping the data. Then one has to construct a trivariate piecewise quadratic function that interpolates zero at the data points and whose gradient agrees with the given normal directions at the data points. The zero set of the resulting piecewise quadratic is then the desired surface. Thus, the problem has been reduced to a *Hermite interpolation problem* by piecewise quadratics on certain tetrahedral partitions. In principle, this scheme works under fairly weak assumptions, which, in view of the low degree, may be of interest in its own right. In practice, however, there are two serious drawbacks. First of all, to ensure that the above mentioned Hermite interpolation problem has a solution, the polyhedral hull has to satisfy certain geometric constraints which are expressed in terms of so called *transversal systems* of lines [12]. Such transversal systems of lines are easily constructed when the data belong to a star-shaped or, even better, a convex surface. They are also easily obtained when the data can be triangulated using only strictly acute triangles. In general, there are always enough degrees of freedom to guarantee the existence of a transversal system; yet, no canonical way of constructing it seems to be known. In fact, such constructions seem generally to be global procedures and, hence, interfere with requirement $v$) above. Second, since the polyhedral hull involves an analog to the Powell-Sabin split [26], the scheme still produces relatively many quadric patches which limits the gain in efficiency in comparison to piecewise planar representations.

However, the ideas of [12] may be developed further. Admitting patches of degree three instead of two leads to a new scheme [13] which we believe so far satisfies the needs expressed in the above list of requirements best. Recently, the method developed in [13] was taken up again by Bajaj et al. in [8]. In particular, they discuss conditions to ensure that each tetrahedron in the polyhedral hull is intersected by exactly one zero sheet.

The basic ingredients of the scheme in [13] will be described and illustrated in the next section.

## 4. Cubicoids

To describe a scheme for free form-surface modeling, one has to specify usually first in which sense the surface to be built should fit which type of given data. Depending on the type of application environment, these data could, of course, just be "imagination" in the designer's mind. But to work on more rigorous grounds, we assume in the following that these data are given in terms of positional data $X = \{x^1, ..., x^N\} \subset \mathbb{R}^3$ and of associated normal directions $\mathcal{N} = \{n^1, ..., n^N\}$, where $\|n^i\| = 1$ and $\|x\|^2 = x^T \cdot x = x_1^2 + x_2^2 + x_3^2$. In this section, we outline the main ingredients of a scheme which constructs an interpolating surface $S$ consisting of cubicoids, i.e. of algebraic patches of degree three of such that $X \subset S$ and the normal of $S$ at $x^i$ agrees with $n^i$. Of course, $X$ and $\mathcal{N}$ alone do by no means determine the topology of $S$ yet. We will assume that this additional information is given in terms of a triangulation $\mathcal{T}$ of $X$. By this, we mean as above a collection of triples $I = \{i, j, k\}$ specifying triangles $[I]$ in such a way that the intersection of any two triangles $[I]$, $[J]$ is either empty or a common vertex or a common edge, and such that any edge belongs to at most two triangles. Here $[I] = [x^i, x^j, x^k]$ denotes the convex hull of $x^i, x^j, x^k$, that is, the triangle with these three points as its vertices. Thus with a slight abuse of notation, we define

$$[\mathcal{T}] := \bigcup \{[I] : I \in \mathcal{T}\}$$

as a piecewise triangular surface whose topological and combinatorial structure is encoded by $\mathcal{T}$. By construction, we have

$$X \subset [\mathcal{T}],$$

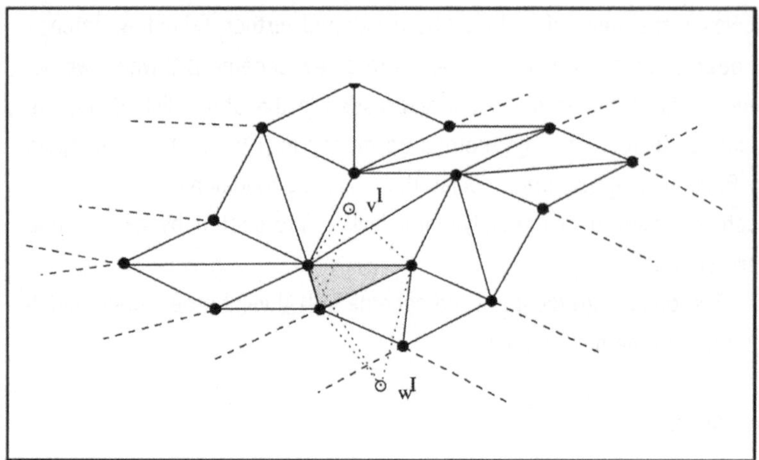



**Figure 4.1** *Triangulation sequence with one plump*

i. e. $[\mathcal{T}]$ interpolates $X$. The objective is now to find a it "smooth" surface $S$ that interpolates $X$ and has the same topology as $[\mathcal{T}]$.

It should be mentioned that, if the set of normal directions $\mathcal{N}$ is not given beforehand, one may construct an auxiliary set $\mathcal{N}$ from $X$ and $\mathcal{T}$. A common approach is to define $n^i$ as an average of the normals to all those triangles in $\mathcal{T}$ which share $x^i$ as a vertex.

The construction of these interpolating piecewise cubicoids proceeds now in two steps.

## 4.1 Constructing the Polyhedral Hull

With each $I = \{i, j, k\}$, we associate two points $v^I$, $w^I$ on different sides of the affine plane spanned by $[\mathcal{T}]$, and we denote by $\Delta_I$, $\nabla_I$ the tetrahedra spanned by $[I]$ and $v^I$, $w^I$, respectively. The union

$$\Delta_I \bigcup \nabla_I$$

will be referred to as a "plumb", see Figure 4.1.

Recall that the tetrahedra enveloping $[\mathcal{T}]$ will have to contain a "smooth" interpolating surface. Therefore, one has to fill out the "valleys" between adjacent plumbs. It turns out that it is preferable to decompose such a valley $[I \cap J, v^I, v^J]$ into two tetrahedra forming a "wedge".

$$V_{I,J} = [I \cap J, v^I, v^{I,J}], \quad V_{J,I} = [I \cap J, v^J, v^{I,J}]$$

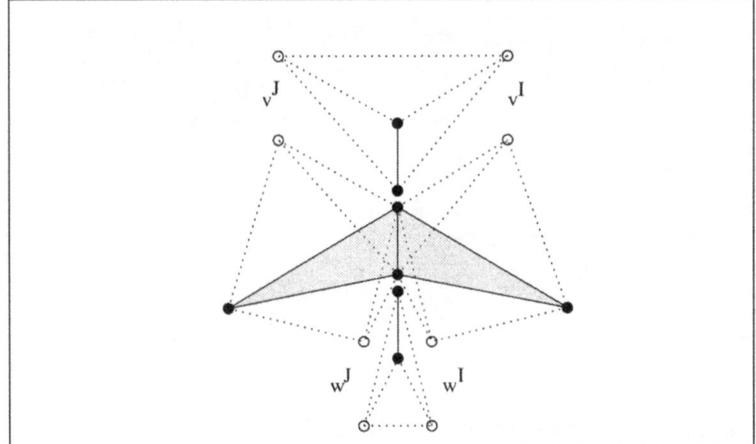


Figure 4.2
Wedge construction

where

$$v^{I,J} = \frac{1}{2}(v^I + v^J).$$

Analogously, one forms $\Lambda_{I,J}$, $\Lambda_{I,J}$ replacing $v^I$, $v^J$ by $w^I$, $w^J$, respectively (see Figure 4.2). It should be emphasized that there is significantly more flexibility in choosing the apexes $v^I$, $w^I$ than in the case of piecewise quadrics [12]. In fact, the line segment connecting $v^I$ and $w^I$ need not even intersect [I]. The only constraints are that neither any two adjacent plumbs nor pairs of wedges $\Lambda_{I,J} \cup \Lambda_{J,I}$, $V_{I,J} \cup V_{J,I}$ should intersect each other, and that in some neighbourhood of each vertex $x^i$ the union of wedges and plumbs should contain the "tangent plane"

$$T_i = \{ x \in \mathbb{R}^3 : (x - x^i)^T \cdot n^i = 0 \}$$

(see [13] for corresponding technical conditions and practical realizations). It is clear that the latter requirement is necessary for enabling a "smooth" surface interpolating $X$ and $\mathcal{N}$ to be fully contained in the union of the wedges and plumbs wrapped around [$\mathcal{T}$].

Note also, that there is a natural way of grouping the tetrahedra in the polyhedral hull into small units. In fact, let $\Pi_I$ the union of the plumb associated with [I] and all half wedges $\Lambda_{I,J}$, $V_{I,J}$, when [I] and [J] share a common edge. This will simplify data organization as well as ray classification (see Section 5).

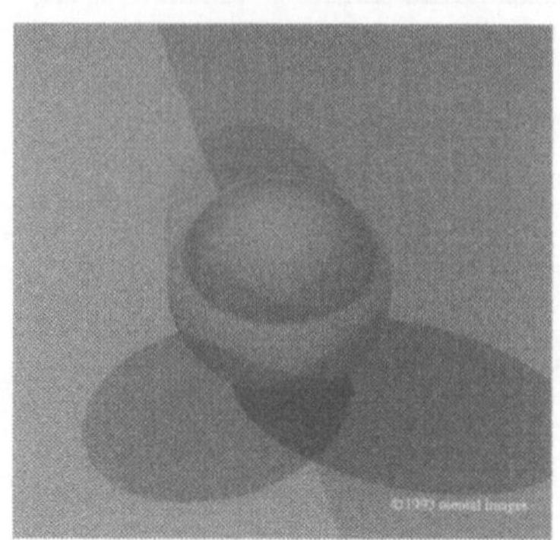
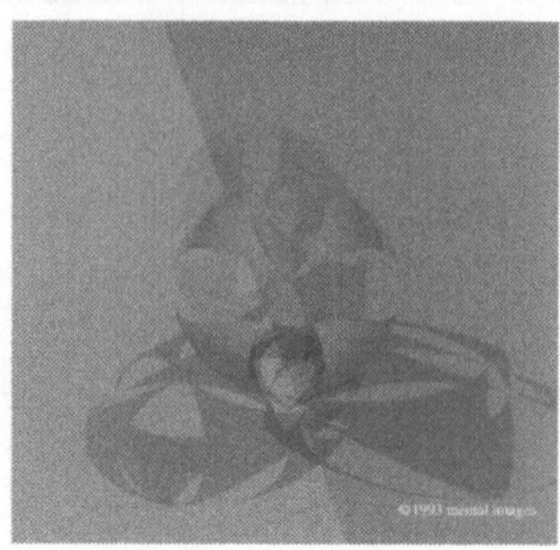

*Image III (left) (f)* **Sphere made with implicit patches** *Image IV (right) (f)* **Surface of the sphere inside the plumbs**

## 4.2 Defining the Implicit Patches

Let $\Theta$ denote the collection of tetrahedra $\theta$ forming the plumbs and wedges described above and let $\Pi = \bigcup \{\theta : \theta \in \Theta\}$. The objective is now to construct a "smooth" piecewise cubic function $Q$ on $\Pi$ such that

$$Q(x^i) = 0, \ \text{grad} \ Q(x^i)\gamma_i n^i, \ i = 1,\ldots,N, \tag{0.8}$$

where $\gamma_i$ are positive constants. For the sake of simplicity, we will take $\gamma_i = 1$ in the following. It is convenient to represent each cubic polynomial

$$P(\cdot | \theta) = Q|_\theta, \ \theta \in \Theta$$

in *Bézier* form. We will briefly indicate next how to determine the coefficients for each $P(\cdot | \theta)$ associating them in the usual way with grid points in the tetrahedron $\theta$. Explicit formulas for these coefficients are derived in [13] so that we will confine ourselves here to illustrating only the basic steps.

*Interpolation conditions*

The interpolation conditions (0.8) determine those coefficients for $\Delta_I$ which are indicated by circles in Figure 4.3 below. For instance, the Bézier coefficient $c^I_{(2,0,0,1)}$ for $P(\cdot | \Delta_I)$ is given by

$$c^I_{(2,\,0,\,0,\,1)} \ = \ \frac{1}{3}\,(v^I - x^i)^T n^i, \ \Delta_I \ = \ \left[ x^i,\, x^j,\, x^k,\, v^i \right].$$

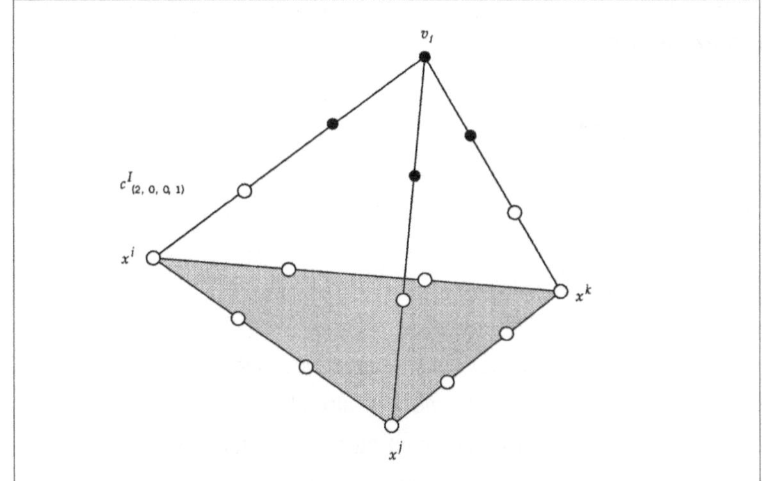



Figure 4.3
Bézier coefficients determinated

## Auxiliary conditions, quadric projection

Next one has to determine the coefficient $c^l_{(1,1,1,0)}$ corresponding to the barycenter of the triangle $[l] = [x^i, x^j, x^k]$. A first thought might be to take simply the average of the other coefficients on $[l]$. But experiments revealed that this choice often resulted in patches with unpleasant and bumpy shapes. On the one hand, one needs the degrees of freedom provided by cubic patches. On the other hand, one has to suppress their tendency to wiggle. The basic idea how to achieve that is simply to pick a cubicoid which, in some sense, is close to a quadric. Since this will be used several times in the sequel, we explain this in a little more detail.

Let $\lambda = \lambda(x, \theta) = (\lambda_1,...,\lambda_4)$ denote the barycentric coordinates of $x$ relative to a tetrahedron $\theta$. Using standard multi-index notation, i. e.,

$$|\alpha| = \alpha_1 + \cdots + \alpha_4 \text{ for } \alpha \in \mathbb{N}_0^4,$$

$$\lambda^\alpha = \lambda_1^{\alpha_1} \cdots \lambda_4^{\alpha_4},$$

$$\binom{k}{\alpha} = k! / \alpha_1! \cdots \alpha_4!$$

we may expand every polynomial $P$ of degree $k$ in terms of the *Bernstein basic functions* $B_\alpha(\lambda) := \binom{|\alpha|}{\alpha} \lambda^\alpha$ as

$$P(x) = \sum_{|\alpha|=k} b_\alpha B_\alpha(\lambda).$$

It is well-known [15], that writing it as a polynomial of degree k+1 leads to an expression

$$P(x) \;=\; \sum_{|\alpha|=k+1} (Rb)_\alpha\, B_\alpha(\lambda),$$

where

$$(Rb)_\alpha \;=\; \frac{1}{|\alpha|} \sum_{j=i}^{4} \alpha_j b_{\alpha-e^j}, \tag{0.9}$$

and $e^j = (\delta_{ji})_{i=1}^4$ is the $j$-th coordinate vector. Now suppose that for some subset $\Gamma \subset \{\alpha \in \mathbb{N}_0^4 : |\alpha| = 3$, one has already determined the coefficients $c_\alpha$, $\alpha \in \Gamma$, for $P(\cdot|\theta)$. The next step is to determine those coefficients $q_\alpha^*$, $|\alpha| = 2$ which minimize the expression

$$\sum_{|\alpha|=3,\,\alpha\in\Gamma} (c_\alpha \;-\; (Rq)_\alpha)^2. \tag{0.10}$$

This often determines all the values $q_\beta^*$, $|\beta| = 2$ that are needed to form

$$c_\alpha := (Rq^*)_\alpha \tag{0.11}$$

for some $\alpha \notin \Gamma$. In the above situation, this strategy works for

$$\Gamma=\{\alpha\in\mathbb{N}_0^4 : |\alpha| = 3,\ \alpha_4 = 0,\ \alpha \neq (1,1,1,0)\}$$

since the minimization of (0.10) determines all $q_\beta^*$, $|\beta| = 2$, $\beta_4 = 0$, so that

$$c_{(1,1,1,0)} = (Rq^*)_{(1,1,1,0)}$$

turns out to be

$$c_{(1,1,1,0)} \;=\; q_I \;=\; \frac{1}{4} \left( c_{(2,1,0,0)} \;+\; c_{(1,2,0,0)} \;+\; c_{(0,2,1,0)} \;+\right.$$

$$\left. c_{(0,1,2,0)} \;+\; c_{(1,0,2,0)} \;+\; c_{(2,0,1,0)} \right)$$

which differs from the initial idea by the factor in front [13].

Next, we have to determine also the central coefficients of the remaining faces of $\Delta_I$ which will be shared by the adjacent wedges. This has to be

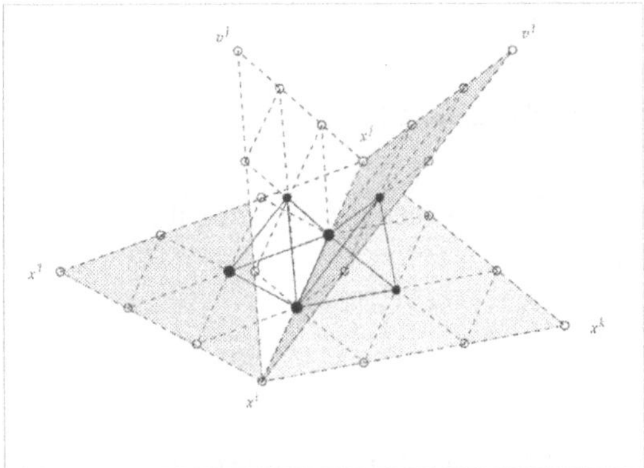

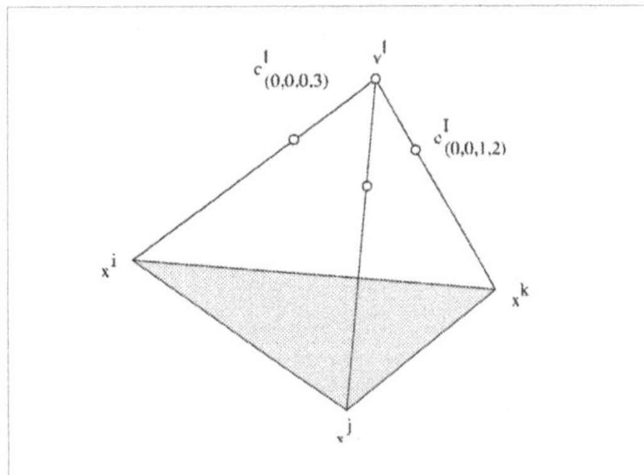

done in a way which later facilitates joining the polynomials on adjacent wedges in a "smooth" fashion. As usual, *control points* are those points in $\mathbb{R}^4$ whose first three components form grid points of the respective tetrahedron and whose last component is the corresponding Bézier coefficient. The central coefficients on the faces $[x^i, x^j, v^I]$, $[x^i, x^j, v^J]$, where $I \cap J = \{i, j\}$ are then chosen in such a way that the control points corresponding to the dotted points in Figure 4.4 all belong to the same three-dimensional affine plane in $\mathbb{R}^4$.

Figure 4.4 (left)
Three-dimensional affine plane

Figure 4.5 (right)
The shape parameters for the plump

These coefficients are uniquely determined if $[I]$ and $[J]$ do not lie on the same two dimensional plane. Otherwise, one has one more degree of freedom, and one of the parameters can be chosen by a suitable variant of the above mentioned projection on quadrics.

It remains to determine the four coefficients corresponding to the circled points in Figure 4.5.

Since the coefficients at vertices remain unchanged under degree raising, projection on quadrics would not determine the apex coefficient $c_{(0,0,0,3)}$ for the vertex $v^1$. Several different ways of choosing these remaining coefficients are discussed in [13]. Here, we concentrate on one strategy which is again a variant of the above projection on quadrics and has proven most successful in all practical experiments. Suppose one has determined an additional point $y$ in $\Delta_I$ which the patch should get close to, and let $\lambda = \lambda(y, \Delta_I)$ be its barycentric coordinates. Then minimize the expression

$$\sum_{|\alpha|=3} (c_\alpha - (Rq)\,)^2 + \gamma \left( \sum_{|\beta|=2} q_\beta B_\beta(\lambda) \right)^2$$

over those $q_\beta$, $|\beta| = 2$ which have not been determined previously. This yields

$$c_{(0,0,0,3)} = q^*_{(0,0,0,2)}, \quad c_\alpha = (Rq^*)_\alpha, \quad \alpha_4 \geq 2,$$

and fixes $P(\cdot|\Delta_I)$ completely. $P(\cdot|\nabla_I)$ is then chosen to be the *same* polynomial.

*Smoothness conditions*

It remains to compute the coefficients for the wedges joining to adjacent plumbs $\Delta_I \cup \nabla_I$ and $\Delta_J \cup \nabla_J$. It is not hard to verify that the standard coplanarity conditions which ensure that two adjacent Bézier polynomials are conicide "smoothly" across the common face of their respective tetrahedra, determine all the coefficients except those indicated by circles in Figure 4.6

Again "smoothness" requires

$$c_{I,J} = \frac{1}{2}(c_I + c_J).$$

The remaining coefficients $c_I$, $c_J$ are then determined by combining a version of the above projection on quadrics with the requirement that the two wedge polynomials have the same second order derivatives at the point $v^{I,J}$ (see [13] for details).

This confirms that the computation of all coefficients is completely local and, in fact, quite easy. We refer again to [13] for all technical details.

One should note that it may well happen that several of the at most three zero sheets of the polynomials $P(\cdot|\theta)$ determined as above, could intersect the tetrahedron $\theta$ and it is not clear at all that the one which is hit first by a ray emanating from the focal point of the camera is the one which is to form a portion of the global surface. A proper choice of the free shape parameters should therefore ensure that each tetrahedron in the polyhedral hull is intersected by exactly one zero sheet of the corresponding cubic polynomial. It is shown in [8] that in certain cases simple inequality constraints imposed on the shape parameters achieve that

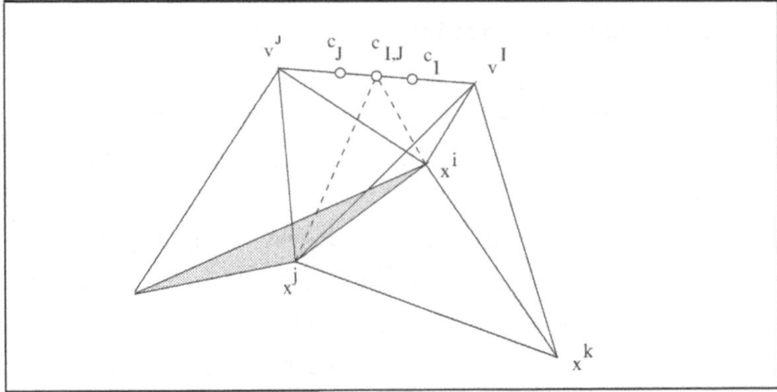


*Figure 4.6*
*The free parameters*
*for the wedge*

goal. Best results are obtained when the constraints are incorporated in a least squares fit of the type mentioned above. A second equally serious problem is that the interpolating surface may exhibit an unwanted fold as shown in the picture. This occurs when the implicit patch in a tetrahedron inflects. While this depends only on the direction of the normals the tendency of forming a fold results from an inappropriate scaling of the lengths of the normals. Adjusting these lengths, however, affects neighbouring patches and hence has a global effect. In such a case it seems best to it *subdivide* the corresponding implicit patch.

The above construction produces a "smooth" piecewise cubic function on the polyhedral hull which satisfies the interpolation conditions (0.8). Hence,

$$S := \{x \in \Pi : Q(x) = 0\}$$

is a candidate for the desired surface. By construction, $S$ does interpolate the data $X$ and matches the prescribed normal directions at the points in $X$. However, $S$ may in principle still have singular points. Of course, this could be repaired by altering the above default choices of the free parameters. But again, when using projection on quadrics, we have so far not observed the occurrence of singular points.

## 5. Cubicoids in Practice

In this section, we briefly comment on some aspects of implementing the above cubicoid scheme as well as on its performance, in particular, in comparison with conventional piecewise triangular representations.

## 5.1 The Format Description

The data format which reflects best the geometrical background is induced by the union $c_I$ of the plumb $\Delta_I \cup \Delta^I$ and all the adjacent halfwedges (see Figure 5.1).

This entails two essential advantages. On the one hand, the corresponding data sets can be compressed significantly. (Vertices and Bézier coefficients which belong to several of the tetrahedra in $c_I$ have to be stored only once). On the other hand, $c_I$ is conveniently and quickly represented by a cube or a ball. Such "boxing" of geometric primitives is frequently used for accelerating the rendering procedures. Thus, many of the techniques which have been developed for rendering piecewise planar representations of geometry apply in the present context, too.

A principal format description of $c_I$ can be found in Figure 5.2 where a "flag" indicates the particular wedge configuration. For instance, since wedges are only used to allow "smooth" transitions between the plumb patches, one can dispense with wedges at the boundary of a surface and simply extend the plumb patch to the boundary. Furthermore, one can assign materials and textures to the vertices which may then be brought onto the surface in $c_I$ by means of interpolation.

Figure 5.1  *The union $c_I$*

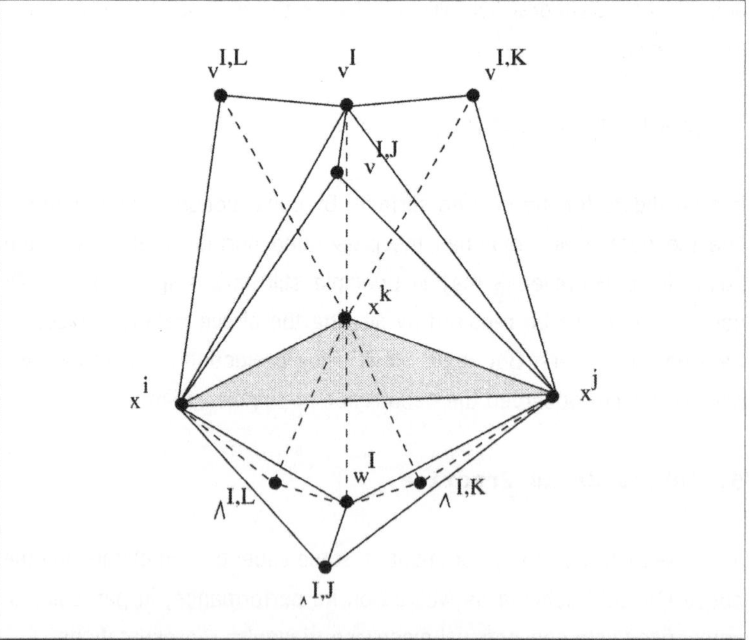

```
implicit    materiallist
            flag
            vertexlist
            parameterlist      } plumb
            [ vertexlist
            parameterlist]     } 1,...,6 wedges
```

*Figure 5.2*
Format description

## 5.2 Cubicoids versus Triangles

Consider a ball which is initially represented by a quadratic NURB (see Section 2). On the one hand, we use the above (automatic) interpolation scheme to approximate (in this case reproduce) the ball by cubicoids according to a polyhedral hull. On the other hand, we consider a piece-wise triangular approximation.

Suppose a sequence of images will be calculated and the ball is directly flying from the horizon towards the camera. In this case, the number of cubicoid patches remains independent of the distance from the camera. Due to the higher order of accuracy and due to the ability of representing curved shapes, this will remain essentially true even if the object is only approximated. In contrast, the number of triangles has to increase significantly when approaching the camera. Thus, the higher the required resolution, the better is the performance of cubicoids compared to triangular approximations. Another significant advantage of using implicit patches is that the shading and contours are perfect for cubicoids compared with a triangular mesh.

*Image V (left) (f) Sphere with satellites from the Haines procedural benchmark*
*Image VI (right) (f) Car body model of a Corvette*

## 5.3 Illustrations

Images I and II show two typical CAD applications rendered by ray tracing using *mental images'* renderer *mental ray* for a triangulated geometry.

The models for Image I and II were approximated by 210.000 and 15.613 triangles, respectively.

The final two images (V and VI) demonstrate that a better image quality can be achieved using much less geometry data. The sphere with the satellites in Image V uses 320 implicit patches, whereas the car in Image VI consists of 9.631 implicit patches.

## 6. Conclusion and future work

This paper has addressed the increasing user demands for high-quality display of geometric data and highlighted the inherent difficulties and the high cost of applying photorealistic rendering techniques to parametric geometry representations resulting from traditional approaches to free-form surface modeling. We focused on the need for a mathematical representation of geometry which is suitable for both purposes, modeling and high-quality rendering, as a basic step towards overcoming these difficulties and achieving better performance. In fact, during the last decade, implicit surface representations have been advocated as promising candidates. While such schemes are, in principle, better suited than parametric representations for high-quality rendering such as ray-tracing, their modeling capabilities remained rather limited. Our discussion resulted in a list of conditions which, according to our experience, are necessary for any implicit scheme to serve the above purposes. We have presented a method for constructing "smooth" piecewise algebraic surfaces of degree three which appears to satisfy these requirements better than any approach known so far. The scheme interpolates arbitrary positional data and normal directions, has at least quadric precision and supports ray-tracing directly. At the same time, it requires much less storage than polygonal representations. As a result, there is a significant shift of balance between storage and floating point activities. The scheme has been implemented in a commercially available high-quality rendering software and we have demonstrated its performance by various examples, in particular, in comparison with traditional triangle based rendering schemes which are implemented the same renderer. This software is currently being used as a starting point for the ESPRIT project 22.765, *Design by Simulation and Rendering on Parallel Architecture* (DESIRE II), where further significant developments are envisaged. In particular, the drastically reduced storage requirements of the scheme will allow for implementation on massively parallel, distributed memory machines which form the target platforms of the project. Our present investigations focus on trimming implicit surfaces, and we plan to exploit the inherently favorable features of our scheme for the construction of offsets and for incorporating parallel techniques.

## References


[1] **Appel, A.:** Some techniques for shading machine rendering of solids, AFIPS 1968 Spring Joint Computer Conference, 37–45.

[2] **Arvo, J., Kirk, D.:** Fast ray-tracing by ray classification, it Computer Graphics, bf 21 (1987), 55–64.

[3] **Barr, A. H.:** Superquadrics and angle preserving transformations, it IEEE Computer Graphics and Applications, bf 1 (1) (1981), 11–23.

[4] **Bajaj, C.:** Geometric modeling with algebraic surfaces, in: D. Handscomb, editor, it The Mathematics of Surfaces III, Oxford University Press, 1988, 3–48.

[5] **Bajaj, C.:** Automatic parametrization of rational curves and surfaces II: cubics and cubicoids, it Computer Aided Design, bf 19 (9) (1987), 499–502.

[6] **Bajaj, C., Ihm, I.:** Algebraic surface design with Hermite interpolation, it ACM Transaction on Graphics, bf 19 (1992), 61–91.

[7] **Bajaj, C., Ihm, I.:** Smoothing polyhedra using implicit algebraic splines, it Computer Graphics, bf 26 (1992), 79–88.

[8] **Bajaj, C.L., Chen, J., Xu, G.:** It Interactive Modeling with A-Patches, Technical Report CSD-TR-93-002, CAPO Report CER-93-02, Department of Computer Sciences, Purdue University, 1993.

[9] **Blinn, J. F.:** Notes on geometric modeling, SIGGRAPH 1980, Tutorial.

[10] **Cohen, M.F., Greenberg, D.P.:** The Hemi-Cube: A radiosity solution for complex environments, it Computer Graphics, 24 (1985), 31–40.

[11] **Cohen, M.F., Wallace, J.R.:** it Radiosity and Realistic Image Synthesis, Academic Press, 1993.

[12] **Dahmen, W.:** Smooth piecewise quadric surfaces, in: T. Lynche and L. L. Schumaker, editors, it Mathematical Methods in Computer Aided Geometric Design, Academic Press, 1989, 181-193.

[13] **Dahmen, W., Thamm, T.-M.:** Cubicoids: Modeling and Visualization, it Computer Aided Geometric Design, bf 10 (1993) 89–108.

[14] **Duff, T.:** The soid and roid manual, New York Institute of Technology, 1980.

[15] **Farin, G.:** it Curves and Surfaces for Computer Aided Geometric Design, Second Edition, Academic Press, 1990.

[16] **Hoschek, J., Lasser, D.:** it Grundlagen der geometrischen Datenverarbeitung, Teubner, Germany, Stuttgart, 1989.

[17] **Hanrahan, P.:** Ray tracing algebraic surfaces, it Computer Graphics, bf 17 (1983), 83–90.

[18] **Ihm, I.:** it Surface design with implicit algebraic surfaces, PhD thesis, Purdue University, August 1991.

[19] **Lorensen, W., Cline, H.:** Marching cubes: a high resolution 3D surface construction algorithm, it Computer Graphics, bf 21 (1987), 163–169.

[20] **Herken, R., Hödicke, R., Thamm-Schaar, T.-M., Yost, J. and Borac, S.:** High Quality Visualization of CAD Data, it Freeform Tools in CAD Systems – A Comparison -, Hoschek, H., (Ed.), B.G. Teubner Stuttgart Germany, 1991, 173–194.

[21] **Moore, D., Warren, J.:** Approximation of dense scattered data using algebraic surfaces, it in: Proc. of the 24th Hawaii Intl. Conference in Systems Science, Kauai, Hawaii, 1991, 681-690.

[22] **Nielson, G.:** Transfinite visually continous triangular interpolant, in: G. Farin, editor, it Geometric Modeling Application and New Trends, SIAM, 1986.

[23] **Peters J.:** Local cubic and bicubic $C^1$ surface interpolation with linearly varying boundary normal, it Computer Aided Geometric Design, bf 7 (1990), 499–516.

[24] **Peters, J.:** Smooth interpolation of a mesh of curves, it Constructive Approximation, bf 7 (1991), 221–246.

[25] **Patrikalakis, N.:** Kriezis, G., Representation of piecewise continous algebraic surfaces in terms of B-splines, it The Visual Computer, bf 5 (6) (1989), 360–374.

[26] **Powell, M.J.D., Sabin, M.**: Piecewise quadric approximations on triangles, it ACM Trans. on Math. Software, bf 3 (1977), 316–325.

[27] **Sederberg, T.**: Piecewise algebraic surface patches, it Computer Aided Geometric Design, bf 2 (1989), 23–32.

[28] **Whitted, T.**: An Improved Illumination model for shaded display, it Communication of the ACM, bf 23 (6) (1980), 343–349.

# Simulation & Mathematik: Anwendungen in der Luft- und Raumfahrt und in der Verkehrsforschung

Achim Bachem, Kay Pixius

## 1 Simulation ist ein Experiment an einem Modell

Simulation, verstanden als Experiment an einem Modell, wird heute – neben Theorie und klassischem Experiment – als dritte Säule wissenschaftlichen Erkenntnisgewinns allgemein anerkannt. Im klassischen Experiment wird ein Ausschnitt der Natur direkt beobachtet, die Simulation dagegen verwendet ein Abbild der Natur, also ein Modell. Die Güte dieses Modells ist der entscheidende Faktor für den durch eine Simulation zu erzielenden Erkenntnisgewinn. Die Realitätstreue der Modellierung ist eine notwendige Bedingung für deren Güte und erfordert im Prinzip eine Repräsentation aller für die reale Welt relevanten Parameter in dem Modell. Die Qualität der Modellierung beruht fast ausschließlich auf der korrekten Identifizierung der die zu untersuchende Fragestellung bestimmenden freien Parameter. Diese Auswahl bestimmt im wesentlichen die Realitätstreue des Modells. Darüber hinaus muß das Modell sich in seiner simplifizierten Komplexität ähnlich wie die reale Welt hinsichtlich der in der Simulation angewandten Variation der Parameter verhalten.

Da die Ergebnisse einer Simulation nicht in einem realen System, sondern in einer virtuellen Welt entstehen, sind diese Ergebnisse meist nur mittels einer Visualisierung der Outputdaten darstellbar. Dies liegt insbesondere an der Vielzahl der durch eine Simulation ermittelten Ergebnisdaten. Somit ist eine geeignete Visualisierung der Ergebnisse einer realitätstreuen Simulation ein weiteres Erfordernis.

Dies erzwingt die Zuhilfenahme leistungsstarker Rechner, welche optische Einblicke in die virtuelle Welt ermöglichen, die dem Beobachter der entsprechenden realen Welt sonst verborgen bleiben. Hervorzuheben ist in diesem Zusammenhang auch, daß z. B. der Einsatz von Falschfarbeneffekten die Hinzunahme weiterer Dimensionen erlaubt und dadurch eine Möglichkeit bietet, bisher unbekannte Zusammenhänge zu entdecken.

Unter dem Sammelbegriff „Simulation" finden sich verschiedene Simulationstechniken, die hier mit der Blickrichtung *Anwendungen in Luft- und Raumfahrt sowie in der Verkehrsforschung* beispielhaft erläutert werden.

- Simulation ist ein Experiment an einer Kopie der realen Welt;
- Simulation ist ein Experiment an einem *numerischen* Modell der physikalischen Realität;
- Simulation ist ein Experiment an einem Modell, welches eine *verkleinerte Kopie* der realen Welt darstellt;
- Simulation ist ein *gerechnetes* Experiment an einem *in einem Rechner nachgebildeten Modell der realen Welt*;
- Simulation ist ein an einem digitalen Modell der realen Welt durchgeführtes Experiment

## 2 Simulationstechniken und Visualisierung

Jede der oben genannten Kategorien bedient sich einer charakteristischen Technik, die einerseits die Bereitstellung der Eingangsparameter gewährleistet, andererseits technisch durchführbar sowie hinsichtlich des erforderlichen finanziellen, zeitlichen und technischen Aufwandes vertretbar ist und im Ergebnis zu einer wissenschaftlichen Aussage führt.

**2.1 Das Experiment an einer Kopie der realen Welt** Um sich auf Handlungsabläufe und Notfallsituationen in abgeschotteten Umgebungen und unter extremen Bedingungen vorzubereiten, benutzt man Simulatoren. So trainieren zum Beispiel Astronauten für ihre Weltraum-Missionen auf der Erde alle geplanten Aktivitäten sowie eventuell erforderliche Notfallprozeduren in Ingenieurmodellen ihrer jeweiligen Missionsumgebung, z. B. in einer 1:1-Nachbildung des Spacelabs, der MIR-Station oder der Internationalen Raumstation. Die Einrichtungen sind hier jeweils identisch nachgebildet, sämtliche Funktionen, d. h. also die Schnittstellen zur realen Welt, werden mit Hilfe eines Computers gesteuert und simuliert.

**2.2 Das Experiment an einem numerischen Modell** Ein typisches Beispiel hierfür sind aerodynamische Berechnungen der Strömungsverhältnisse bei Luft- oder Raumfahrzeugen. Die Kenntnis der Druck- und Temperaturverhältnisse z. B. während der Wiedereintrittsphase von Raumtransportern ist von grundlegender technischer Bedeutung. Solche Kenntnis kann auf zweifachem Weg gewonnen werden: die relevanten Größen können berechnet oder gemessen werden. Die Modellierung von realen Welten, wie sie von der Strömungsphysik thematisiert werden, ist heute – wenn überhaupt – nur mittels gemittelter *Navier-Stokes*-Gleichungen möglich. Diese sind aber analytisch nicht lösbar, so daß die Systeme nur numerisch, d. h. approximativ gelöst werden können. In diesem Fall wird also nicht nur die Realisierung des Modells, sondern sogar das Modell selbst durch Numerik approximiert.

Die direkte Messung der Strömungsprofile ist natürlich auch nicht ohne weiteres möglich, da wir uns zum einen in der Regel (erst) in der Konstruktionsphase befinden und zum zweiten Messungen an bereits konstruierten Geräten kaum unter Variation entscheidender Konstruktionsparameter durchgeführt werden können.

**2.2.1 Exkurs über Aerodynamik** Im wesentlichen kann man sich der Aerodynamik über ein auf *Newton* zurückgehendes Widerstandsgesetz nähern, in welchem Druckwiderstand (auch als Staudruck bezeichnet) und Reibungswiderstand zusammengefaßt sind:

$$W = f \cdot \frac{p}{2} \cdot v^2 \cdot A \tag{1.1}$$

Dabei bezeichnet $A$ die angeströmte Fläche, $(p/2)v^2$ die kinetische Energie pro Volumen ($p$ ist die Dichte, $v$ die kinematische Zähigkeit) und $f$ den sog. Widerstandsbeiwert. Es zeigt sich, daß unabhängig von der Geometrie der Widerstandsbeiwert stets mit der Größe

$$Re = \frac{lpv}{\eta} = \frac{pl^2v^2}{\eta\,lv} \tag{1.2}$$

skaliert, der sog. Reynolds-Zahl. Anschaulich beschreibt die Reynolds-Zahl so etwas wie das Verhältnis der Reibungskräfte zu den Trägkeitskräften. Die Trägkeitskräfte sind (nach *Newton*) proportional zu $pl^2v^2$ (die Kräfte heißen deshalb träge, weil sie von der Masse bzw. Dichte abhängen), während die Reibungskräfte von der Viskosität des Mediums abhängen und mit $\eta lv$ skalieren. Wie das *Newton*sche Widerstandsgesetz zeigt, ist der Widerstandsbeiwert das charakteristische Merkmal einer Strömung. Da diese wiederum nur von der Reynolds-Zahl abhängt, steht diese im Zentrum des Interesses. Für die praktische Anwendung im Windkanal bedeutet das, daß man eine Veränderung des Widerstandsbeiwertes durch den Übergang zu anderem $l$ oder $\eta$ durch geeignete Wahl der übrigen Parameter kompensieren kann, z. B. hat man bei einem verkleinerten Modellkörper die übrigen Größen so zu verändern, daß die Reynolds-Zahl konstant bleibt. Dieser Zusammenhang wird als das *hydrodynamische Ähnlichkeitsgesetz* bezeichnet. Für das Verständnis der Windkanalversuche ist darüber hinausgehend nur noch die Idee der *Prandtlschen* Grenzschicht zu beachten: es hat sich empirisch gezeigt, daß auch bei sehr kleiner inneren Zähigkeit des umströmenden Mediums die Reibungskräfte an einem sich in der Strömung befindenden Körper – besonders bei hohen Strömungsgeschwindigkeiten bzw. Gradienten der Strömungsgeschwindigkeit – nicht vernachlässigt werden dürfen. Die Ursache liegt darin, daß sich in unmittelbarer Nähe der Oberfläche das umströmende Medium in Ruhe befindet und eine Oberflächenschicht bildet (2-Platten-Versuch), während zwischen der unmittelbar angrenzenden Strömungsschicht und der Oberflächenschicht eine Reibung entsteht, was eine Schubspannung hervorruft.

Mathematisch lassen sich die *Newtonschen* Bewegungsgleichungen in der *Navier-Stokes*-Gleichung ausdrücken:

$$p(\vec{a}_1 + \vec{a}_2) = -\nabla_p + \eta\,\Delta\vec{v} \tag{1.3}$$

Anschaulich sagt diese Gleichung aus, daß die Beschleunigung gleich der Summe der angreifenden Kräfte ist, wobei sich hier die Volumenkräfte (d. h. von außen angreifende Kräfte, die dem Volumen bzw. der Masse proportional sind und durch den Term auf der linken Seite erfaßt werden), sowie Kräfte, die auf Druckgefälle zurückzuführen sind, und Reibungskräfte unterscheiden lassen.

Folgende Fälle sind dann zu unterscheiden: a) Strömungen idealer Flüssigkeiten: Reibungskräfte sind zu vernachlässigen; b) Laminare Strömungen: Der Anteil $\vec{a}_2$ der Beschleunigung ist zu vernachlässigen, aber die Reibungskräfte sind entscheidend; und c) Turbulente Strömungen: Selbst wenn die Strömung stationär ist, $\vec{a}_1 = 0$, ist die zweite Beschleunigung von größerem Einfluß als die Reibungskräfte.

**2.2.2 Exkurs über Tragflügel** Der Querschnitt eines Tragflügels ist derart geformt, daß die Oberseite stärker nach oben gewölbt ist als die Unterseite. Strömt von links Luft gegen den horizontal liegenden Tragflügel, dann wird die Luft geteilt. Der Weg der Luft oberhalb des Tragflügels ist länger, die Geschwindigkeit der Luft dicht an der Oberseite des Tragflügels ist also größer als dicht an der Oberfläche der Unterseite. Aufgrund der sog. *Bernoullischen* Gleichung muß dort, wo die Geschwindigkeit größer ist, der Druck kleiner sein. Es tritt also auf beiden Seiten des Flugzeugs ein Unterdruck auf, wobei der Unterdruck an der Oberseite jedoch größer als auf der gegenüberliegenden Unterseite ist: das Flugzeug „hängt" in der Luft. Beim Start ist die Differenz wegen der geringen Geschwindigkeit noch klein. Durch das Anströmen der Luft gegen die Flügelober- und Unterseite hebt sich das Flugzeug bei wachsender Geschwindigkeit infolge des auf der Unterseite erzeugten Überdrucks.

Der erste Schritt zur Lösung einer Strömungssimulation auf Basis der *Navier-Stokes*-Gleichung besteht in der Erzeugung eines geeigneten Rechennetzes, dessen Geometrie der des zu untersuchenden Flügelprofils angemessen ist. Abb. 1 zeigt die Berechnung der Strömung um ein Flügelprofil in Startkonfiguration. Ziel der Rechnung war zu überprüfen, ob das in der DLR entwickelte Rechenverfahren bei Hochauftriebsproblemen einsetzbar ist. Dies verlangt die Simulation folgender Strömungsphänomene:

1. geometrie-induzierte Ablösung,
2. druck-induzierte Ablösung,
3. Interaktion der Grenzschichten und Nachläufe der einzelnen Komponenten,
4. starke Umlenkung der Strömung.

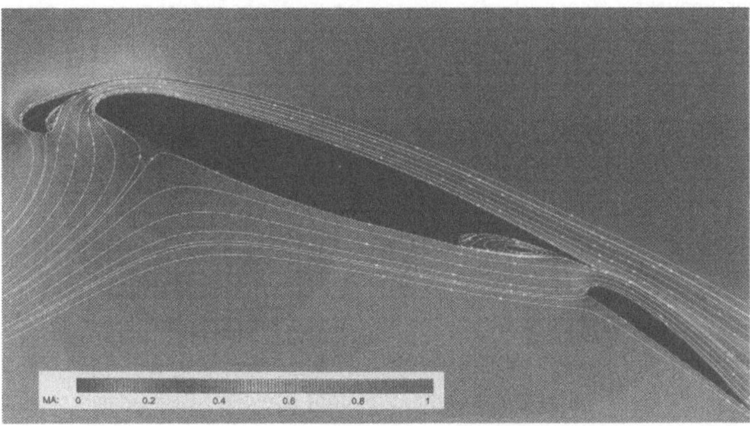


Abb. 1 (*f*) *Navier-Stokes Berechnung der Strömung um ein Flügelprofil in Startkonfiguration. Geschwindigkeit = 0,197 Mach (ein Mach ist die Schallgeschwindigkeit), $\alpha = 20°$, Re = $3,52 \cdot 10^6$*

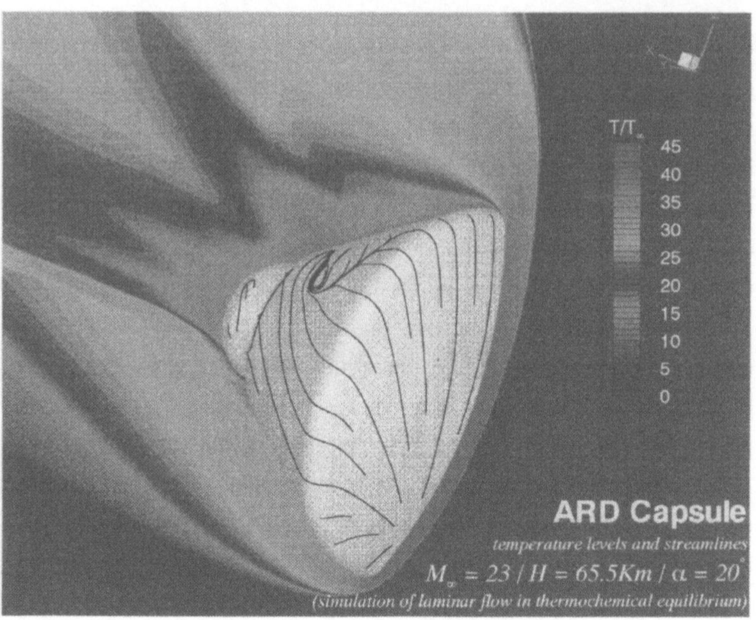



*Abb. 2 (f)  Aerodynamische Untersuchungen an Wiedereintrittskapseln. Mach-Zahl = 23, Anstellwinkel α = 20°, Re = 0,21 · 10⁶.Lösung der thin-layer Navier-Stokes-Gleichungen in einem Netz von 1,6 Millionen Punkten. Rechenzeit 2,8 Stunden auf Großrechner. Dargestellt sind die Wandstromlinien und die lokale Temperatur für einen Mittelschnitt.*

Abb. 2 zeigt, zu welchen Erkenntnissen die numerische Lösung der *Navier-Stokes*-Gleichung führen kann. Dargestellt sind Wandstromlinien und lokale Temperatur beim Wiedereintritt einer Raumkapsel in die Atmosphäre. Ein anderes Beispiel zeigt die Berechnung des Wärmeübergangs für den europäischen Raumtransporter *Hermes* unter kalten Windkanalbedingungen, wie sie in einem Kryo-Kanal herrschen. Abbildung 3 zeigt die lokale *Stanton*-Zahl (St=Nu/Re*Pr; Verhältnis der übergehenden zur konvektiv transportierten Wärme bzw. Wärmeübertragung an eine Wand durch Strömung, wobei Nu die sog. *Nusselt*-Zahl und Pr die sog. *Prandl*-Zahl bezeichnet) und Wandstromlinien. Unten rechts sind zum Vergleich die gemessene und die berechnete *Stanton*-Zahl entlang der Rudervorderkante aufgetragen.

**2.3 Das Experiment an einer verkleinerten Kopie der realen Welt** Anders als oben bei der Aerodynamik neuer Flugkörper betrachtet man hier kein Gleichungssystem, welches speziellen Randbedingungen genügt; vielmehr arbeitet man mit verkleinerten Kopien eines Flugzeugs, und das Experiment besteht in einem Windkanalversuch. Dieses Beispiel mutet auf den ersten Blick wie ein konventionelles physikalisches Experiment an. Der entscheidende Punkt, der diesen Fall zu einer Simulation gemäß obiger Definition macht, liegt in der Ausnutzung

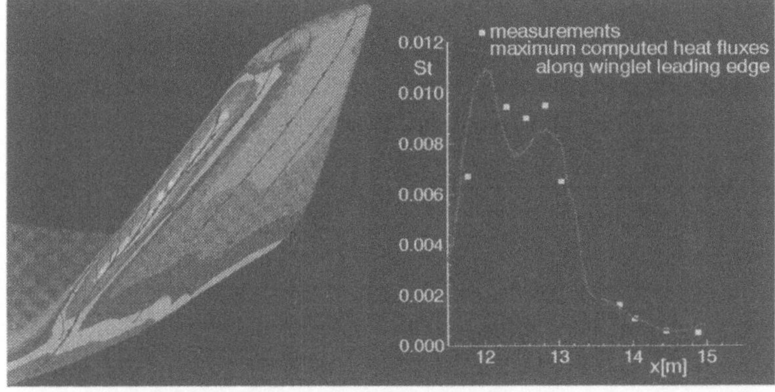


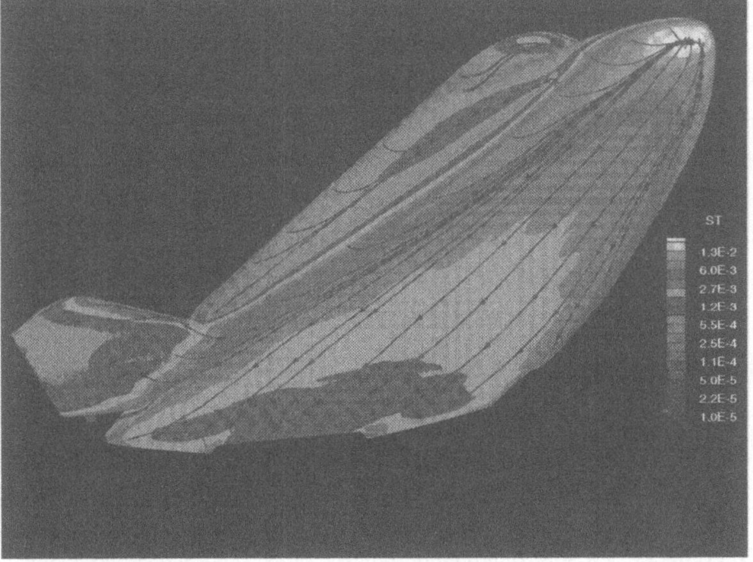


*Abb. 3 (f) Berechnung des Wärmeübergangs für den europäischen Raumtransporter HERMES unter kalten Windkanalbedingungen.Mach-Zahl = 10, Anstellwinkel α = 30°, Re = 0,21 · 10⁶.Lösung der thin-layer Navier-Stokes Gleichungen in einem Netz von 2 Millionen Punkten. Rechenzeit 3,5 Stunden auf Großrechner.*

der aerodynamischen Ähnlichkeitrelation (d. i. Gleichheit von Reynolds- und *Mach*-Zahl bei Modell und Wirklichkeit), welche erst eine Aussage über die wirkliche Welt zuläßt. Typische Windkanäle simulieren einen Machzahlbereich von 0,5 bis etwa 11, wobei man ab 4 Mach von Hyperschall spricht. Dann treten neben Wärmebelastungen an der Oberfläche weiter keine Abweichungen vom Modell des „idealen" Gases auf, die bei der Deutung eines Windkanalexperiments Probleme bereiten. Zur Standardaufgabe von Windkanälen in allen Machzahlbereichen zählt die Bestimmung der Widerstandsbeiwerte und damit die Bestimmung der aerodynamischen Stabilität und Steuerbarkeit. Die Komponenten der Luftkräfte werden durch in das Modell eingebaute Dehnmeßstreifenwaagen ermittelt und über EDV auf die „realen" aerodynamischen Beiwerte umgerechnet. Alternativ besteht die Möglichkeit zur Realisierung hoher Reynoldszahlen in der Veränderung der Gastemperatur derart, daß die Zähigkeit des umströmenden Mediums verändert wird.

**2.4 Das gerechnete Experiment an einem „digitalen" Modell** Etwas komplizierter als die vorangegangenen Fälle ist der Fall, daß in einem ersten Schritt die Wirklichkeit bzw. deren relevante Parameter in einen Rechner übertragen und in einem zweiten Schritt Experimente an der virtuell repräsentierten Wirklichkeit durchgeführt werden.

Als Beispiel dienen Flugführungssysteme. Das eigentliche Ziel ist dabei, Engpässe im Luftverkehr vorauszusehen und deren Bewältigung zu ermöglichen. Dazu bedient man sich empirisch ermittelter Daten über den anfliegenden Verkehr und errechnet daraus u. a. eine bessere Anfluggeschwindigkeit und -strecke der Flugzeuge. Im einzelnen werden mit Hilfe von Schnellzeit-Simulationen verschiedene Komponenten des Luftverkehrssystems, also z. B. der Anflugbereich, zu einer „virtuellen" Testumgebung zusammengefügt. Eine Möglichkeit hierzu stellt das Simulationsmodell SIMMOD dar. SIMMOD bietet die Möglichkeit, komplexe Luftverkehrssysteme mit mehreren Flughäfen einschließlich des sie umgebenden Luftraumes zu modellieren. In diesem Modell werden die geometrische Struktur eines Flughafensystems, die Routen, die Start-/Landebahnen, die Rollwege usw. erfaßt und als ein Netzwerk nachgebildet. Weiterhin können spezifische Randbedingungen wie z. B. Vorschriften der Flugsicherung in dem Modell berücksichtigt werden. Die Ergebnisse des Experiments sind sog. Diagnoseparameter, die Verkehrsflüsse an ausgewählten Punkten des Systems aufzeigen.

Wie funktioniert die Simulation aber im einzelnen? Zunächst ist zu unterscheiden zwischen den verschiedenen Phasen des Flugverkehrs in Flughafennähe, d. h. man hat zu unterscheiden zwischen dem Anflug-, dem Roll- und dem Abflugmanagement. Für das Rollmanagement wurden die Systeme COMPASS (Computer Oriented Metering Planning and Advisory System) und TARMAC (Taxi and Ramp Management and Control) entwickelt, die den Fluglotsen bei der Steuerung des rollenden Verkehrs helfen. Das Problem bei der Rollverkehrsführung besteht darin, daß es den Lotsen – anders als bei der Flugführung – an Informationen über alle Bereiche der Rollwege fehlt. Es fehlen normalerweise präzise Navigationssysteme, digitale Kommunikationsverbindungen des Flugzeugs mit der

Flugsicherung und ein Überwachungssystem, welches alle Teile des Flughafens erfaßt. Besonders fehlen aber automatische Monitor-, Diagnose- und Planungssysteme zur Unterstützung der Kontrollarbeit des Fluglotsen. Diese Lücken können durch rechtzeitigen Eingriff in das Verkehrsgeschehen geschlossen werden, und die notwendigen Informationen dafür werden durch ein Rollmanagementsystem bereitgestellt. Zur Ermittlung der Eingangsdaten werden geeignete Sensoren für Navigation, Überwachung und Identifizierung sowie eine digitale Datenverbindung zwischen den Fahrzeugen und der Flugsicherung benötigt. Die gesamten Daten fließen dann zusammen in einem sogenannten Towersimulator. In dem Towersimulator werden dargestellt:

- Wetterdaten und Daten über die Bahnbeschaffenheit;
- der relevante Ausschnitt aus dem Anflugradar;
- eine digitale Flughafenkarte mit der aktuellen Verkehrslage und
- eine Bahnbelegungsanzeige der geplanten An- und Abflugssequenzen einschließlich der geplanten Rollrouten für landende Flugzeuge.

Auf der Grundlage dieser Daten errechnen die beiden Programme nun Entscheidungshilfen für den Fluglotsen.

Um die Zuverlässigkeit der Systeme COMPASS und TARMAC zu testen, bedient man sich in einem weiteren Schritt der numerischen Simulation, nämlich auf Rechnersimulationen auf der Grundlage von Verkehrsaufzeichnungen. Die Fluglotsen sehen im Towersimulator nicht die Flugdaten wirklicher Flugzeuge, sondern nur virtueller Flugzeuge. Das Modell für die Simulation besteht hier also in der im Rechner nachgebildeten Wirklichkeit einschließlich des Entscheidungsverhaltens des Fluglotsen.

**2.5 Das Experiment an einem „digitalen" Modell** Der letzte Fall von Simulation kann am Beispiel des fliegenden Simulators ATTAS (Advanced Technologies Testing Aircraft System) veranschaulicht werden. Die Simulation im Flug hat gegenüber einem bodengebundenen Simulator den Vorteil, daß die für den Piloten entscheidenden Informationen Außensicht und Bewegung ohne Einschränkung vorhanden sind. Das Prinzip besteht darin, daß ATTAS in allen Achsen von einem Rechnersystem so gesteuert und geregelt wird, daß die Cockpit-Bewegungen und die Flugbahn exakt mit den im Bordrechner berechneten Modellantworten übereinstimmen, das Flugzeug sich also in jeder Beziehung so verhält wie das gerade berechnete Flugzeug, z. B. ein Airbus. Um die Flugeigenschaften variabel zu gestalten, ist parallel zur mechanischen Steuerung ein elektro-optisches Flugsteuerungssystem für den links sitzenden Piloten eingebaut. Der rechts sitzende Pilot agiert als Sicherheitspilot. Bei Piloteneingaben werden die Reaktionen des zu simulierenden Flugzeugs in Echtzeit ermittelt. Über eine Steuerung werden dann die Stellflächenausschläge so berechnet, daß die Reaktionen des ATTAS mit denen des Modells (das nur im Rechner existiert) übereinstimmen.

### 3 Wann und warum nutzt man Simulation als Instrument des Erkenntnisgewinns?

Klassische, in der Wirklichkeit selbst angesiedelte Experimente sind oft zu teuer. So ersetzt man allein schon unter wirtschaftlichen Gesichtspunkten z. B. einen Crashtest oder Test von Wiedereintrittstechnologien gern durch eine entsprechende Simulation.

Es gibt aber auch Bereiche, in welchen klassische Experimente einfach nicht durchführbar sind wie z. B. in der Unfallforschung oder in der Erforschung von Ursachen von Verkehrsstaus.

Und schließlich ist die reale Wirklichkeit sowohl zeitlich als auch örtlich nur begrenzt form- oder veränderbar. Veränderungen dauern zu lange und sind nicht beliebig oft wiederholbar. Deshalb nutzt man die Möglichkeit, sich mittels Simulation von der realen in die virtuelle Welt begeben zu können. Optimierungsverfahren verlangen nämlich meist (mittels geschickter mathematischer Strategien und unter Ausnutzung der gegebenen, allerdings mathematisch zunächst einmal geeignet zu erfassenden Strukturen) eine Iteration verschiedener möglicher Systemzustände. Solche Verfahren, die oft viele Tausende von Iterationsschritten benötigen, sind nur in einer virtuellen Welt möglich, da in einer realen Welt solch vielfache Veränderungen zeitlich und technisch nie machbar sein werden.

Sowohl unter Kosten- als auch unter technischen Gesichtspunkten, vor allem aber um moderne Optimierungsverfahren anwenden zu können, bietet die Simulation also unvergleichliche Vorteile gegenüber dem klassischen Experiment.

## Schlußfolgerung

Am Beispiel der Lufttransportes wird deutlich, daß eine Entwicklung stattgefunden hat, die aus einem gefahrvollen, wetterbeeinflußten Abenteuer noch vor wenigen Jahrzehnten ein verläßliches, effizientes und fast wetterunabhängiges Transportsystem gemacht hat.

Die Vorhersage für die beiden Folgejahrzehnte prognostiziert einen Anstieg an Passagierkilometern um einen Faktor 4 und eine Verdoppelung der Anzahl der zivilen Verkehrsflugzeuge. Die Produkt- und Entwicklungszyklen werden dabei immer kürzer, und gleichzeitig erhöht sich der Sicherheitsstandard. In beiden Fällen liefern Simulation und Mathematik einen wesentlichen Beitrag: allein der Forschungsaufwand im Bereich Aerodynamisch (d. h. CFD – *Computational Fluid Dynamics*) in Verbindung mit aufwendiger und kostspieliger Windkanaltechnologie) wird auf über 200 Mio. ECU weltweit im Jahr 2010 geschätzt. Hier führt bereits ein kleiner Fortschritt in der numerischen Simulation von Strömungsphänomenen zu gewaltigen Einsparungen.

Im Bereich der Flugsicherungssysteme hat die Zukunft gerade erst begonnen, und in diesem Bereich werden Kosten für die Forschnung und Entwicklung in Höhe von sogar 300 Mio. ECU für das Jahr 2010 prognostiziert, um damit zwei Zielen zu dienen: zum einen einer weiteren Erhöhung der Flugsicherheit und zum anderen einer Reduktion in den Flugbetriebskosten, die zu einem Großteil in den Personalkosten des Flugbegleitpersonal bestehen.


## Danksagung

Für die Überlassung der Bilder danken wir J. Longo, R. Radespiel und R. Rudnik, Institut für Entwurfsaerodynamik der Deutschen Forschungsanstalt für Luft- und Raumfahrt, Braunschweig.

# Visualisierung zur Datenexploration in der Medizin

Gabor Székely

## 1. Visualisierung in der Medizin

Die atemberaubende Entwicklung im Bereich der radiologischen Bildakquisition in den letzten zehn Jahren ermöglicht einen detaillierten Einblick in die dreidimensionale Anatomie, Physiologie und Pathologie individueller Patienten.

Moderne Bildgebungsverfahren sind in der Lage, in sehr kurzer Zeit hochauflösende, in vielen Fällen isotrope dreidimensionale Datenvolumen zu liefern. Eine adäquate Präsentation dieser Datenmenge und insbesondere die möglichst vollständige Ausschöpfung der in diesen Aufnahmen vorhandenen Informationen ist mit traditionellen Darstellungsmethoden unmöglich geworden. Verschiedene Techniken der zeitgemäßen Visualisierung und der interaktiven Simulation können dazu beitragen, diese Informationen möglichst vollständig zu verstehen und auszunützen.

Visuelle Daten sind normalerweise die wichtigste Informationsquelle des Menschen. Das menschliche visuelle System ist sehr effizient in der Umwandlung von optischen Signalen, detektiert durch die Retina des Auges, in komplexe Modelle der Umgebung. Durch die Evolution geformt, ist optimale Verarbeitung erreicht worden durch die Adaptierung an bestimmte Eigenschaften des Auges als optischer Sensor des menschlichen Körpers:

- Die Retina liefert von Natur aus zweidimensionale Bilder;
- Das rechte und linke Auge liefern ein Stereo-Bildpaar, d. h. ein Paar zweidimensionaler Ansichten einer dreidimensionalen Szene aus zwei leicht unterschiedlichen Blickwinkeln.

Die grundsätzliche Aufgabe des menschlichen visuellen Systems ist die Rekonstruktion der Struktur dreidimensionaler Szenen unserer Umgebung aus den obenerwähnten primären Informationen. Im exakten mathematischen Sinn ist diese Aufgabe nicht wohlgestellt, d. h. sie kann nicht eindeutig gelöst werden. Verschiedene zusätzliche Informationen wie auch weitgehende a priori Annahmen (Wissen) über die zu erwartenden Szenen ermöglichen uns, unsere visuelle Umgebung normalerweise korrekt zu interpretieren (nennenswerte Ausnahmen sind visuelle Täuschungen). Die wichtigsten Quellen für Zusatzinformationen sind die folgenden:

- Farbe und Textur;
- Objektschattierung, d. h. Helligkeitsänderungen der Oberflächen, verursacht durch Krümmung oder Schatten;
- Bewegungen, die von kohärenten Veränderungen einer dynamischen Szene identifiziert werden können.

Bilddaten sind üblicherweise zweidimensional dargestellt, z. B. auf Papier- oder Röntgenbildern oder auf dem Bildschirm eines Computers. Solange Bildgebungsverfahren zweidimensionale Bilder erzeugen, kann die gesamte Information auf diese Weise präsentiert werden, wobei oft Nachverarbeitung notwendig ist, um bestimmte, weniger wahrnehmbare Aspekte klar darzustellen.

Neue Bildgebungsverfahren liefern in vielen Fällen komplexe Bilddaten, wie hochdimensionale oder vektorwertige Datenfelder. Diese Daten sind direkt nicht mehr zugänglich für das menschliche visuelle System. Identifikation von dreidimensionalen Objekten aus Schichtbildern oder Flußfeld-Rekonstruktion aus den einzelnen räumlichen Komponenten der Flußvektoren ist keine spontane kognitive Aufgabe. Sogar nach langer extensiver Schulung ist es kaum möglich, die vollständige Information aus solchen Daten mit konventionellen Darstellungsmethoden zu extrahieren.

Dieses Kapitel faßt die wichtigsten Techniken und Algorithmen der zeitgemäßen Visualisierung zusammen, welche die Rohdaten der Sensoren in Bilder verwandeln und welche die notwendigen Informationen unserem visuellen System explizit zugänglich machen. Diese Methoden können damit wesentlich zur Entwicklung besserer und effizienterer Verfahren der medizinischen Diagnostik und Behandlung beitragen. Die präsentierten Bildbeispiele sind mit dem ANALYZE$^{TM}$ Programmpaket (Biomedical Imaging Resource, Mayo Foundation) generiert worden.

## 2. Medizinische Bilddaten

Der größte Teil der heute angewendeten medizinischen Bildgebungsverfahren basiert auf der Wechselwirkung zwischen elektromagnetischen Strahlen und dem menschlichen Körper. *Röntgens* Entdeckung vor ziemlich genau hundert Jahren, daß der Körper für Röntgenstrahlen partiell und gewebeselektiv durchlässig ist, hat den Weg für medizinische Bildgebung eröffnet. Röntgenbilder, wie z. B. die Aufnahme einer Hüftprothese in Abb. 1 sind bis heute die wichtigste Quelle radiologischer Informationen geblieben.

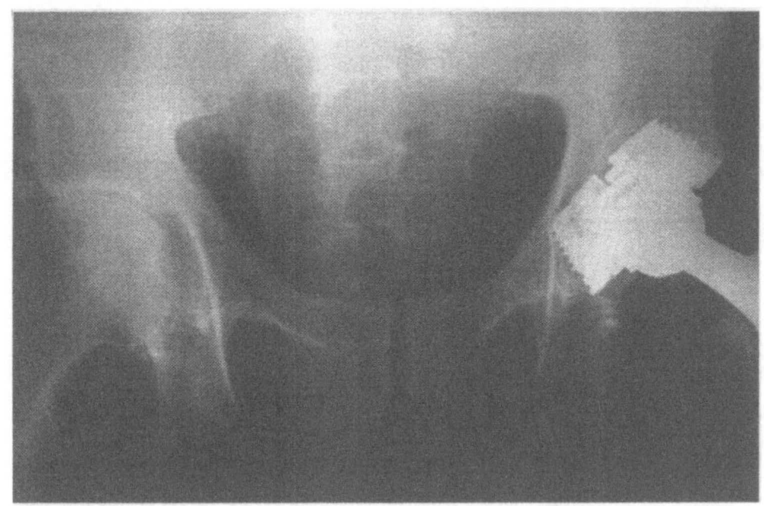

Abb. 1 *Röntgenaufnahme eines menschlichen Beckens nach der Einsetzung einer Hüftprothese*

Weil die Röntgenabbildung im Prinzip ein Projektionsverfahren ist, werden Absorptionswerte entlang der Röntgenstrahlen aufsummiert, was zu einem Verlust der Tiefeninformation führt. Durch die Entwicklung der Computer-Tomografie (CT) wie auch der Magnetresonanz-Tomografie (MRI) verfügt aber heute die Radiologie über Verfahren, die ohne Informationsverlust eine Reihe von vollständigen Schichtaufnahmen über den Körper liefern können, wie in den Abb. 2 und 3 illustriert ist. Diese Untersuchungen, wie es schon der Name Computer-Tomografie nahelegt, sind ohne Computer-Unterstützung gar nicht mehr durchführbar. Dementsprechend liegen die Aufnahmen immer in digitaler Form vor, d. h. abgetastet an ei-

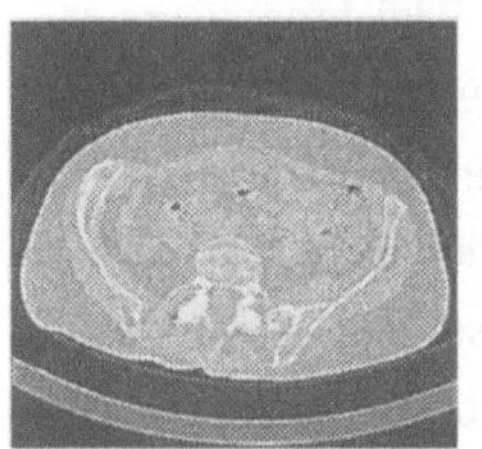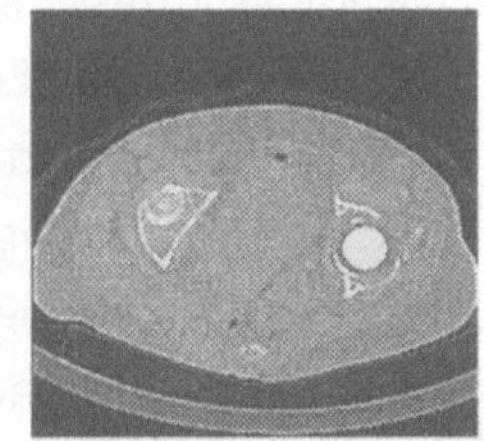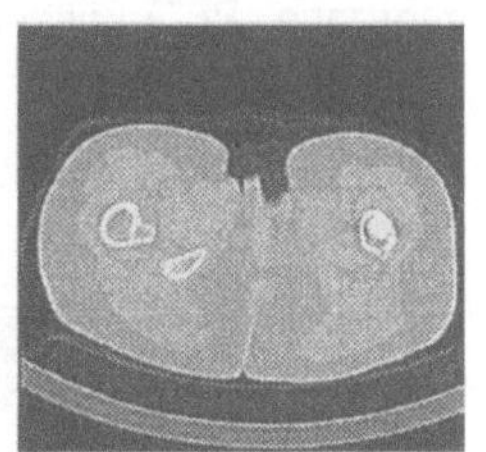

Abb. 2 *Schichtbilder aus einer Hüftaufnahme mit Computer-Tomografie*

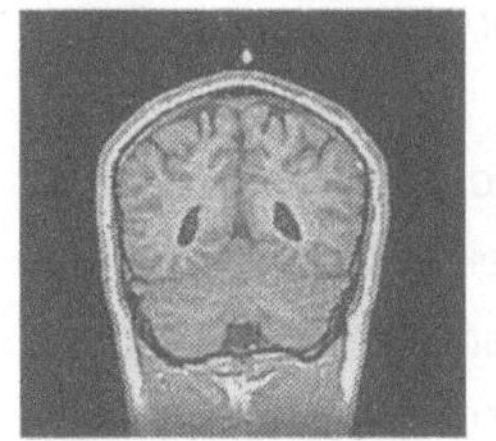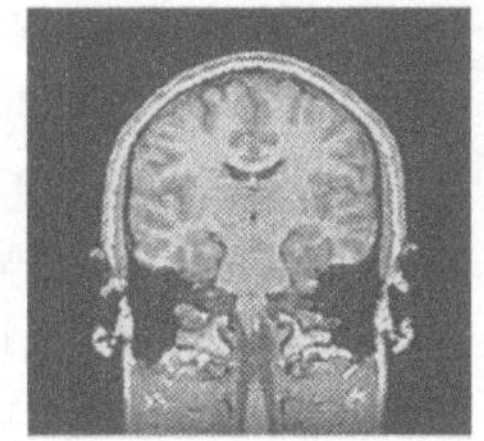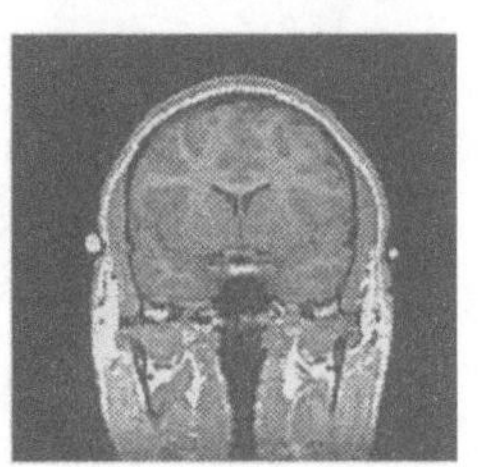

Abb. 3 *Schichtbilder aus einer Kopfaufnahme mit Magnetresonanz-Tomografie*

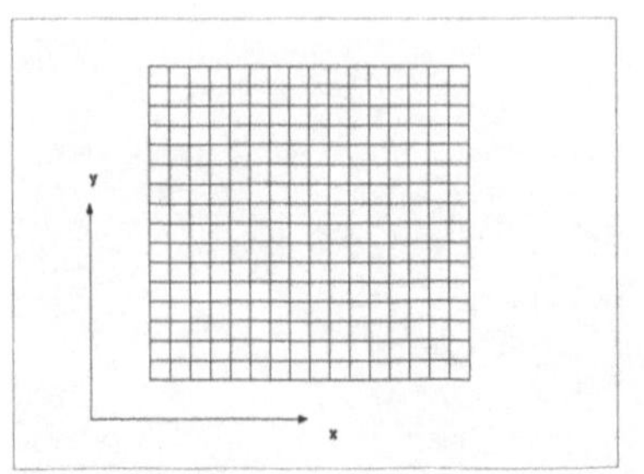 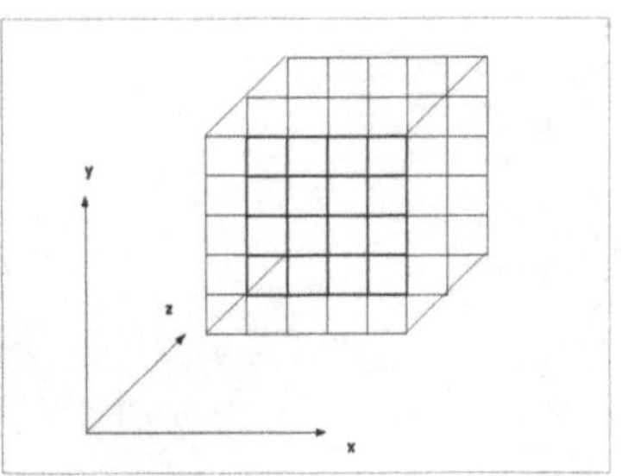

Abb. 4 *Zwei- und dreidimensionale digitale Bildraster*

nem regelmäßigen diskreten Datengitter. Die einzelnen Datenelemente (in zwei Dimensionen Pixel, in drei Dimensionen Voxel genannt) repräsentieren integrale Daten über eine rechteckige Fläche bzw. ein Volumen, wie in der Abb. 4 skizziert ist.

Ist die Auflösung eines Schichtdatensatzes isotrop (d. h. ist der Abstand zwischen benachbarten Voxeln in allen 3 Hauptrichtungen im Raum gleich), gibt es keinen Grund mehr, die drei Raumachsen (x, y und z) unterschiedlich zu behandeln. In diesem Fall wird eigentlich ein isotropes Datenvolumen aufgenommen, welches von beliebigen Richtungen gleichwertig untersucht werden kann, wie es in Abb. 5 illustriert ist.

Neben Röntgenaufnahmen, Computer-Tomografie und Magnetresonanz-Tomografie stehen heute zahlreiche weitere Bildgebungsverfahren der medizinischen Diagnostik zur Verfügung. Ultraschallaufnahmen z. B. sind nicht nur in der Lage, zwei- oder dreidimensionale Anatomie abzubilden, sondern auch die Geschwindigkeit des lokalen Blutflusses durch den Doppler-Effekt in verschiedenen Raumrichtungen zu messen. Verschiedene Verfahren der Nuklearmedizin (wie z. B. Positron-Emission-Tomografie, PET) können Metabolismusprozesse in Bildinformationen verwandeln. Ergänzt durch die fast unbegrenzten Möglichkeiten der Kontrastbestimmung in MRI, kann man auf diese Weise neben anatomischen auch weitgehend funktionelle Informationen durch Bildgebungsverfahren gewinnen. Schon diese kurze und sehr unvollständige Liste radiologischer Verfahren illustriert, welche Fülle von Informationen der radiologischen Diagnose heute zur Verfügung steht. Nur die

Abb. 5 *Isotrope Magnetresonanz-Volumenaufnahme repräsentiert als Datenwürfel*

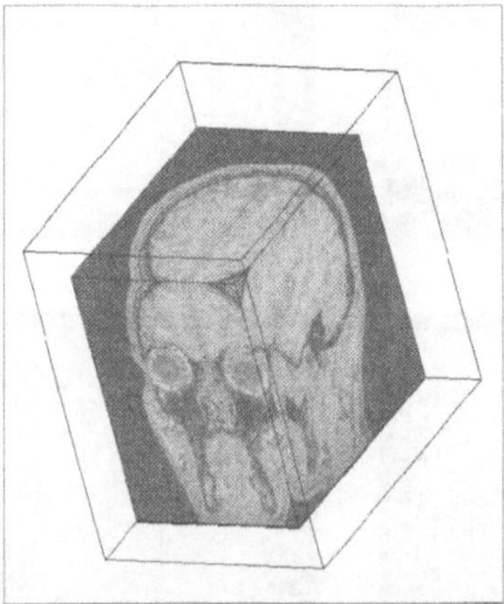

rasche Entwicklung verschiedener wissenschaftlicher Visualisierungstechniken und die enorme Leistungsfähigkeit der modernen Grafik-Hardware ermöglicht die effiziente Darstellung aller Informationen, die in diesen, in vielen Fällen sich gegenseitig ergänzenden Datensätzen vorhanden sind. Im folgenden werden die wichtigsten Verfahren zusammengefaßt, die vor allem eine simulierte dreidimensionale Darstellung der Anatomie und der damit verbundenen Funktionalität ermöglichen. Diese können nicht nur für eine bessere Diagnose eingesetzt werden, sondern sie bilden auch die Grundlage fortgeschrittener Therapie-Techniken wie präoperative chirurgische Planung oder bildgeführte chirurgische Interventionen.

## 3. Bildkontrastmanipulationen

Der Kontrast der zu analysierenden Bilder ist durch die physikalischen Eigenschaften des angewendeten Bildakquisitionsprozesses bestimmt. Im Fall der Computer-Tomografie sind die gemessenen Daten durch die Röntgenabsorptivität der Gewebe gegeben und werden in sog. Hounsfield-Einheiten präsentiert, welche die Absorption relativ zum Wasser angeben. Es gibt verschiedene Gründe, die eine Veränderung dieser physikalisch bestimmten Kontrastverhältnisse erfordern:
• Die dynamische Auflösung kommerzieller Display-Systeme ist praktisch immer auf 256 Graustufen (8-bit Auflösung) beschränkt. In den meisten Fällen sind die gemessenen Werte wesentlich besser aufgelöst (12, in Ausnahmefällen 16 bit oder mehr). Die Abbildung gemessener Werte auf die Helligkeit der einzelnen Bildschirmpunkte kann man durch (üblicherweise monotone) Funktionen definieren, wie es am Abb. 6 illustriert ist. Die linke Funktion (a) z. B. bildet den gesamten Wertebereich einer mit 12-bit kodierten Zahl (0-4095) auf die 256 Graustufen des Bildschirms gleichmäßig ab.

Abb. 6 *Beispiele für die Abbildungsfunktion zwischen den gemessenen Datenwerten und den am Bildschirm gezeigten Helligkeitswerten*

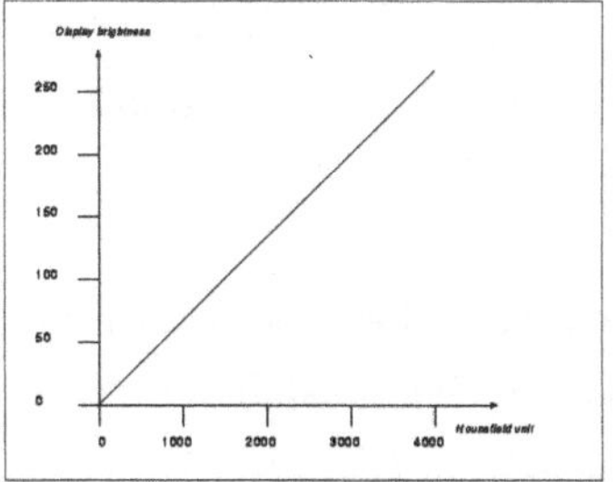
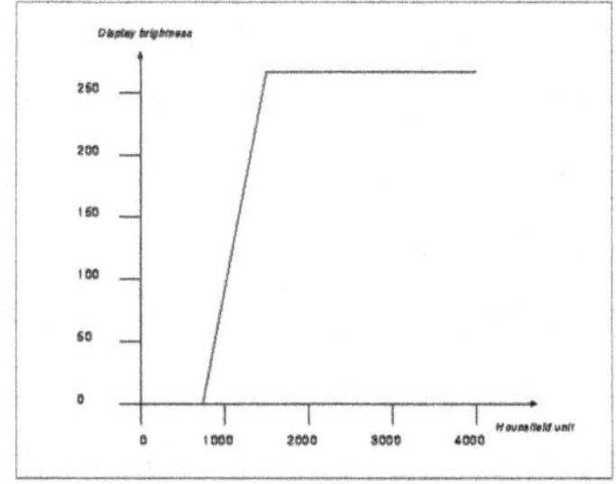
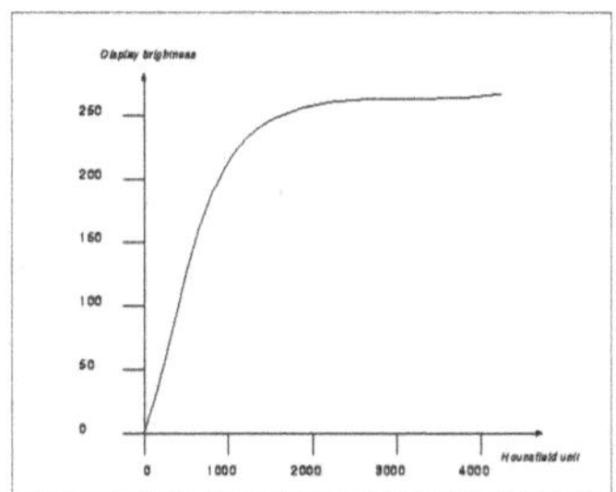

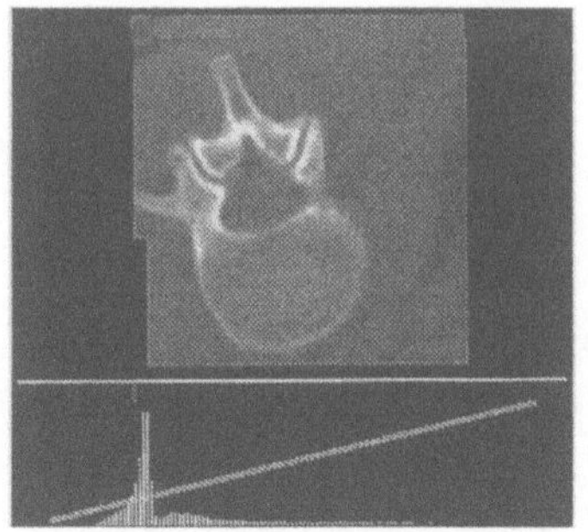 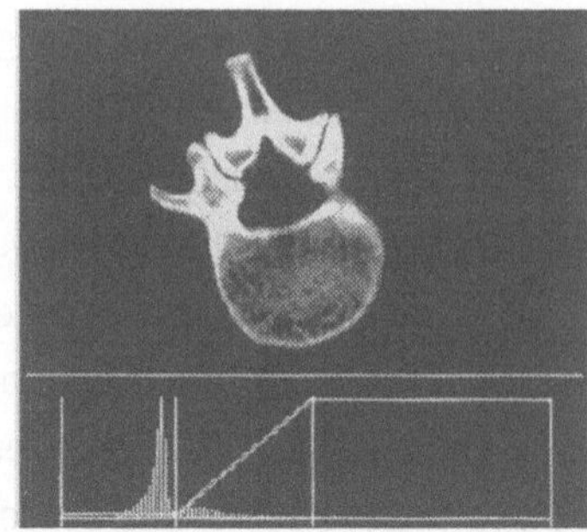 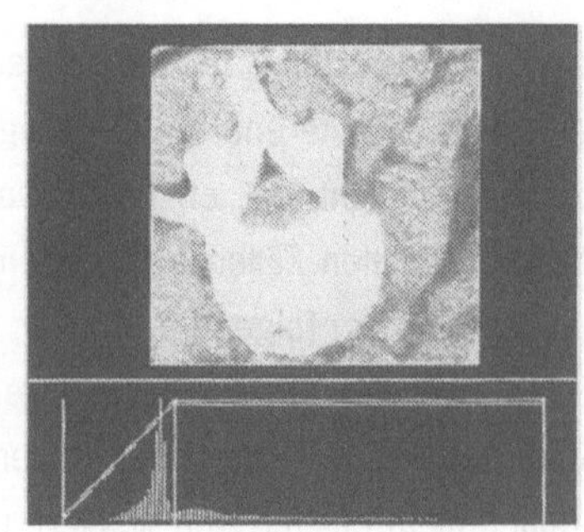



• Für eine optimale Diagnose muß der Kontrast der Empfindlichkeit des menschlichen Auges angepaßt werden. Eine entsprechende Abänderung der ursprünglichen Kontrastverhältnisse kann die Effizienz der Informationsvermittlung wesentlich steigern. Für CT-Daten, deren Wertebereich der Hounsfield-Einheiten üblicherweise zwischen -1000 und +1000 liegt, ist die obenerwähnte gleichmäßige Wahl der Transferfunktion ungünstig. Die Funktion (b) am Abb. 6 konzentriert den gesamten verfügbaren Helligkeitsbereich auf den diagnostisch interessanten Bereich der Hounsfield-Einheiten zwischen 750 und 1250. Da das Auge im allgemeinen auf Kontrast und nicht auf absolute Helligkeit reagiert, sind die bisher gezeigten linearen Intensitätstransformationen normalerweise ineffizient. In der Praxis werden entsprechend eher nichtlineare Abbildungsfunktionen benützt, wie z. B. rechts in Abb. 6.

Die Wahl der Abbildungsfunktion zwischen gemessenen Datenwerten und Helligkeiten kann nicht immer für ein ganzes Bild optimal erfolgen. Weil die Auflösung der Originaldaten in der Regel deutlich größer ist als die Helligkeitsauflösung des Bildschirms, ist man oft gezwungen die Abbildung dynamisch an die zu untersuchenden anatomischen Strukturen anzupassen. Das wird in Abb. 7 demonstriert am Beispiel einer CT-Aufnahme. Das linke Bild zeigt den aufgenommenen Wirbelkörper, wobei die Hounsfield-Einheiten gleichmäßig linear auf Helligkeiten abgebildet sind. Das untere Drittel des Bildes zeigt die Verteilung (Häufigkeit) der Helligkeitswerte im Bild, zusammen mit der gewählten Funktion der Abbildung. In der Mitte ist das Fenster für die Abbildung für die optimale Darstellung der Knochenstrukturen gewählt, rechts ist die Einstellung für Weichteile angepaßt.

Man kann auf den letzten zwei Bildern gut sehen, wie bei den gewählten Darstellungen die Einzelheiten der inneren Strukturen der nicht berücksichtigten Gewebe völlig verlorengehen. Eine Möglichkeit für die

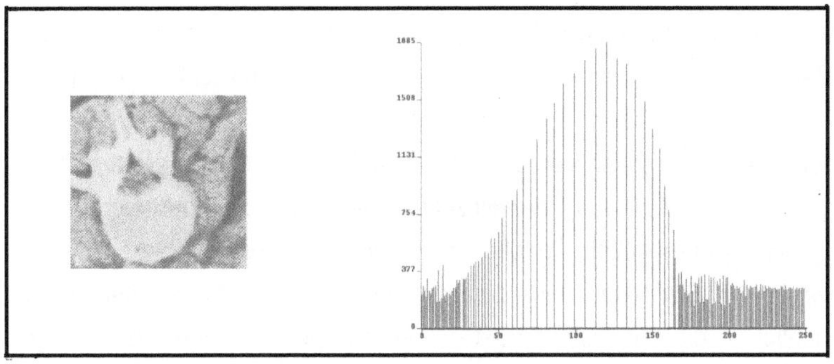

Abb. 8 *Histogrammaus-gleich auf einer CT-Schicht-aufnahme. Rechts ist das resultierende Histogramm gezeigt.*

möglichst optimale Ausnützung des gesamten Helligkeitsbereichs bietet der Histogrammausgleich. Dieses Verfahren wählt die Abbildungsfunktion so, daß die resultierenden Helligkeitswerte möglichst gleichmäßig im gesamten Intensitätsbereich verteilt sind. Während man auf diese Weise eine sehr effiziente Vermittlung der Kontrastverhältnisse im gesamten Bild erreicht, ist die gewählte Abbildung stark abhängig von den einzelnen Bildern, was einen zuverlässigen Quervergleich zwischen Bildern stark behindert. Die Abb. 8 zeigt das Resultat eines Histogrammausgleichsverfahrens auf der vorher gezeigten CT-Schichtaufnahme eines Wirbelkörpers.

## 4. Visualisierungshilfen für Volumendaten

Die bisher untersuchten Darstellungsverfahren gehen kaum über die Grenzen der klassischen Art, Bilder zu präsentieren hinaus und bieten in vielen Fällen nur die Möglichkeit zur Kompensation für die Schwierigkeiten, welche durch die stark begrenzte Helligkeitsdynamik des Bildschirms als Darstellungsmedium verursacht werden. Der traditionelle

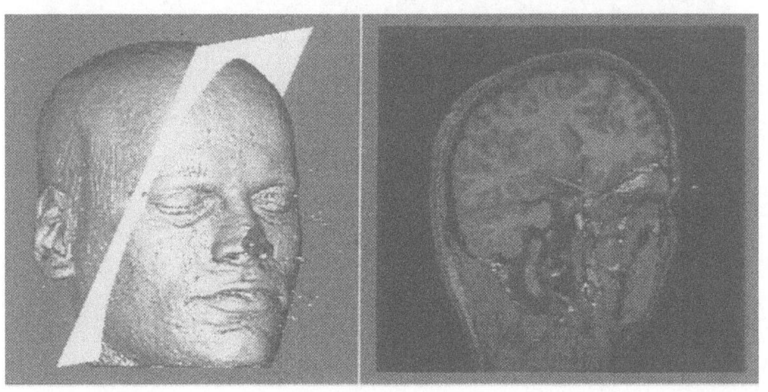

Abb. 9 *Schiefer Schnitt durch einen dreidimensiona-len MRI-Datensatz. Das linke Bild zeigt die Lage der Schnittebene, rechts ist die resultierende schiefe Schicht gezeigt.*

Weg, dreidimensionale Datensätze durch eine Serie von Bildern darzustellen, ist aber in den meisten Fällen unbefriedigend und nur dann einigermaßen gerechtfertigt, wenn die Aufnahme stark anisotrop ist, d. h. der Abstand zwischen den einzelnen Schichten wesentlich größer ist als die räumliche Auflösung der einzelnen Bilder. Im folgenden werden wir Techniken überblicken, welche durch die Ausnützung immer schneller werdender Grafik-Hardware dem Anwender Hilfe bieten können, einen Einblick in die räumliche Struktur dreidimensionaler Datensätze zu gewinnen.

**4.1 Methoden der räumlichen Schichtdarstellung** Der einfachste Weg, räumliche Zusammenhänge in isotropen dreidimensionalen Daten zu präsentieren, ist die Möglichkeit, sich von der ursprünglichen Aufnahmegeometrie (Schichten) zu lösen und zwar noch immer zweidimensionale, aber anders gerichtete Schnitte in Echtzeit zu generieren. Diese einfache Technik erlaubt es, die Daten nicht nur aus allen orthogonalen Hauptrichtungen des Raumes (koronale, sagittale und axiale Schichten, cf. Abb. 10 ) zu beobachten, sondern auch beliebig orientierte (sog. schiefe) Schichten anzuschauen, wie es am Abb. 9 illustriert ist.

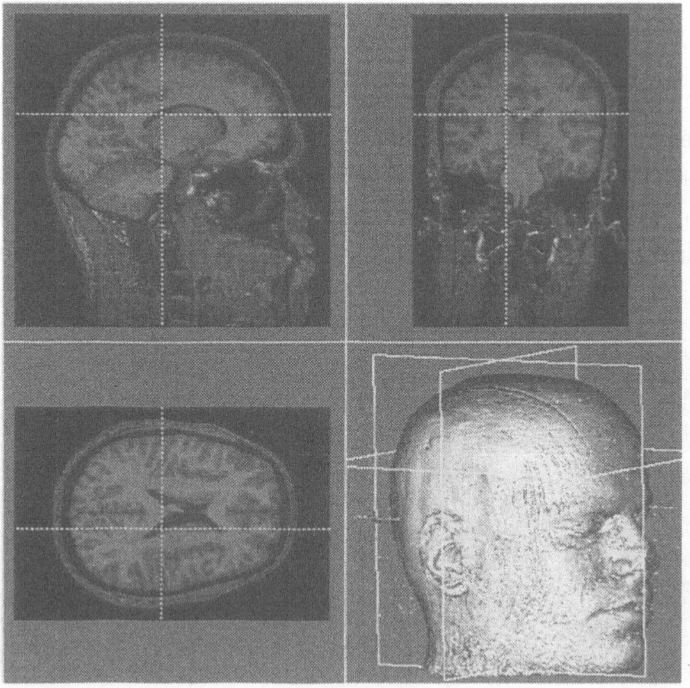

*Abb. 10  Simultane Darstellung der drei orthogonalen Hauptschnitte durch ein MRI-Volumen. Rechts unten wird die Lage der drei Ebenen gezeigt, von links oben bis rechts unten sind die sagittale, koronale und axiale Schicht dargestellt.*

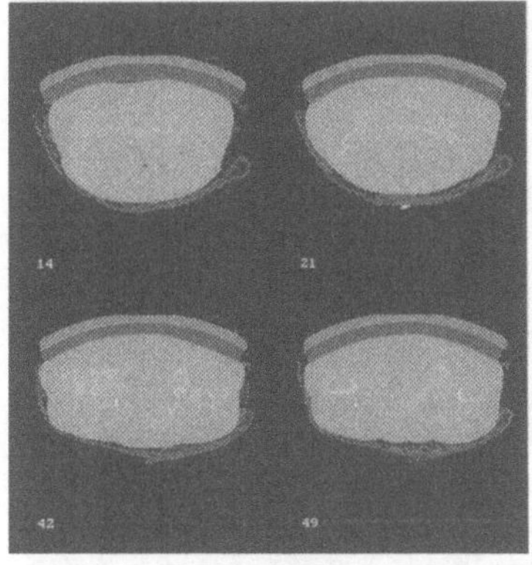 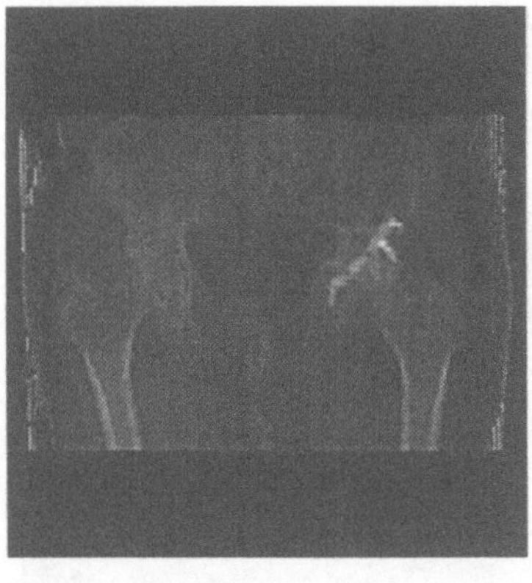

Abb. 11 *Simulierte Röntgenabbildung. Links sind einige der aufgenommenen CT-Schichten einer Hüfte, rechts ein simuliertes Röntgenbild gezeigt.*

Das Verständnis für die dreidimensionale Anordnung der Anatomie kann weiter gefördert werden durch gleichzeitige, koordinierte Darstellungen mehrerer Schnitte, wie z. B. die Visualisierung des Datenvolumens als Würfel im Raum in Abb. 5. Das meistgebrauchte Werkzeug für mehrschichtige Repräsentation, das sog. Multiplanare Rekonstruktionsverfahren (MPR) ist in Abb. 10 illustriert, wobei die drei orthogonalen Hauptschnitte durch das Datenvolumen, welche sich in einem Punkt des Raumes schneiden, gleichzeitig gezeigt werden. Die Koordinaten dieses Punktes, welche man als einen dreidimensionalen Zeiger betrachten kann, sind auf den einzelnen Bildern durch orthogonale Linien angezeigt. Die dreidimensionale Position dieser Zeiger kann durch den Betrachter interaktiv ausgewählt werden, indem man eine beliebige Position in einer der drei Schichten mit der Computer-Maus auswählt. Die resultierenden Koordinaten des Zeigers werden aktualisiert und die anderen zwei Bilder der Darstellung entsprechend angepaßt.

**4.2 Projektionsverfahren** Seit der Geburtsstunde der Radiologie durch *Röntgens* Entdeckung benützt man die Röntgenabbildung für die Untersuchung und Darstellung der Anatomie des Menschen. Obwohl die Röntgenabbildung ein Projektionsverfahren ist, erlauben die gesammelten Erfahrungen der vergangenen hundert Jahre den Radiologen ein erstaunlich weitgehendes Verständnis der dreidimensionalen räumlichen Verhältnisse. Es ist deshalb nicht überraschend, daß man durch simulierte Röntgenaufnahmen viele Informationen effizient vermitteln kann.

Durch die volumetrische Aufnahme in Form eines CT-Datenvolumens ist eine digitale Abbildung des Patienten im Computer vorhanden, welche erlaubt, das Aussehen von Röntgenbildern des Patienten aus beliebigen

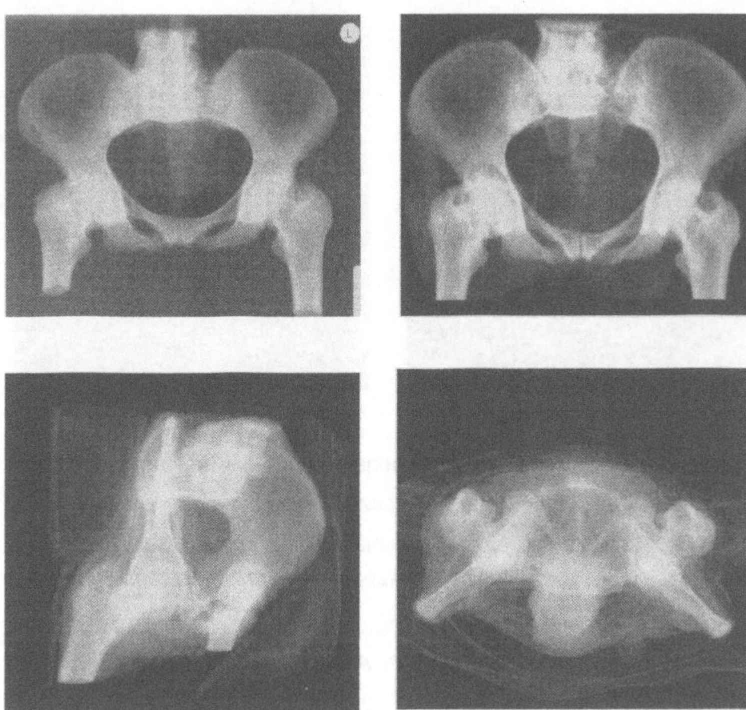

Abb. 12  *Vergleich simulierter und gemessener Rönt-
genbilder. Links oben ist das
Röntgenbild eines Becken-
präparates gezeigt. Rechts
oben ist eine simulierte
Aufnahme aus dem gleichen
Winkel. Die Möglichkeiten
der virtuellen Röntgen-Untersuchung sind durch die Bilder in der unteren Reihe
illustriert, welche aus anderen, in der Praxis schwer
realisierbaren Richtungen
gerechnet worden sind.*

Richtungen vorherzusagen, wobei man hunderte von Aufnahmen generieren kann ohne zusätzliche Strahlenbelastung. Dabei werden die dia-
gnostischen Möglichkeiten durch die Anwendung von Verfahren der
Computergrafik wesentlich erweitert. Abb. 11 illustriert dieses Vorgehen,
wobei links einige der aufgenommenen CT-Schichten einer Hüfte, rechts
ein simuliertes Röntgenbild gezeigt werden. Die Möglichkeiten der virtuellen Röntgen-Untersuchung sind in der Abb. 12 illustriert. In der oberen
Reihe kann man reale (links) und simulierte (rechts) Röntgenbilder vergleichen. Die Abweichungen sind größtenteils auf die leicht unterschiedliche Patientenlage und auf die bis heute deutlich kleinere räumliche
Auflösung der CT-Bilder zurückzuführen. Die untere Reihe zeigt zwei simulierte Aufnahmen aus Blickwinkeln, welche aus Richtungen generiert sind,
die unter realen Umständen der Röntgenaufnahmen kaum realisierbar
wären.

Die Methode, welche die Erstellung der simulierten Projektionen erlaubt, ist die Strahlenverfolgung (Ray-Tracing), ein grundsätzliches Verfahren des Computergrafik. Das Prinzip der Berechnung ist eine vereinfachte Simulation der Wechselwirkung zwischen den Röntgenstrahlen und
dem menschlichen Gewebe, wie es in Abb. 13 illustriert ist. In erster

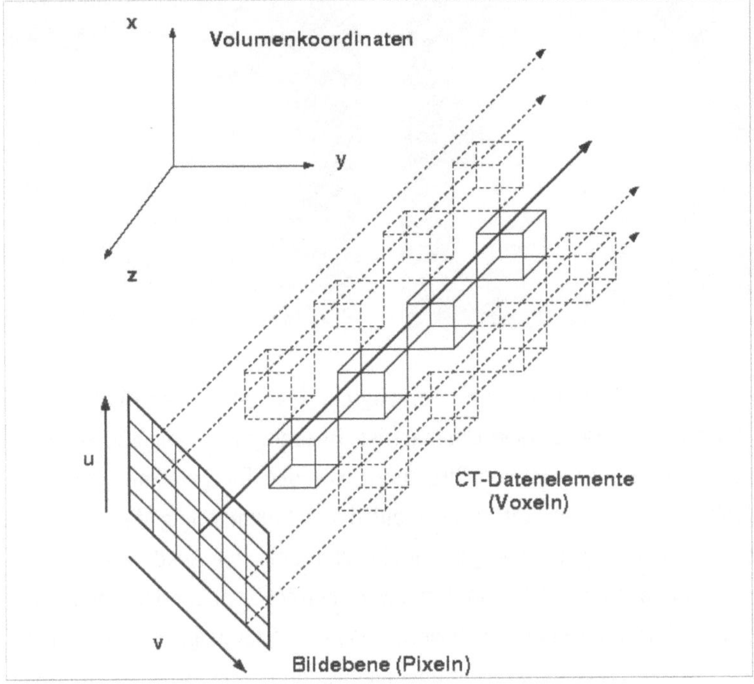



Abb. 13  *Schema des Strahlenverfolgungsverfahren (Ray Tracing)*

Annäherung kann man annehmen, daß die einzelnen Röntgenstrahlen geradlinig den Körper durchqueren und dabei durch gewebeabhängige Absorption abgeschwächt sind. Bei Simulation werden die gemessenen Absorptivitätswerte im CT-Datenvolumen entlang simulierter Strahlen durch jeden Punkt des Bildschirms zusammengesucht und die resultierende Absorption im Prinzip durch Summation gerechnet. Auf diese Weise enthält man eine approximierte Intensität der Röntgenstrahlen, welche als Helligkeit des Bildes dargestellt wird.

In vielen Fällen ist der Bildkontrast, welcher durch die Absorption der Röntgenstrahlen entsteht, nicht optimal für die zu untersuchenden Organe. Abhilfe kann man durch die Veränderung der Gewebe-Eigenschaften durch die Anwendung von speziellen Kontrastmitteln erreichen. Das bekannteste Verfahren ist die Angiografie, welche man für die optimale Darstellung der Blutgefäße im Körper verwenden kann. Für angiografische Röntgen- oder CT-Aufnahmen wird stark absorbierendes Kontrastmittel in die Blutbahnen gespritzt, welches die Gefäße an den resultierenden Bildern deutlicher sichtbar macht. Die Betrachtung der Gefäßanatomie auf Projektionsbildern kann aber in vielen Fällen weiterhin durch die umgebenden Gewebe stark beeinträchtigt werden, wie es in Abb. 14 am Bei-

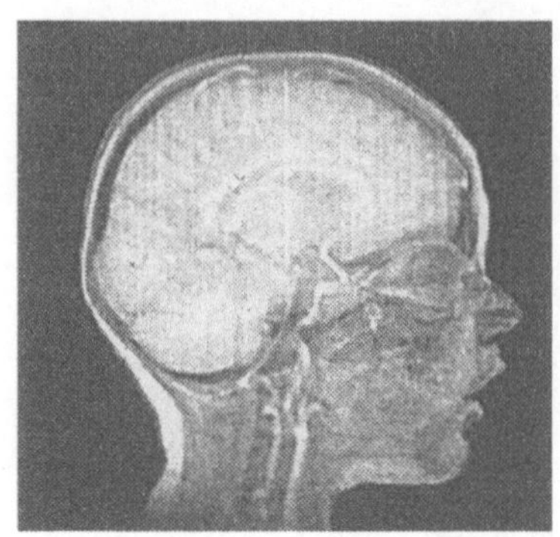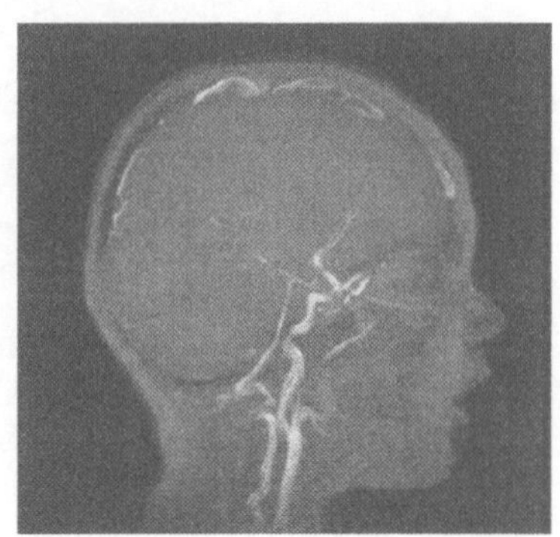

Abb. 14 *Projektionsdarstellung einer Magnetresonanz-Angiographie-Aufnahme der Hirngefäße. Links ist eine Summationsprojektion, rechts eine Projektion der maximalen Intensität entlang der Strahlen.*

spiel einer (kontrastmittelfrei erzeugten) Magnetresonanz-Angiografie-Aufnahme der Hirngefäße illustriert ist. Besonders bei dünnen, komplex verzweigten anatomischen Strukturen, wie den Blutgefäßen, ist die erzeugte Gesamtintensität in einer auf der Aufsummierung der Intensität basierenden Projektion wegen der kleinen räumlichen Ausdehnung zu gering und kann untergehen in dem zwar schwächer absorbierenden, aber viel größeren umliegenden Gewebe. Das Bild links zeigt das Resultat eines Röntgenprojektionsverfahrens angewandt auf das angiografische Volumen. Teile der Gefäße (besonders z. B. die Halsschlagader) sind daran zwar einigermaßen sichtbar, aber viele Einzelheiten des Gefäßbaumes sind stark verdeckt durch die Signale, die vom Hirngewebe stammen.

Im Fall einer simulierten, d. h. durch das Computer erstellten Projektion ist man nicht mehr an die Physik der Abbildung gebunden. Entsprechend kann man das physikalisch inspirierte Summationsverfahren entlang der Strahlen einfach mit beliebigen Algorithmen ersetzen, welche bessere Eigenschaften für die Darstellung der Anatomie bieten. Eine einfache, aber sehr effiziente Veränderung der Röntgenprojektion ist die Projektion der maximalen Intensität entlang der einzelnen Strahlen (sog. Maximum Intensity Projection oder MIP). In diesem Fall wird nach dem Voxel mit der maximalen Intensität entlang dem Strahl gesucht, und diese als Helligkeit auf der entsprechenden Position des Bildschirms präsentiert. Der Wegfall der Summation führt dazu, daß die räumliche Ausdehnung der anatomischen Strukturen keine Rolle mehr spielt und die Kontrastverhältnisse auf dem Projektionsbild dem wahren

Abb. 15 *Schema der Wechselwirkung zwischen Materie und elekromagnetischer Strahlung.*

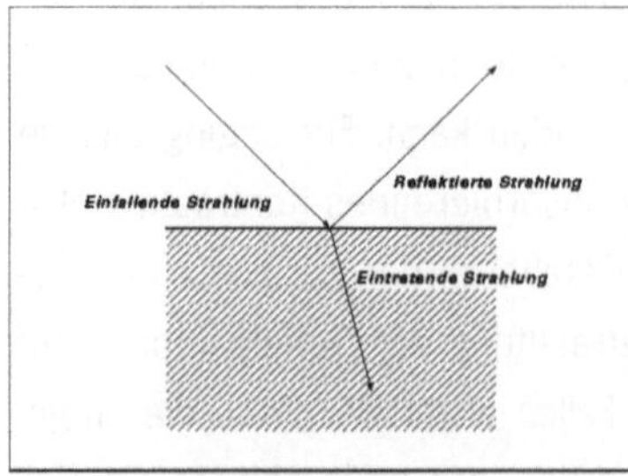

Kontrast zwischen den verschiedenen Organen entsprechen. Das rechte Bild von der Abbildung 14 illustriert das Resultat des MIP-Verfahrens, welches ganz klar der nebenstehenden Röntgenprojektion überlegen ist.

**4.3 Simulierte dreidimensionale Darstellung** Ausgehend von einem dreidimensionalen Patientenmodell, welches durch das aufgenommene radiologische Datenvolumen repräsentiert ist, generieren die bisher analysierten Visualisierungsverfahren ein Projektionsbild, was unweigerlich zum Verlust der Tiefeninformation führt. Damit passen sie sich der Sichtweise des Radiologen an, der durch seine Ausbildung und Erfahrung in der Lage ist, trotzdem die notwendige diagnostische Informationen aus diesen Bildern zu extrahieren. Die angeborene Fähigkeit, dreidimensionale Körper durch die im Auge erzeugte inhärente zweidimensionale Abbildung zu erkennen, wird aber dabei nicht angesprochen.

Das Verfahren der Strahlenverfolgung kann aber so abgeändert werden, daß man das Patientenmodell mit den Augen des Chirurgen, statt mit denen der Radiologen betrachtet. In diesem Fall muß man die Wechselwirkung zwischen sichtbarem Licht statt den Röntgenstrahlen und dem Körper modellieren. Die Abb. 15 faßt das in der Computergrafik oft verwendete vereinfachte Schema der Wechselwirkung zwischen Materie und elekromagnetischer Strahlung zusammen. In einem homogenen Medium verbreitet sich die Strahlung geradlinig (daher stammt die Idee der Strahlenverfolgung) und wird dabei teilweise absorbiert. An der Grenze zwischen zwei, optisch nicht äquivalenten Schichten wird die Strahlung aufgeteilt. Ein Teil davon wird reflektiert, der Rest tritt in das neue Medium ein, wobei die Richtung der Ausbreitung gebrochen wird. Der Winkel der Richtungsveränderung wird von dem Unterschied der optischen Dichte (Brechindex) zwischen den Objekten bestimmt. Da die optische Dichte verschiedener Gewebetypen für hochenergetische Strahlen praktisch

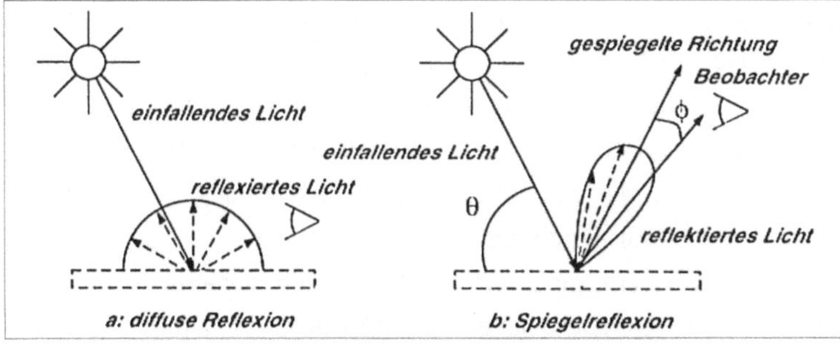


*Abb. 16 Reflexionsmodelle für simulierte dreidimensionale Darstellung von Oberflächen*

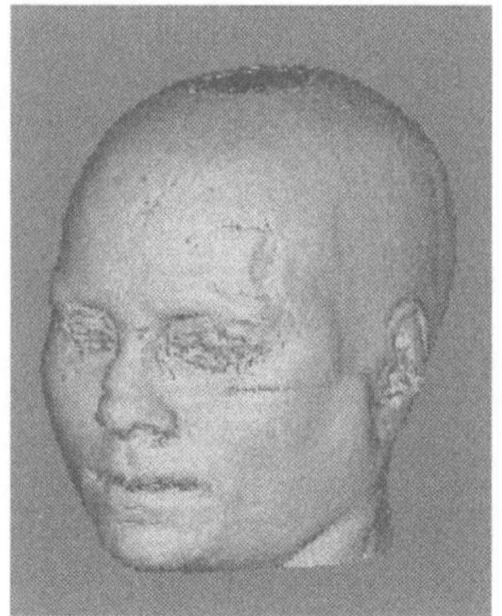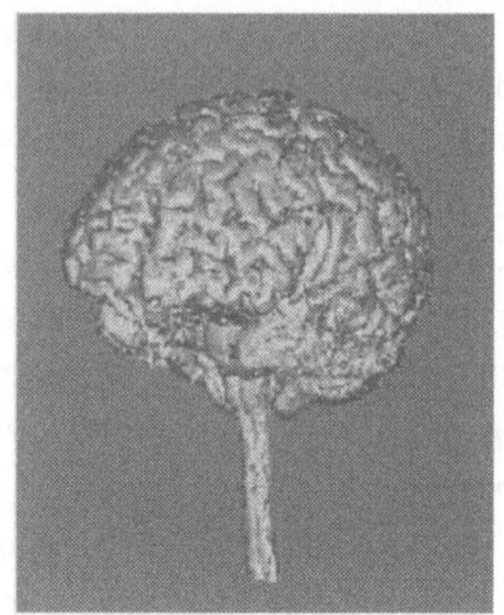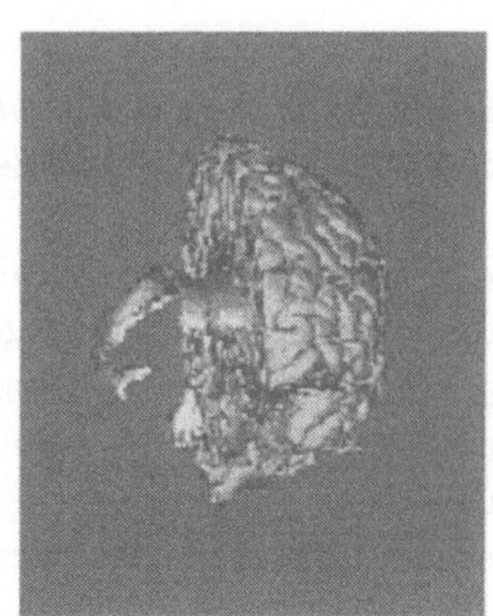

*Abb. 17 (f) Simulierte drei-dimensionale Darstellung verschiedener Organe anhand einer dreidimensionalen neurologischen MRI-Aufnahme. Links ist der Kopf des Patienten gezeigt, in der Mitte wurden die anatomischen Strukturen, welche das Hirn verdecken (Kopfhaut, Muskeln, Schädelknochen, etc.) virtuell entfernt und dabei die Hirnoberfläche sichtbar gemacht. Im rechten Bild wurden dann die inneren Flüssigkeitsräume der rechten Seite zusammen mit der linken Hirnhälfte dargestellt.*

identisch ist, vereinfacht sich dieses Schema zu dem geradlinigen Absorptionsmodell, welches für die Röntgenbildsimulation verwendet wird. Ein anderer Grenzfall ist die Beleuchtung von undurchsichtigen Objektoberflächen durch das sichtbare Licht, was zu einem reinen Reflexionsmodell für die empfundene Helligkeit führt. Die reflektierte Lichtintensität wird – wieder vereinfacht – in der Computergrafik als eine gewichtete Summe von drei Komponenten berechnet:

• Die Intensität des Hintergrundbeleuchtung (ambient light) wird nur von den Materialeigenschaften der Oberfläche bestimmt und ist unabhängig vom Beleuchtungs- und Beobachtungswinkel.

• Die Intensität der diffusen Reflexion wird neben den Materialeigenschaften auch vom Einfallswinkel des Lichts ($\theta$., siehe Bild 16 ) bestimmt. Diese Abhängigkeit wird durch das *Lambert*'sche Gesetz als proportional zum $cos(\theta)$ modelliert. Die reflektierte Lichtintensität ist aber diffus, d. h. gleich groß, unabhängig vom Beobachtungswinkel, wie es am linken Schema der Abb. 16 illustriert ist.

• Ideale Spiegelreflexion (specular light) wird dadurch charakterisiert, daß die gesamte einfallende Lichtmenge in eine einzige Richtung, die Spiegelrichtung reflektiert wird. Realistischere Modellierung kann man erreichen, indem eine bestimmte Lichtmenge in leicht abweichende Richtungen auch reflektiert wird. In diesem Fall wird die Lichtintensität nicht nur vom Einfallswinkel $\theta$, sondern auch von der Abweichung der Beobachtungsrichtung von der Spiegelrichtung ($\phi$) abhängig (siehe rechtes Schema in Abb. 16). Durch das Ray-Tracing-Verfahren werden die Lichtstrahlen einzeln berechnet, verfolgt und die Reflexionen auf den Oberflächen berechnet, wobei auch die Verdeckungen zwischen Objekten eva-

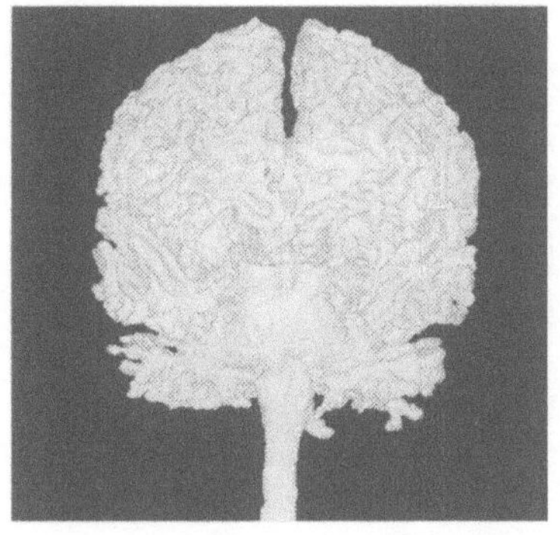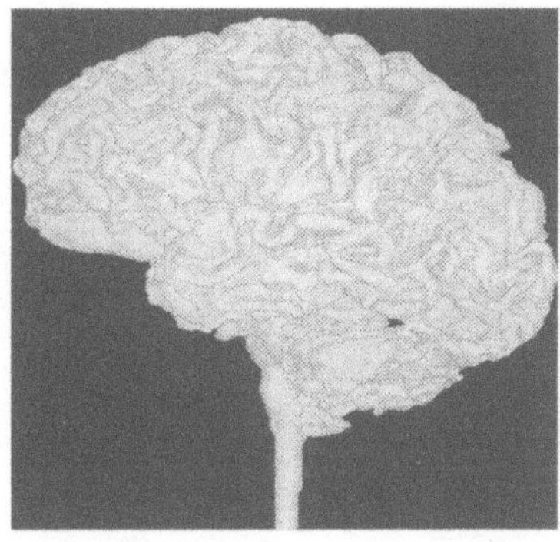

Abb. 18 *Zwei Ansichten der Oberfläche der weißen Hirnsubstanz.*

luiert werden. Die Strahlenverfolgung erlaubt im Prinzip zusätzlich die Berechnung von Schattenwurf, was aber in der medizinischen Bildanalyse normalerweise vermieden wird. Dies kann man erreichen, indem man die simulierte Beleuchtung direkt hinter den Beobachter plaziert, womit Schattenwurf und Verdeckung grundsätzlich nur gemeinsam auftreten können. Es wird angestrebt, sich möglichst gut dem visuellen Eindruck bei Betrachtung der real existierenden Organe anzunähern, wie es in Abb. 17 illustriert ist. Auf diese Weise wird dem Arzt die Möglichkeit geboten, die individuelle Anatomie des Patienten ohne zusätzliche Belastung zu untersuchen.

Sind die Oberflächen der unterschiedlichen Organe aus der volumetrischen Aufnahme identifiziert, kann man diese im Computer beliebig manipulieren und einzeln oder in Kombination auf dem Bildschirm als beleuchtete dreidimensionale Körper frei betrachten. Bedingt durch günstige Kontrastverhältnisse und die Entwicklung geeigneter Verfahren der Bildanalyse, kann die Visualisierung des virtuellen Patienten auch Einsichten erlauben, die früher nicht einmal bei Pathologie-Untersuchungen von Organen möglich waren. Die Trennungsfläche zwischen den Nervenzellen der Hirnrinde (graue Hirnsubstanz) und den Nervenfasern (weiße Hirnsubstanz) kann z. B. nicht präpariert und auf realen Organen beobachtet werden. Aus Magnetresonanz-Daten mit geeignetem Kontrast ist es aber möglich, diese Trennfläche zu identifizieren und am Bildschirm darzustellen, wie es in Abb. 18 gezeigt ist.

Die wesentliche Schwierigkeit bei dieser simulierten dreidimensionalen Darstellung liegt darin, daß die Identifikation der Trennfläche zwischen Organen eine unerläßliche Vorbedingung der Visualisierung ist. Das bedeutet, daß die einzelnen anatomischen Einheiten aus den gemessenen radiologischen Volumendaten identifiziert werden müssen, d. h.

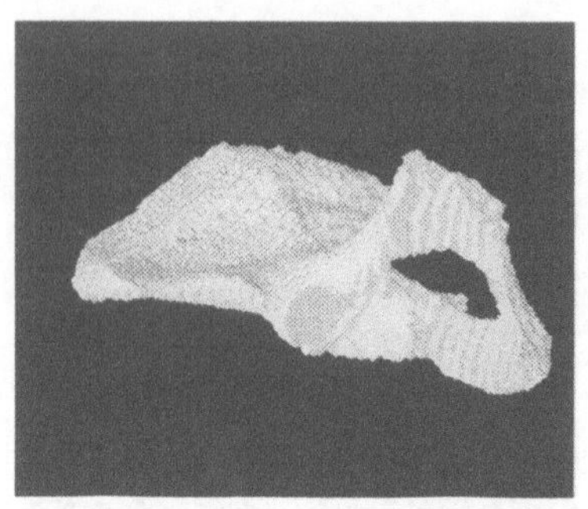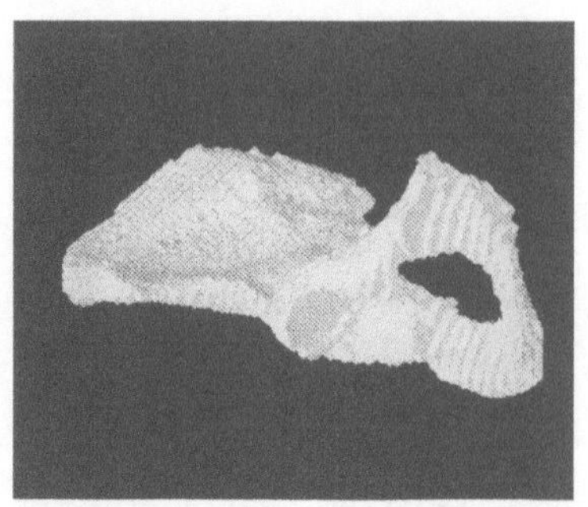

eine erfolgreiche Segmentierung der Datensätze unabdingbar ist. Trotz jahrzehntelanger Forschung in der medizinischen Bildanalyse ist die Segmentierung im allgemeinem ein ungelöstes Problem und die entsprechende Bearbeitung der Datensätze in vielen Fällen nicht ohne erheblichen manuellen Aufwand und störende Ungenauigkeiten machbar. Entsprechend ist die Segmentierung immer noch der Engpaß in der medizinischen Bildanalyse geblieben, und die praktische Relevanz und Anwendbarkeit der in diesem Kapitel analysierten Methoden ist von weiteren Fortschritten auf dem Gebiet der Segmentierung stark abhängig.

Das Ray-Tracing-Verfahren bietet eine Möglichkeit, die Segmentierung für Visualisierungszwecke zu umgehen und realistische Organdarstellungen anhand von unsegmentierten Daten zu generieren. Die entsprechende Variante der Strahlenverfolgung ist unter dem Namen Volume Rendering bekannt. Im wesentlichen wird dabei bei der Strahlenverfolgung ein vollständiges Beleuchtungsmodell, das sowohl Absorption als auch Reflexion beinhaltet, ausgewertet. Die wesentliche Idee des Volume Rendering besteht darin, daß für jedes Voxel die lokalen optischen Eigenschaften unabhängig und vollständig aus den vorhandenen lokalen Eigenschaften der Grauwertdaten definiert werden. Ausgenützt werden dabei nicht nur die gemessenen Intensitätswerte des Voxels, anhand derer z. B. die Absorptivität oder die Farbe definiert werden können, sondern auch die auftretenden Kanten, welche im Prinzip Trennungsflächen zwischen Organen andeuten und sich entsprechend für die Bestimmung der lokalen Reflexionseigenschaften gut eignen. Die Stärke der Reflexion und die für das Beleuchtungsmodell notwendige lokale Richtung der vermuteten Oberfläche kann aus der Orientierung und Intensität der Kante, definiert durch die partiellen Ableitungen der gemessenen Datenvolumen gewonnen werden. Da all diese Daten mit einfachen mathematischen Operationen aus den ursprünglichen Werten abgeleitet werden können, ist zwar für Volume Rendering die richtige Wahl vieler empirisch definierter Parameter des Beleuchtungsmodells notwendig, die Visualisierung ist aber ohne aufwendige Datenanalyse und Segmentierung möglich.

Das Volume-Rendering-Verfahren erlaubt ohne Zweifel sehr realistisch wirkende Darstellungen der Anatomie direkt aus den gemessenen Daten. Man darf aber nicht vergessen, daß die Objekte, die der Beobachter auf dem Schirm sieht und problemlos identifizieren kann, Produkte der menschlichen Wahrnehmung sind und nicht als explizit definiertes Computer-Modell existieren. Entsprechend gibt es im Gegenteil zu den vorher diskutierten Oberflächendarstellungen keine Möglichkeit, diese Organe auch nur virtuell zu greifen oder nachträglich in einem Simulationsprozeß zu manipulieren.

**4.4 Weitere Unterstützung der 3D-Wahrnehmung** Die oben erwähnten Techniken für simulierte dreidimensionale Darstellung können mit erheblichem Rechneraufwand sehr realistisch wirkende Szenendarstellungen als ein zweidimensionales Bild erstellen. In einigen Fällen ist aber die dadurch erreichbare Tiefenwahrnehmung nicht ausreichend um die räumliche Struktur der Szene in vollem Umfang zu vermitteln. Neben der Beleuchtung stehen unserem visuellen System die folgenden zusätzlichen Informationsquellen für die dreidimensionale Wahrnehmung zu Verfügung, welche durch geeignete Hard- und Softwarelösungen ausgenützt werden können:

• Bewegung, besonders Rotation um eine parallel zur Beobachtungsebene stehende Achse kann ausgezeichnet Tiefeninformation vermitteln. Das menschliche visuelle System kann sehr effizient Information über die dreidimensionale Objektanordnung von bewegten Szenen extrahieren. Diese Tiefenwahrnehmung funktioniert erstaunlich gut, sogar aus animierten Projektionen, wie z. B. Röntgenabbildung oder MIP, welche im Prinzip einzeln keine Tiefeninformation erhalten. Die Generierung von vorberechneten bewegten Bildsequenzen (sog. Movies) ist schon heute Bestandteil kommerzieller Bildanalysesysteme, während man an den modernsten leistungsfähigen Grafik-Maschinen die einzelnen Bilder sogar in Echtzeit generieren kann.

• Spezialisierte stereoskopische Computerschirme erlauben es, dem rechten und dem linken Auge gleichzeitig unterschiedliche Bilder zu präsentieren. Dies kann dadurch geschehen, daß das rechte und das linke Auge einen unterschiedlichen Bildschirm beobachten (sog. Head-Mounted Displays), oder durch die Verflechtung zweier unterschiedlich polarisierter Bilder zeilenweise auf einem Bildschirm (Interlacing). In diesem Fall werden die Bilder mit polarisierten Brillen betrachtet, welche die Bilder für das rechte und das linke Auge trennen. Diese technische Lösung erlaubt es, die natürliche Art des Gehirns für stereoskopische Wahrnehmung anzusprechen. Falls man die auf einem stereoskopischen Schirm gezeigten Bildpaare aus zwei, leicht unterschiedlichen Blickwinkeln berechnet, kann man täuschend echt wirkende Tiefenwahrnehmung erreichen. Die Abb. 19 zeigt ein solches Stereo-Bildpaar eines Hüftknochens, segmentiert aus einem CT-Volumendatensatz.

Die Kombination dieser Methoden kann es erlauben, in virtuelle anatomische Szenen interaktiv einzutauchen und diese durch die heute in Entwicklung stehenden Techniken der virtuellen Realität zu begehen.

**4.5 Visualisierung der Zellmorphologie: ein Fallbeispiel** Erste elektronenmikroskopische Aufnahmen haben bewiesen, daß die Morphologie von HIV-infizierten Zellen viel komplexer ist als von gesunden Zellen, da sie z. B. mehrere, geometrisch sehr komplizierte Zellkerne haben. Man kann das notwendige Verständnis der dreidimensionalen Struktur nicht aus der traditionellen Darstellung als zweidimensionale Mikroskopie-Schichten gewinnen. Das folgende Beispiel zeigt, wie man aus diesen Daten ein virtuelles Zellenmodell aufbauen und dessen Morphologie durch Techniken der Computergrafik untersuchen kann. Um die gesamte volumetrische Information mit einem Transmissions-Elektronenmikroskop erfassen zu können, muß man die Zelle zuerst mit Kunststoff fixieren und in ganz dünne, etwa 40 nm dicke Scheiben zerlegen. Die Abb. 20 zeigt die Aufnahmen zweier solcher Schichten. Die Auf-

Abb. 20 (*f*) *Zwei elektronenmikroskopische Schichten einer HIV-infizierten Zelle*

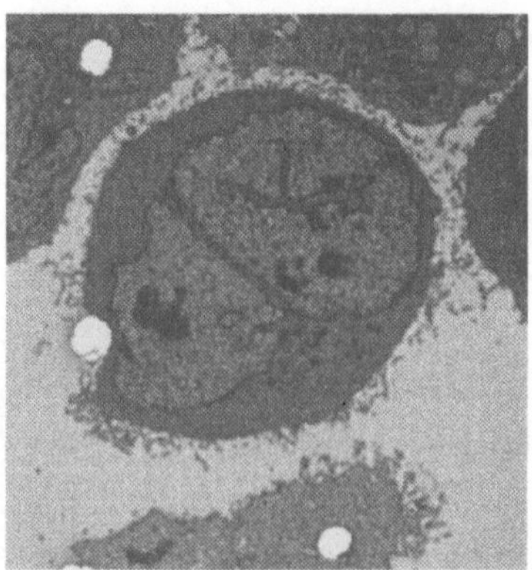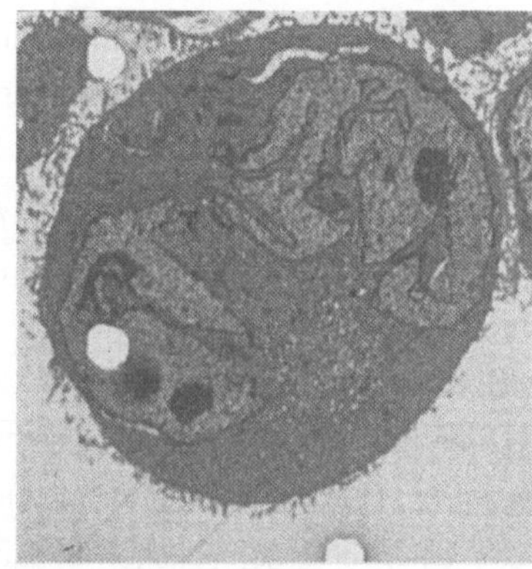

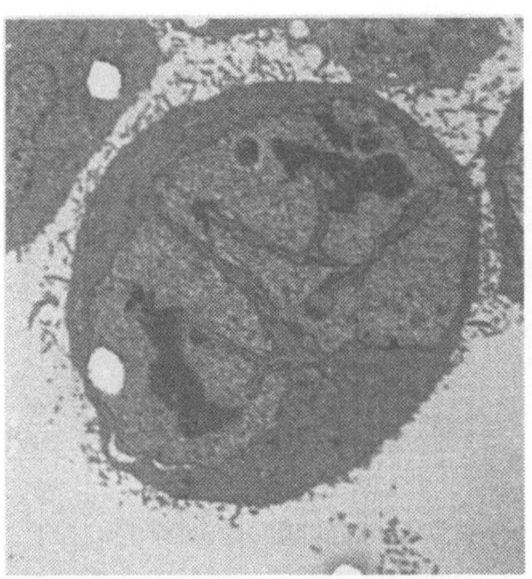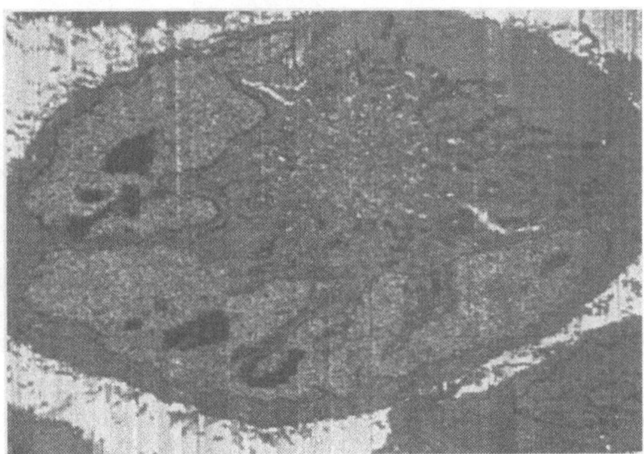

nahme der gesamten Zelle mit einer isotropen Auflösung von 40 nm ergibt ein sehr großes Datenvolumen, bestehend aus etwa 512 x 512 x 700 Voxel. Mit der Zerlegung verliert man aber die relative Lage der einzelnen Schichten, welche für die Rekonstruktion als Datenvolumen notwendig ist. Dieser räumliche Zusammenhang kann durch die, vor der Zerlegung in den Kunststoffblock mit Laser gebrannten Referenz-Löcher, welche auf den Aufnahmen als helle Flecken sichtbar sind, wiederhergestellt werden.

*Abb. 21 (f) Die Berandung eines Zellkerns, identifiziert durch elastisch deformierbare Konturmodelle, auf zwei orthogonalen Schichten des Datenvolumens*

Als nächster Schritt ist die Identifikation der einzelnen morphologischen Strukturen der Zelle notwendig, z. B. muß man die Berandung der gesamten Zelle, des Zellkerns und andere funktionelle Einheiten definieren. In diesem Fall wurden für diese Segmentierungsaufgabe elastisch deformierbare Konturen („Snakes") eingesetzt, welche nach einer groben manuellen Initialisierung sich an bestimmte Bildstrukturen selbständig anpassen. Als Bildstrukturen können z. B. Kanten mit starken Helligkeitsveränderungen ausgewählt werden, oder man kann direkt die gemessenen Helligkeitswerte in den Bildern verwenden, z. B. für die Identifikation der durch die Membranstruktur verursachten dunklen Berandung des Zellkerns. Um die Segmentierungsarbeit einigermaßen erträglich zu machen (die Berandungen der einzelnen Organzellen mußten auf etwa 700 Schichten identifiziert werden), sind die Konturinformationen von Schicht zu Schicht propagiert worden, d. h. die auf einer Schicht gefundenen Modelle beim nächsten Bild als Initialisierung verwendet worden. Dieses Verfahren ist durch die sehr kleinen Abweichungen zwischen den benachbarten Schichten, bestimmt durch deren geringen Abstand er-

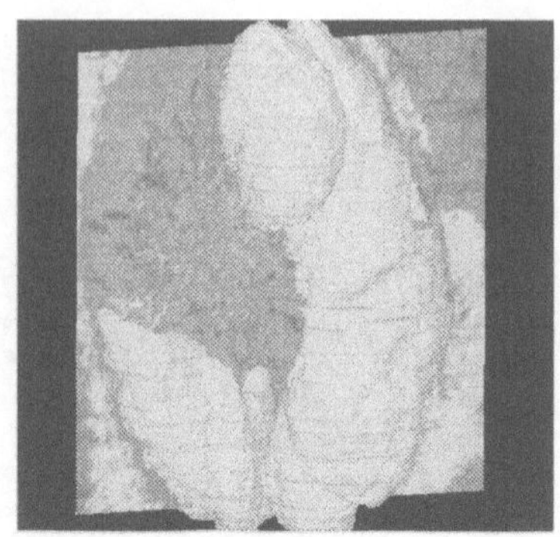 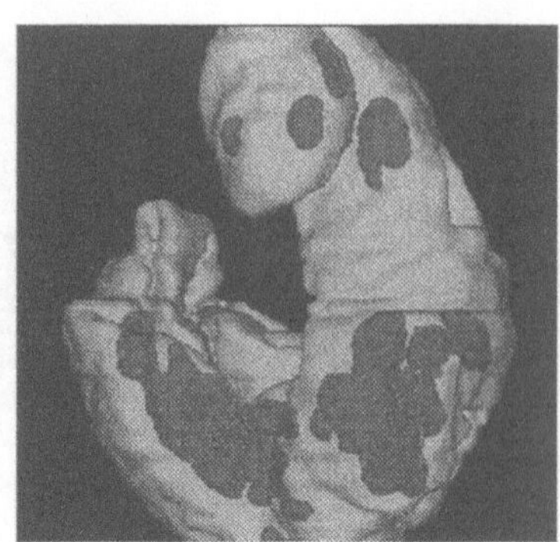

Abb. 22 (f) *Simulierte drei-dimensionale Darstellung der Zellkerne einer HIV-infizierten Zelle. Links ist eine kombinierte Darstellung mit einer zweidimensionalen Schicht durch die elektronenmikroskopischen Datenvolumen, rechts ist die Membran der Zellkerne als durchsichtig dargestellt, wobei weitere Organellen der Zelle, die Nucleoli sichtbar geworden sind.*

möglicht worden. (Die Abb. 21 zeigt die durch „Snakes" gefundenen Konturen eines Zellkerns an zwei orthogonalen Schichten). Die Resultate der Segmentierung können dann durch die verschiedenen, bisher diskutierten dreidimensionalen Visualisierungsverfahren dargestellt werden, welche die räumlichen Relationen zwischen den einzelnen Organellen wie auch deren Verhältnis zu den gemessenen elektronenmikroskopischen Schichten enthüllen kann, wie es in Abb. 22 illustriert ist. Geeignete Darstellungshardware (wie z. B. Head-Mounted Displays) und eine durch die extrem große Datenmenge notwendige, sehr leistungsfähige Grafikmaschine erlaubt es sogar, in die Zellenmorphologie einzutauchen und die Geometrie der Zellstrukturen mit Methoden der virtuellen Realität zu erforschen.

## 5. Visualisierung in der Datenanalyse

Visualisierungsverfahren können mehr zur Datenanalyse beitragen als nur die realistische Darstellung dreidimensionaler Objekte und die damit verbundene räumliche Informationvermittlung. Sehr einfache Techniken, die geschickt die Fähigkeiten des menschlichen visuellen Systems ausnützen, können komplexe Informationen effizient vermitteln. Als Beispiel kann man erwähnen, wie man die Suche nach optimaler Deckung von Bildern (Bildregistration) durch Farbdarstellung unterstützen kann.

Quantitative Auswertung von Bildsequenzen der Augennetzhaut z. B. ist stark erschwert durch unwillkürliche Augenbewegungen. Um die Veränderung der Konzentration eines Kontrastmittels in bestimmten Regionen verfolgen zu können, muß man diese Bewegung kompensieren und die einzelnen Bilder in der Sequenz in Deckung bringen. Die Qualität eines automatischen Registrierungsverfahren zu beurteilen bzw. die Re-

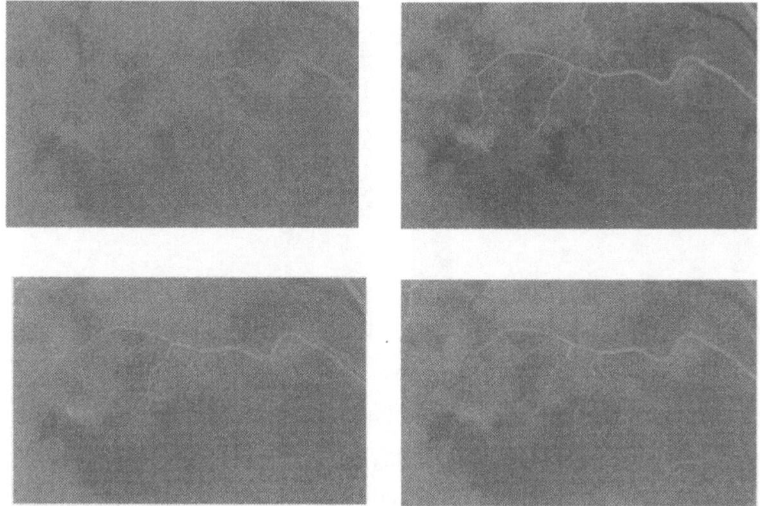

Abb. 23 (*f*) *Überwachung eines Registrierungsverfahrens durch Falschfarbkodierung. Die zwei Bilder, die man zur Deckung bringen möchte, sind als monochrome Bilder in unerschiedlichen Farbkanälen (z. B. rot und grün, wie in der oberen Reihe gezeigt) dargestellt. Die Kombination dieser Farbkanäle in einem einzigen Bild zeigt die Unterschiede zwischen den Kanälen durch Farbabweichung von der Mischfarbe (in diesem Fall gelb). Die untere Reihe zeigt solche Kombinationen für den Fall einer falschen (links) und richtigen (rechts) Deckung.*

sultate manuell zu korrigieren, ist ohne weitere visuelle Unterstützung nicht einfach und kann langwierige Vergleiche der Positionen von verschiedenen anatomischen Strukturen notwendig machen. Einen einfachen Weg für die Darstellung der Unterschiede nach einer Lagekorrektur bietet die Falschfarbdarstellung, welche in Abb. 23 illustriert ist. Die zwei Bilder, die man zur Deckung bringen möchte, sind als monochrome Bilder in unterschiedlichen Farbkanälen (z. B. rot und grün, wie an der oberen Reihe gezeigt) dargestellt. Falls man diese Farbkanäle Punkt für Punkt zu einem einzigen Bild kombiniert und die Intensitäten der einzelnen Kanäle identisch sind, bekommt man wieder eine monochrome Darstellung, wobei die Farbe der Kombination der einzelnen Kanäle entspricht (in diesem Fall wäre es Gelb). Abweichungen zwischen den Bildern können als Farbveränderung wahrgenommen werden, wie in der unteren Bildreihe sichtbar ist.

Eine ganze Reihe von Datenexplorationsverfahren beruht auf der Möglichkeit, die Geometrie der einzelnen Objekte als Informationsträger zu verwenden. Ein einfaches Beispiel für den Fall der Zellmorphologie-Untersuchung zeigt das Bild 24. In beiden Fällen wurde die Zellkernmembran nicht als einfarbiger (weißer) dreidimensionaler Körper dargestellt wie im Bild 22, sondern vor der Berechnung der Schattierung durch Beleuchtungseffekte mit unterschiedlichen Informationen gefärbt (texturiert). Auf der linken Seite hat man auf die Außenfläche der Membran die gemessenen elektronenmikroskopischen Absorptionswerte aufgetragen. Auf diese Weise kann man die Feinstruktur der Membran gut darstellen

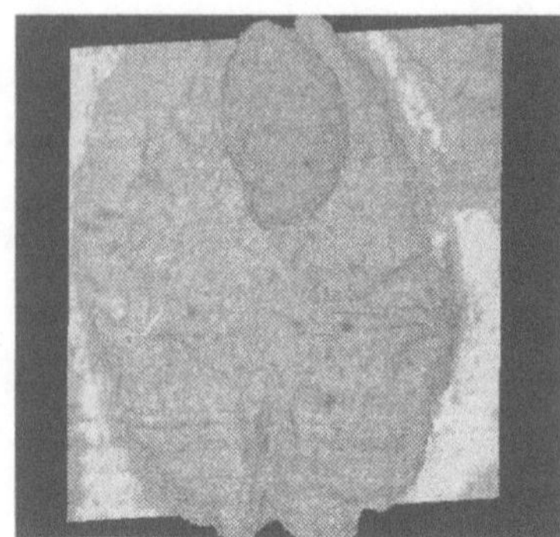
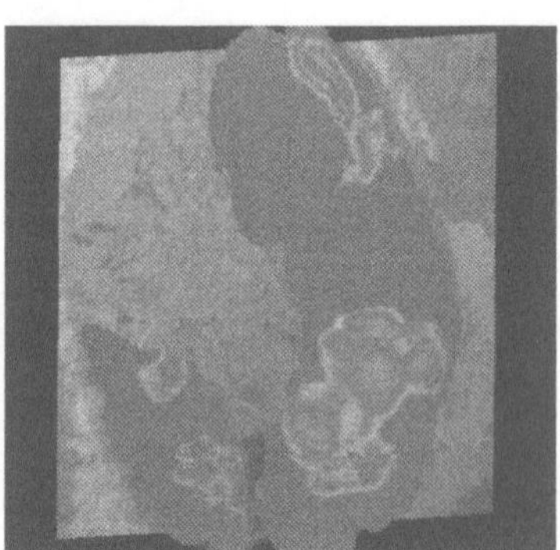

Abb. 24 (f) *Die Zellkernmembran als Informationsträger. Links ist die Membran mit den gemessenen elektronenmikroskopischen Absorptivitätswerte gefärbt, während die Falschfarbkolorierung auf der rechten Seite dem Abstand zwischen der Membran und den nächstliegenden Nucleoli im Zellkern entspricht (der Abstand wächst von blau nach rot).*

Abb. 25 (f) *Versuche zur Visualisierung eines dreidimensionalen Vektorfeldes, welches die lokale Geschwindigkeit des Blutflußes im Hirn darstellt. Rechts ist die x-Komponente der Flußvektoren einer Schicht als Falschfarbbild dargestellt, wobei der Wert 0 durch grüne, positive Werte durch zunehmende rote und negative Werte durch zunehmende blaue Farben der Regenbogen repräsentiert sind. Links ist ein kleiner Ausschnitt des Datenvolumens gezeigt, wobei die gemessenen Werte durchkleine Vektoren im Raum angedeutet sind. Die dargestellten Voxel repräsentieren die Mittellinien der Arterien.*

und untersuchen. Auf der rechten Seite wurde eine Falschfarbtexturierung verwendet, wobei die Kolorierung der Fläche dem Abstand zwischen der Membran und den nächstliegenden zu untersuchenden Organellen (den sog. Nucleoli) im Zellkern entspricht. Auf diese Weise kann man die Verteilung der (eigentlich in dieser Darstellung unsichtbaren) Nucleoli im Zellkern sehr genau visualisieren.

Das folgende Fallbeispiel illustriert einige Möglichkeiten, die die Verwendung der Geometrie als Informationsträger bietet. In diesem Fall ist ein Hirntumor untersucht worden, welcher wegen seiner ungünstigen Lage operativ nicht entfernbar war. Man überlegte stattdessen, den Tumor von seiner Blutversorgung abzuschneiden und ihn in dieser Weise zu bekämpfen. Diese Behandlung erfolgt durch den künstlichen Verschluß der wichtigsten versorgenden Blutgefäße, wobei man darauf achten muß, daß dabei die Blutversorgung der gesunden, lebenswichtigen Hirngewebe weiterhin gewährleistet ist. Die Analyse der Blutversorgung des Tumors und der Hirngewebe wurde durch ein spezielles MagnetresonanzAngiografie-Verfahren durchgeführt, welches, im Gegensatz zu konventionellen Angiografieverfahren, nicht nur die lokale Flußgeschwindigkeit

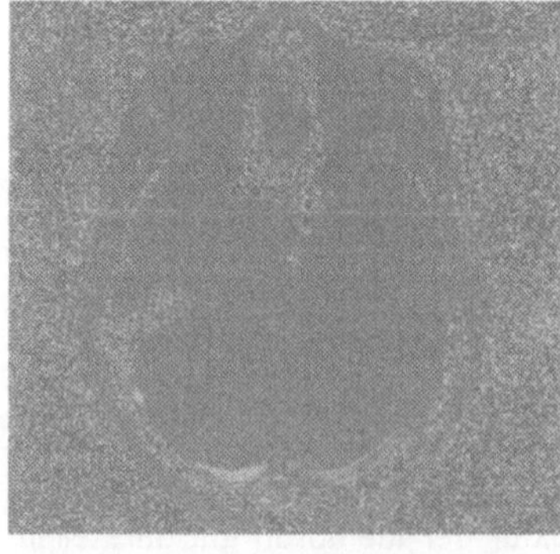

abbildet, sondern ein dichtes, dreidimensionales Datenfeld der lokalen Flußgeschwindigkeits-Vektoren liefert. Die Darstellung solcher dreidimensionalen Vektorfelder ist sehr schwierig, und einfache Verfahren, wie z. B. die Präsentation der einzelnen Vektorkomponente als Falschfarbbild (Bild 25 links) oder eine simulierte dreidimensionale Darstellung der einzelnen Flußvektoren (Bild 25 rechts) sind kaum in der Lage, den Medizinern nützliche Informationen zu liefern. Diese Beschränkungen der traditionellen Darstellungen haben dazu geführt, daß man für die Auswertung z. B. nur die lokale Geschwindigkeit benützt, wie z. B. an der linken Seite der Abb. 26 gezeigt ist, wobei ein wesentlicher Teil der gemessenen Informationen gar nicht zur Diagnose oder Therapie-Planung verwendet wird.

Fortgeschrittene Verfahren der Bildanalyse und Visualisierung können dem Arzt wesentliche Hilfe leisten, um die in den Daten vorhandenen, aber schwer wahrnehmbar verborgenen Informationen explizit und für Diagnose und Therapie verwendbar zu machen. Wie fast immer ist die Segmentierung das erste Glied in der Datenverarbeitungskette. Abb. 26 zeigt eine Darstellung des Tumors und der wichtigsten umliegenden Hirngefäße. Die Geometrie, d. h. die durch die Segmentierung identifizierte räumliche Ausdehnung der Gefäße, ist aber noch zu wenig mächtig, um eine nützliche, vielseitig brauchbare Repräsentation zu liefern. Diese geometrische Struktur muß in eine symbolische Form umgewandelt werden, wobei die mathematische Struktur der Grafen sich als ein besonders geeignetes Werkzeug für die Beschreibung von Gefäßsystemen erwiesen hat. Die linke Seite der Abb. 27 zeigt die symbolische Beschreibung der Hirngefäße, wobei die Kanten des Graphes die Mittellinien der einzelnen Gefäße repräsentieren. Durch verschiedene Attribute (wie z. B. lokale Dicke und Flußrichtung) kann diese Beschreibungsart alle wesentlichen

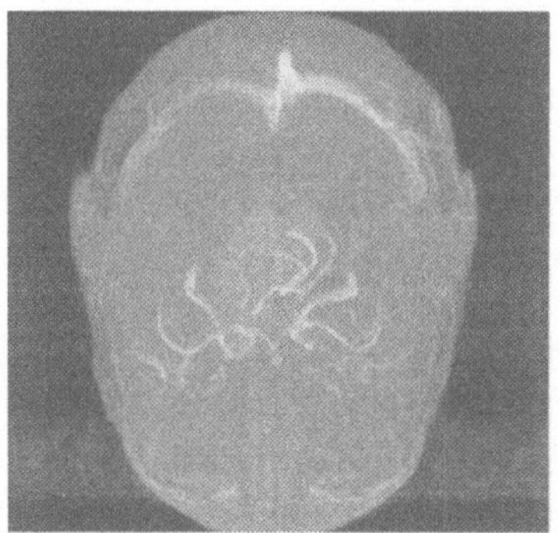

Abb. 26 (*f*) *Magnetresonanz-Angiographie eines Hirntumors. Links ist die Projektion der maximalen Intensität (MIP) der gemessenen Flußgeschwindigkeiten, rechts die dreidimensionale Darstellung des segmentierten Tumors (blau) und der wichtigsten Hirngefäße (rot).*

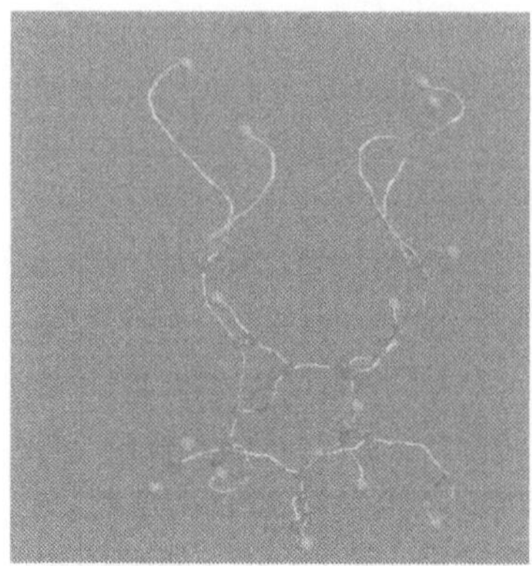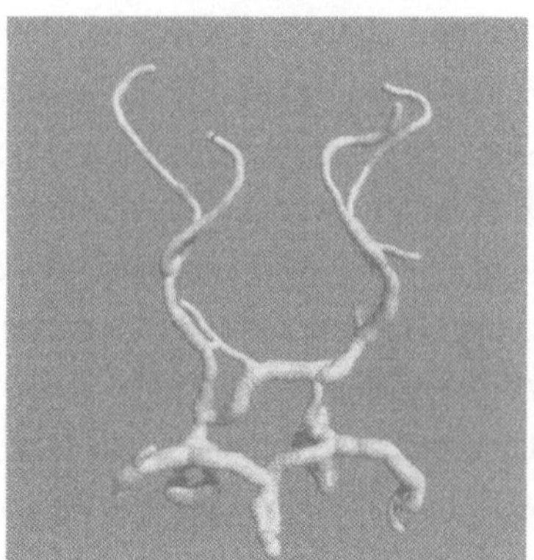

Abb. 27 (f)  *Symbolische Beschreibung des Hirngefäßsystems. Links ist die Grafenbeschreibung der Gefäße, wobei die Kanten des Grafes die Mittellinien der einzelnen Gefäße repräsentieren. Die rechte Seite zeigt die aus der attributierten Grafenbeschreibung rekonstruierte Gefäßgeometrie.*

Informationen über den Patienten einschließen, wie es z. B. durch die Rekonstruktion der Geometrie auf der rechten Seite illustriert ist.

Diese attributierte symbolische Beschreibung kann man effizient einsetzen, um die gemessenen Daten in einer anschaulichen Weise zur Diagnose zu präsentieren. Anstatt der gesamten Geometrie, kann die Grafenstruktur, welche alle wesentlichen Angaben über die Geometrie und Topologie der Blutversorgung enthält, als Informationsträger auftreten. So kann man z. B. die gemessenen vektoriellen Flußdaten komprimiert visualisieren, wobei z. B. die durchschnittlichen Flußvektoren im aktuellen Gefäßquerschnitt auf der Mittellinie abgebildet werden, wie es auf der Abb. 28 gezeigt ist. Die Richtung der einzelnen Vektoren entspricht der Flußrichtung, während die lokale Geschwindigkeit durch Falschfarbkolorierung kodiert ist. Die ursprüngliche Frage der Blutversorgung kann man anhand dieser Darstellungen zwar beantworten, aber die Problemlösung braucht noch immer viel Interpretationsarbeit, was keineswegs der Arbeitsweise eines Mediziners entspricht. Eine viel natürlichere Art der Datenexploration bietet die Simulation, d. h. die Untersuchung des virtuellen Patienten, repräsentiert durch die attributierte Gefäßgrafenstruktur im Computer. Der Arzt kann z. B. diesem virtuellen Patienten Kontrastmittel injizieren und dessen Verbreitung im Gefäßsystem am Bildschirm verfolgen, wie es am Bild 29 angedeutet ist. Auf diese Weise wird es möglich, eine im Prinzip stark invasive Untersu-

Abb. 28 (f)  *Visualisierung des gemessenen Blutflußes mithilfe der symbolischen Gefäßgrafen. Die durchschnittlichen Flußvektoren sind im aktuellen Gefäßquerschnitt auf die Mittellinie abgebildet, wobei die Richtung der einzelnen Vektoren der Flußrichtung entspricht, während die lokale Geschwindigkeit durch Falschfarbkolorierung kodiert ist.*

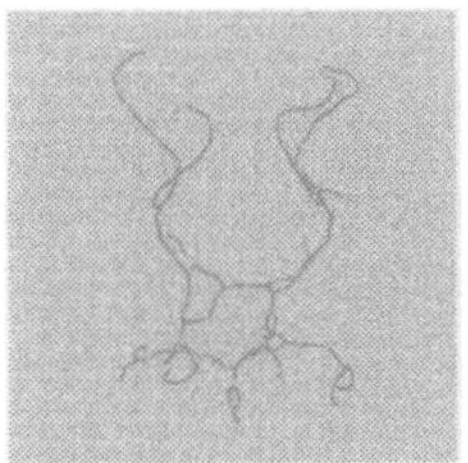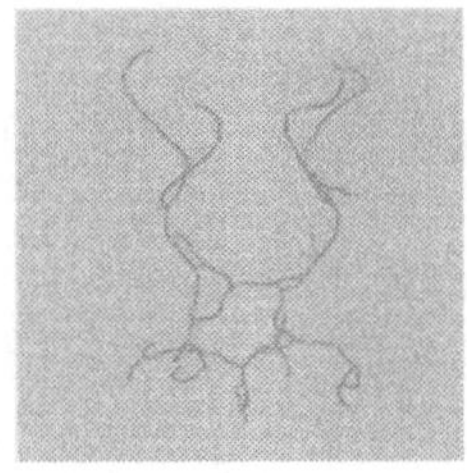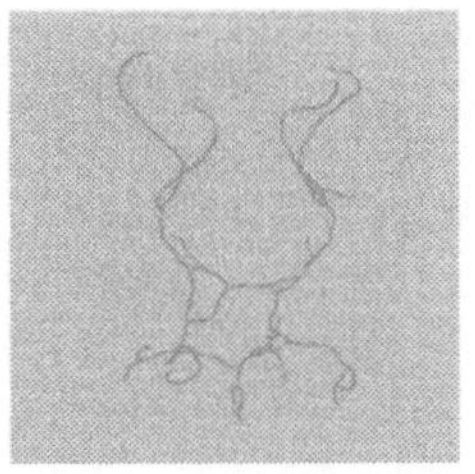

Abb. 29 (f) *Simulation der Ausbreitung einer Bolus-Injektion. Die einzelnen Bilder zeigen von links nach rechts die Verbreitung des Kontrastmittels in den Hirnarterien in aufeinanderfolgenden Zeitpunkten nach einen simulierten Kontrastmittelinjektion.*

chung mit wesentlicher Belastung des Patienten zu ersetzen, wobei man, im Gegensatz zu realen Untersuchungen, keinerlei Beschränkungen betreffend Untersuchungszeit oder Wiederholungen akzeptieren muß.

## 6. Therapie-Unterstützung durch Visualisierung und Datenanalyse

Die beschriebenen Visualisierungsverfahren eignen sich nicht nur für optimale Informationsextraktion in der medizinischen Diagnose, sondern bieten auch weitgehende Möglichkeiten für Therapieunterstützung. Im vorher diskutierten Fall für Tumorbehandlung z. B. kann der operative Verschluß der ausgewählten Arterien mit einem speziellen Klebstoff erfolgen, welche durch ein, in das Gefäßsystem eingeführtes flexibles Rohr, den Katheter, eingespritzt ist. Die oben beschriebene Simulationsumgebung kann auch für die Planung dieses Eingriffs verwendet werden, wie es am Bild 30 illustriert ist. Der Arzt kann dabei die Intervention sorgfältig am Computer planen, verschiedene Möglichkeiten gefahrlos ausprobieren und evaluieren, bevor die Operation am Patienten tatsächlich durchgeführt wird.

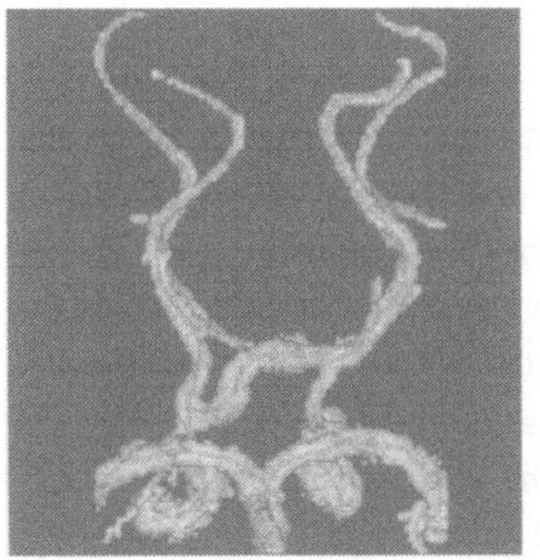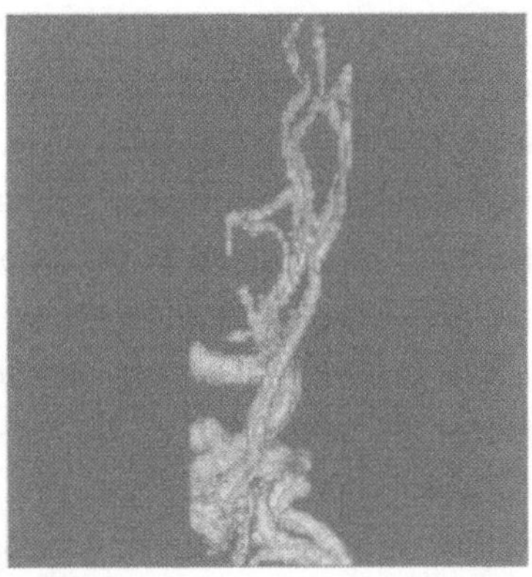

Abb. 30 (f) *Simulation der Plazierung eines Katheters in den Hirngefäßen. Die Gefäßwände sind durchsichtig dargestellt, wobei die rote Linie, welche das Katheter repräsentiert, sichtbar wird. Rechts und links werden zwei verschiedene Ansichten der Gefäße gezeigt.*

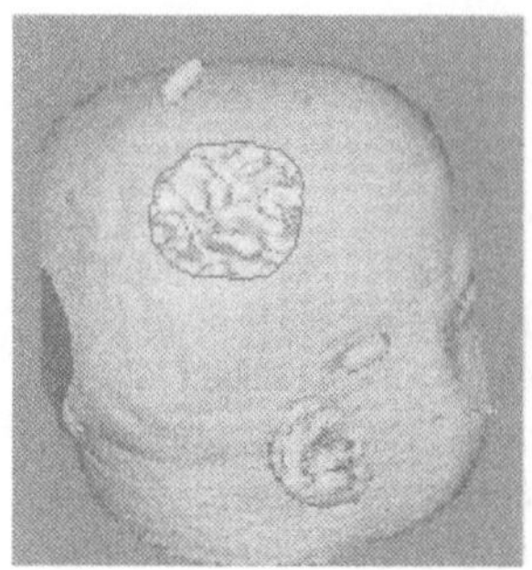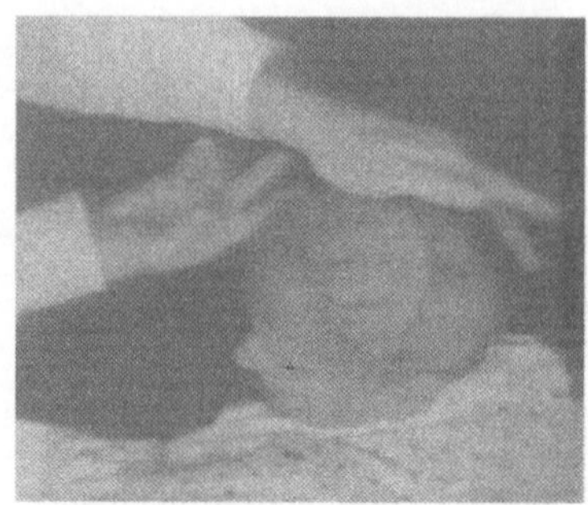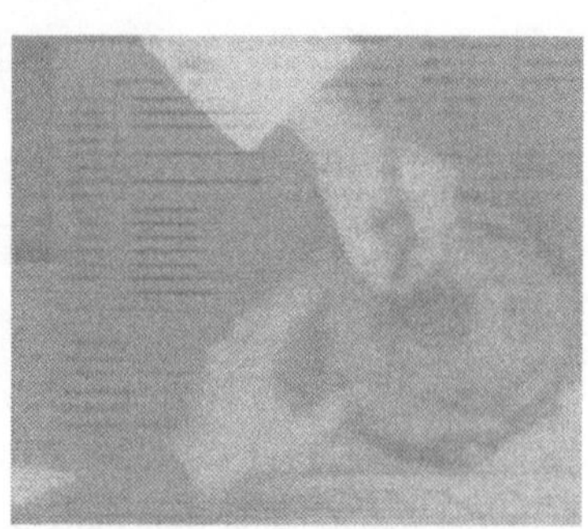

Abb. 31 (f) *Planung der Schädelöffnung für offene Neurochirurgie. Links wird ein präoperativer Plan, in der Mitte und rechts die Vorbereitung der Schädelöffnung anhand vom segmentierten radiologischen Daten gezeigt.*

Ähnliche Probleme der präoperativen Planung existieren in vielen Bereichen der Chirurgie. In der plastischen Chirurgie z. B. ist es möglich, einen Eingriff vollständig am Computer zu planen, die Verschiebung bzw. das Ersetzen von verschiedenen Knochenstrukturen im voraus zu berechnen und auszuprobieren, bzw. das Aussehen des Patienten nach dem Operation durch Simulation vorauszusagen.

Ein anderes Gebiet, wo computerunterstützte Planung bereits in vielen Fällen eingesetzt wird, ist die Neurochirurgie. Ein erstes Problem bei offenen neurochirurgischen Eingriffen ist die Öffnung des Schädels (Kraniotomie), um Zugang zur Operationsstelle zu erlangen. Um die Invasivität der Operation möglichst zu minimieren, möchte man die Öffnung klein halten, anderseits muß eine nachträgliche Erweiterung möglichst vermieden werden. Entsprechend ist die genaue Planung der Kraniotomie, welche durch Computer-Simulation auf dem von radiologischen Daten gewonnenen dreidimensionalen Patientenmodell erfolgen kann, ein wesentlicher erster Schritt einer erfolgreichen Chirurgie. Eine präoperativ simulierte Kraniotomie wird auf der linken Seite der Abb. 31 gezeigt, wobei die Hirnwindungen unter dem geöffneten Schädelknochen sichtbar sind.

Simulationen, welche durch dreidimensionale Darstellungtechniken der Computergrafik unterstützt sind, eignen sich nicht nur für die optimale Vorbereitung der konkreten Eingriffe an Patienten. Analog zu den für Piloten gebauten Flugsimulatoren kann man auch chirurgische Simulatoren bauen, welche in der Ausbildung der Chirurgen in Zukunft eine ähnlich wichtige Rolle übernehmen können. Die technischen Anforderungen an solche Systeme sind aber deutlich höher als für die bisher diskutierten präoperativen Planungssysteme. Einerseits sind spezielle Ein- und Ausgabegeräte (wie Datenhandschuhe, Manipulatoren mit Kraftrückführung oder Head-Mounted Displays) notwendig, um ein realitätsnahes

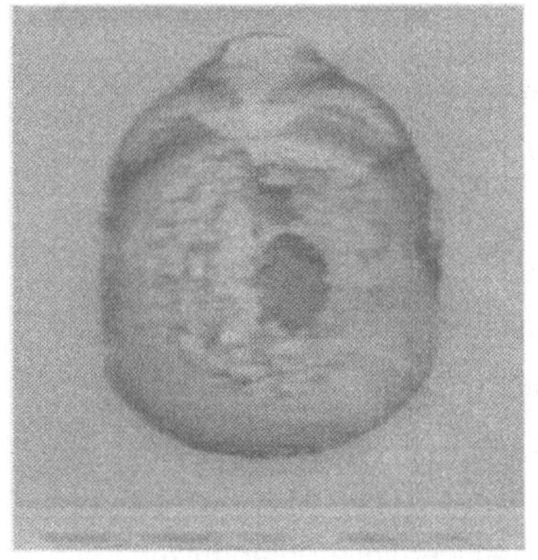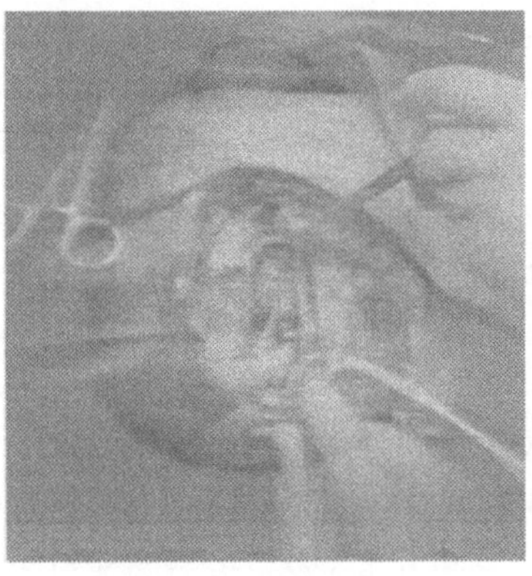

Abb. 32 (*f*) *Bildunterstützte Entfernung eines Hirntumors. Rechts ist das präoperativ definierte Modell des Patienten gezeigt, links ist die simulierte dreidimensionale Darstellung des Tumors (grün) mit dem Bild des Operationsmikroskops gemischt.*

Eintauchen in die künstliche Welt zu erlauben, anderseits stellt die unerlässliche Echtzeitreaktion des Systems sehr hohe Anforderungen an die Leistungsfähigkeit des Rechnersystems.

Die bisher beschriebenen Anwendungen haben die Mediziner in der Diagnose und in den Vorbereitungsarbeiten bei chirurgischen Eingriffen unterstützen können. Die technische Entwicklung hat aber vor der Türe des Operationssaals nicht haltgemacht, und in den letzten Jahren sind zahlreiche Methoden entwickelt worden, mit denen Operationen direkt unterstützt werden können. Dabei werden die präoperativ aufgenommenen Daten und die davon gewonnenen Modelle und Informationen auf den Patienten auf dem Operationstisch übertragen. Um diese Übertragung geometrisch möglich zu machen, muß man natürlich den Patienten und die Instrumente des Chirurgen aus der reellen Welt wie auch die im Computer gelagerten virtuellen Modelle in Deckung bringen. Dies wird durch „Tracking-Systeme" ermöglicht, welche die Objekte der reellen Welt verfolgen und deren Ausdehnung und Position dem Computer weitergeben können. Nach einem (technisch nicht immer einfachen) Registrationsverfahren, welches die Geometrie der Realität an die virtuelle Welt anpaßt, wird es möglich, dem Chirurgen eine gemischte Szene zu präsentieren, wobei reelle und virtuelle Objekte nebeneinander existieren, sichtbar und manipulierbar sind. Diese Darstellungsmethode wird, im Gegensatz zur virtuellen Realität als erweiterte Realität (enhanced reality) bezeichnet.

Die Bilder 31 und 32 illustrieren dieses Vorgehen anhand einer Hirntumoroperation. Links am Bild 31 ist die bildgeführte Vorbereitung der Schädelöffnung vor dem Eingriff gezeigt. Das Bild des Schädels im Operationsmikroskop (Mitte) kann mit dem aus radiologischen Daten gewonnenen dreidimensionalen Patientenmodell gemischt werden (rechts), wobei das unter dem Schädel liegende Tumorgewebe (grünlich) sichtbar wird und die Geometrie der Öffnung genau bestimmt und auf die Kopfhaut gezeichnet werden kann. Dieses Vorgehen erweitert die Sinnesorgane der Chirurgen mit allen Fähigkeiten der radiologischen Datenerfassung, noch vor der Kraniotomie unter den Schädeldeckel zu schauen.

Die Unterscheidung zwischen gesundem und Tumorgewebe kann während des Eingriffs nicht immer visuell erfolgen. Dabei sind die präoperativen radiologischen Daten oft sehr hilfreich, und eine Mischung der aus ihnen gewonnenen Modelle mit dem aktuellen Bild des Patienten, wie am Bild 32 gezeigt ist, kann dem Chirurgen wertvolle Unterstützung bieten. Solche Techniken sind nicht nur in der Neurochirurgie im Einsatz, sondern können auch in anderen chirurgischen Gebieten, wie z. B. in der Orthopädie angewendet werden.

**Zusammenfassung**

In diesem Beitrag wurden die wichtigsten Verfahren der Datenvisualisierung in der Medizin zusammengefaßt. Während noch viele Fragen (vor allem im Bereich der Datenanalyse) offen und diese Methoden noch nicht fest in den täglichen klinischen Routinen verankert sind, sind sie aus einigen medizinischen Diagnose- und Therapieverfahren nicht mehr wegzudenken. Der weitere Erfolg und die praktische Relevanz dieser Techniken wird davon abhängen, wie weit man fundierte mathematische Methoden der Datenanalyse optimal mit ansprechenden, intuitiven Darstellungsmethoden der Kunst der Computergrafik verbinden und für die Lösung von praxisrelevanten Problemen in verschiedenen medizinischen Anwendungen einsetzen kann.

# Mathematik, Complexe Systeme, Medizin: Von der Potentialtheorie zu neuen radiologischen Werkzeugen[1]

H.-O. Peitgen*, D. Selle*, J. H. D. Fasel**, K.-J. Klose***, H. Jürgens*, C. J. G. Evertsz*

**Zusammenfassung** Die Arbeit präsentiert ein Projekt im Rahmen der computerunterstützten radiologischen Diagnose am Beispiel der Segmenteinteilung der Leber zur Unterstützung einer präoperativen Einschätzung der Operationsfähigkeit und Planung der Segmentresektion bei Tumorpatienten.

## 1. Einleitung

Unser Projekt ist Teil einer Projektfamilie, die sich über die vergangenen zwei Jahre zunächst am Centrum für Complexe Systeme und Visualisierung (CeVis) und schließlich an dem im Sommer 1995 gegründeten Centrum für Medizinische Diagnosesysteme und Visualisierung (MeVis) entwickelt haben. Gemeinsam ist diesen Projekten die Zielsetzung, in enger Kooperation mit radiologischen Partnern einen Beitrag für die sich rasch entwickelnde computerunterstützte Radiologie zu liefern. Das vorliegende Projekt hat für diese Entwicklung in Bremen als Schrittmacher gedient. Die Projektfamilie hat als Kernprojekte

• computerunterstützte Methoden zur Darstellung von Gefäßen als Leitstrukturen innerer Organe (3D-Rekonstruktion[3], Detektion von Verzweigungen, Segmenteinteilung (z. B. Leber, Lunge, Niere, Brust), Volumetrie, Vaskularisierung bei Tumoren, Segmentzuordnung von Tumoren);

• computerunterstützte Methoden verschiedener Modalitäten der Brustkrebsdiagnose (Mammografie und Brustkrebsscreening, Detektion und Differentialdiagnose von Mikrokalk, MR-Mammografie, Anatomie der duktalen Strukturen);

• computerunterstützte Lehr- und Lernatlanten für Mammakarzinome und Knochentumore;

• Zusammenführung der Einzelprojekte im Rahmen der Entwicklung von Software für eine medizinische Workstation LabMed[4]. Dazu gehören neben den oben genannten Projekten auch die Kompression medizinischer Bild- und Volumendaten, Bildverarbeitungscoperatoren, digitaler Lichtkasten etc.

Im Mittelpunkt aller Projekte steht das Ziel, den radiologischen Diagnoseprozeß unter Einbeziehung der Anforderungen der medizinischen

[1] Gefördert im Rahmen der Anwendungsorientierten Verbundprojekte auf dem Gebiet der Mathematik des BMBF (Dynamische Systeme und Fraktale in der medizinischen Bildverarbeitung)

[2] CeVis = Centrum für Complexe Systeme und Visualisierung, Universität Bremen; MeVis = Centrum für Medizinische Diagnosesysteme und Visualisierung, Universität Bremen.

[3] Der Begriff Rekonstruktion wird in der Radiologie mehrdeutig verwendet. I.A. und traditionell ist damit der Prozeß gemeint, der aus den gemessenen Rohdaten z. B. einer CT-Apparatur oder einer MR-Apparatur Bilddaten erzeugt. In letzter Zeit wird der Begriff aber auch verwendet, wenn es um die Verfolgung oder Extraktion von anatomischen Strukturen (z. B. Gefäße) aus Bild- oder Volumendaten geht. Wir benutzen den Begriff ausschließlich im letzteren Sinne.

[4] Auf dem Annual Meeting der RSNA (Radiological Society of North America in Chicago, Dezember 1995, gleichzeitig Welttagung der Radiologen) wurde LabMed mit dem Scientific Exhibit Award 1995 ausgezeichnet

H.-O. Peitgen, D. Selle, J. H. D. Fasel, K.-J. Klose, H. Jürgens, C. J. G. Evertsz

Routine und von Kostengesichtspunkten zu unterstützten, seine Effizienz und Effektivität zu verbessern und neue Methoden der Diagnose zu entwickeln. Die Arbeit in den Projekten ist interdisziplinär und verknüpft grundlagenorientierte Forschung mit projekt- bzw. produktorientierter Arbeit.

**1.1 Segmentorientierte Leberchirurgie** Die Problematik der Segmenteinteilung der Leber ist aus verschiedenen Anwendungen motiviert. Bei weitem die wichtigsten Anwendungen kommen aus der Chirurgie (Tumorresektion, TIPS = Transjugular Intrahepatic Portosystemic Shunts bei Zirrhose). Die segmentorientierte Leberchirurgie zur Resektion von Metastasen oder primären Leberkarzinomen ist prinzipiell an der funktionellen Gliederung der Leber und nicht nur an der vermuteten Ausdehnung des Tumors orientiert. Aus funktioneller Sicht gliedert sich die Leber in mehrere Segmente, von denen jedes eine separate Versorgung durch Pfortader und Leberarterien sowie eine Entsorgung durch Gallenwege besitzt. Diese drei Gefäßsysteme verlaufen zueinander eng benachbart und sind baumartig aufgebaut, wobei die hierarchische Gliederung der Gefäßsysteme die verschiedenen Segmente definiert. Die Segmentgliederung kann daher im wesentlichen aus der Verzweigung der Pfortader als Leitstruktur gewonnen werden. Ein Segment stellt also das von einem Pfortaderast versorgte Gebiet dar, das daneben einen separaten Ast des Arterien- und Gallensystems enthält. Die Hauptäste des vierten Gefäßsystems der Leber, der entsorgenden Lebervene, liegen über weite Strecken zwischen den Segmentgrenzen und werden aus Seitenästen der angrenzenden Segmente gespeist. In Abb. 1 und 2 stellen wir die prinzipielle Segmenteinteilung nach Couinaud und Bismuth [1] einem Ausguß des Pfortadersystems einer Schafsleber gegenüber. Man erkennt deutlich, wie die Gefäßsysteme immer feiner verzweigen und ineinandergreifen.

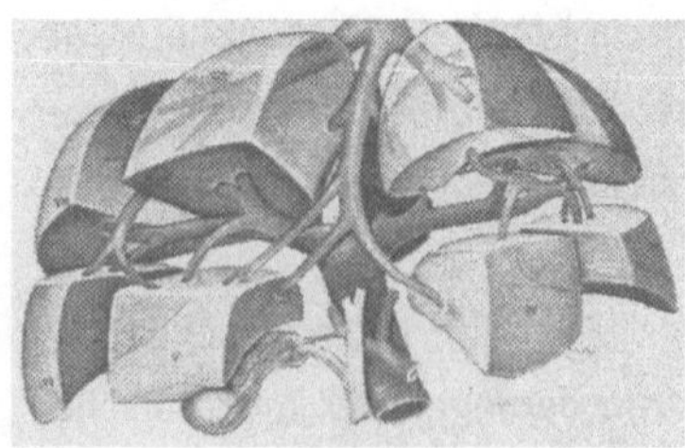
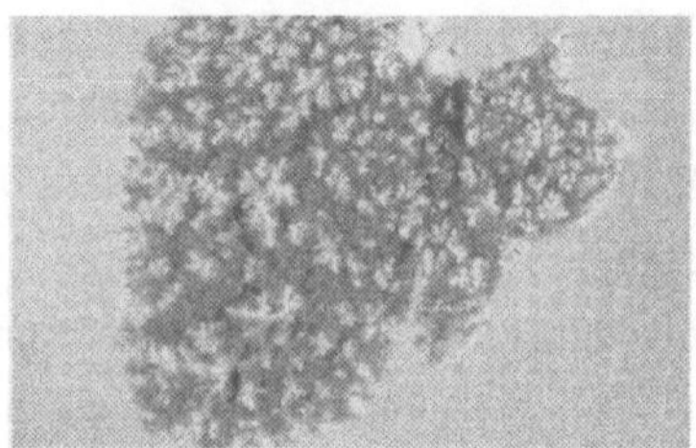

Abb. 1 links (*f*) *Funktionelle Lebersegmentierung nach Couinaud und Bismuth.*

Abb. 2 rechts (*f*) *Ausguß der Pfortader (rot) und des Venensystems (hellblau) (© H. J. Klotter, Marburg)*

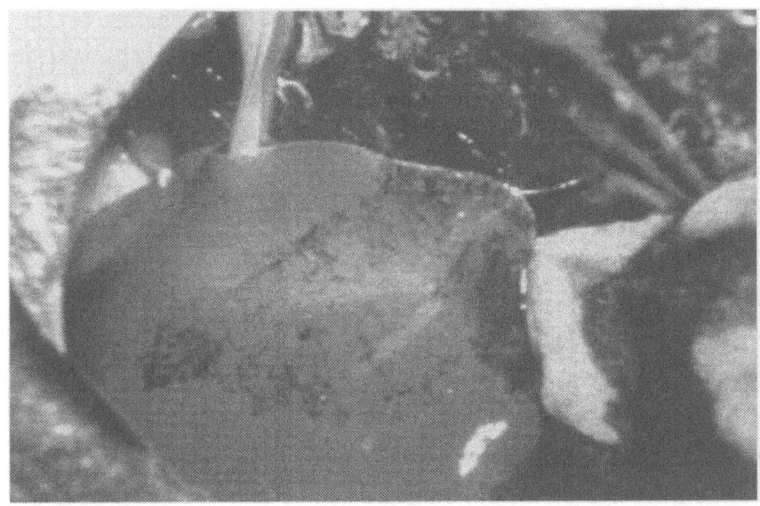

Abb. 3 (*f*) *Intraoperative farbliche Markierung eines Schafslebersegments (© H.J. Klotter, Marburg)*

Für den Zweck der segmentorientierten Chirurgie kann man bei Kenntnis des zu entfernenden Segments unter Zuhilfenahme einer Ultraschallsonde den zugehörigen Hauptast des Pfortadersystems lokalisieren, punktieren und mit Farbstoff injizieren. Der Farbstoff strömt in das vom punktierten Hauptast versorgte Leberparenchym ein und markiert so das gesuchte Segment (siehe Abb. 3). Bei der auf diese Weise möglichen anatomiegerechten Segmentektomie wird eine vollständige Resektion des vom Hauptast versorgten Parenchymgebietes erreicht. Diese Vorgehensweise ist funktionserhaltend und schonend, da bei der Entfernung eines kompletten Segments einerseits keine größeren Parenchymreste ohne Verbindung zum Gefäßbaum unversorgt zurückbleiben und andererseits Nachbarsegmente als funktionelle Einheiten vollständig erhalten bleiben.

Voraussetzung hierfür ist allerdings die genaue Kenntnis des Zielsegments. Zur Diagnostik von Lebertumoren und zur Planung eines eventuellen Eingriffs werden routinemäßig CT- und MR-Aufnahmen erstellt. Im Fall der Tumorresektion bedeutet dies für den Radiologen die Aufgabe, eine Zuordnung detektierter Tumore zu Segmenten vorzulegen, auf die sich der Chirurg verlassen und stützen kann. Die heute verfügbaren zweidimensionalen Schnittbilder vermitteln jedoch nur einen unvollständigen Eindruck der tatsächlichen 3D-Verzweigungsstruktur. Darüberhinaus ist die Aufgabe auch deshalb äußerst schwierig, weil die Gefäßsysteme einen hohen Grad von Individualität besitzen und oft pathologisch verändert sind (z. B. bei einhergehender Zirrhose). Ziel der Analyse und 3D-

Visualisierung ist es deshalb, dem Chirurgen bereits präoperativ ein Optimum an Information über die intrahepatischen Gefäße, ihre Versorgungsgebiete und die Zuordnung der Tumore zu diesen Gebieten vorzulegen.

Damit können wir die Ziele des Projektes genauer formulieren:
1. individuelle, funktionale Lebersegmentanalyse;
2. Segmentzuordnung von Läsionen;
3. Computersimulation der intraoperativen Punktion und Färbung von Segmenten;
4. Segmentvolumetrie zur Abschätzung des Operationsrisikos[5];
5. Tumorvolumetrie für Therapieplanung und Überwachung;
6. Übertragung auf andere Organe (Lunge, Niere).

Der vorliegende Bericht erstreckt sich auf die Probleme (1–4) und referiert die dazu publizierten Ergebnisse[6] [2] [3] [4] [5] [6]. Die radiologische Problemstellung geht auf Professor Klose (Marburg) zurück. Mit ihm und den Mitarbeitern seines Zentrums wurden auch die Werkzeuge entwickelt. Die anatomische Validierung wurde in Kooperation mit Professor Fasel (Genf) durchgeführt. Eine Prototyp-Workstation mit den Werkzeugen aus (1–3) ist am Marburger Universitätsklinikum bei Professor Klose im Einsatz.

**1.2 CT-Volumendaten** Ausgangspunkt unserer Arbeit waren Spiral-CT-Portographien von Patienten am Marburger Klinikum, bei denen Verdacht auf Lebermetastasen bestand. Die von uns verwendeten Volumendatensätze wurden mit einem Siemens Somatom Plus-S CT-Scanner aufgenommen. Um einen hohen Gefäß/Gewebe-Kontrast ausschließlich in der Pfortader zu erreichen, wurde den Patienten ein Kontrastmittel (100 cc Iopamidol, 60 ml/min) gleichzeitig durch zwei Katheter in die Arteria mesenterica superior und die Arteria lienalis appliziert (s. Abb. 4).

Die Spiralaufnahme erfolgte bei 6 mm Tischvorschub, 4 mm Fächerstrahlbreite und einer Umdrehung des Fächerstrahls pro Sekunde. Aus den gewonnen Spiral-Daten wurden von der Scanner-Software circa 40 Schichtbilder mit 512 x 512 Bildpunkten und 4 mm Schichtabstand berechnet. Abb. 5 zeigt eine Original-Schichtaufnahme mit kontrastierter Pfortader und dunklen Lebermetastasen. Die Bildpunktausdehnung innerhalb der einzelnen 2D-Schichtbilder entspricht etwa 1 mm. Damit ist das

[5] *Eine Resektion ist nur dann vertretbar, wenn ca. 30 % des gesunden Leberparenchyms erhalten bleiben.*

[6] *Über diese Ergebnisse wurde auf mehreren nationalen und internationalen radiologischen Fachkongressen sowie Fachtagungen über Bildverarbeitung, wissenschaftliche Visualisierung und Computergrafik berichtet.*

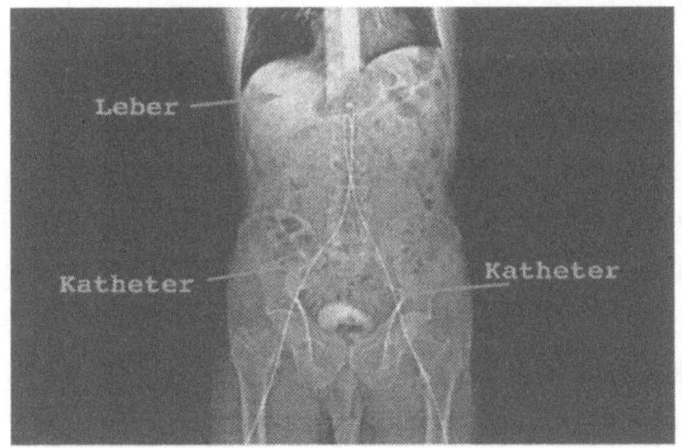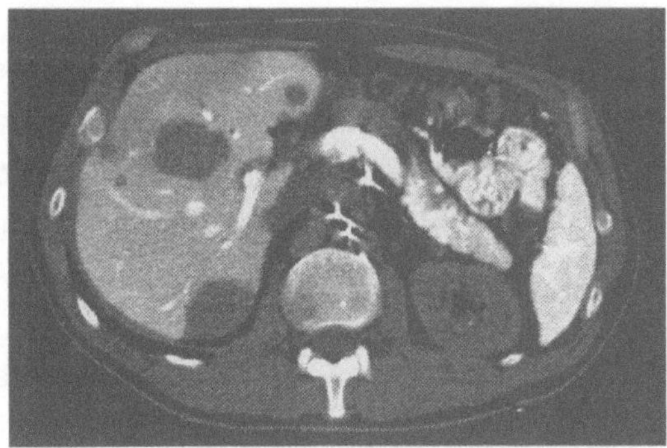


Ergebnis ein diskretes, anisotropes Volumen mit gleicher Sampling-Dichte in x- und y-Richtung und abweichender Dichte entlang der z-Achse. Formal ist ein Volumen durch die diskrete Abbildung $I : V \to \mathbb{N}$ definiert, wobei $V = [0, x_{max}] \times [0, y_{max}] \times [0, z_{max}] \subset \mathbb{N}^3$ das diskrete Gitter bezeichnet, auf dem die Daten vorliegen. Jedem Gitterpunkt $v$ wird durch den Datensatz der (die Helligkeit repräsentierende) Intensitätswert $I(v) \in \mathbb{N}$ zugeordnet.

Abb. 4 *Kontrastmittelapplikation bei einer CT-Portographie*

Abb. 5 *2D-Schnittbild einer Spiral-CT- Portographie. Deutlich sind dunkle Metastasen und helle Pfortaderäste in der Leber (links) zu erkennen*

## 2. Pfortaderextraktion und Verzweigungsdetektion

Ein Blick auf Abb. 5 macht deutlich, daß die Daten erheblich verrauscht sind und ihre mäßige Auflösung bestenfalls eine sichere 3D-Extraktion des Pfortadergefäßsystems für die Hauptäste erlaubt. Inhalt dieses Abschnitts ist es, Methoden vorzustellen, die es möglich machen, diese „Gefäßstümpfe" aus den Volumendaten zu extrahieren, und zwar so, daß eine Markierung der einzelnen Äste unterstützt wird.

Das Verfahren zur Extraktion hierarchischer Gefäßsysteme ist an numerische Kontinuitätsmethoden angelehnt. Die Idee von Kontinuitätsmethoden geht auf eine grundlegende Arbeit von J. Leray und J. Schauder [7] aus dem Jahre 1934 zurück. In den siebziger Jahren [8] [9] verstand man es, diese Ideen im Hinblick auf Verzweigungsprobleme im Kontext von simplizialer Topologie konstruktiv auszulegen (stückweise lineare Approximation von Zusammenhangskomponenten implizit definierter Mannigfaltigkeiten). Seither gehören numerische Kontinuitätsmethoden zum modernen Repertoire der Numerik [10]. Das Verfahren zur Rekonstruktion und Modellierung von Gefäßsystemen ist nach Art einer Welle organisiert, die sich, ausgehend von einem Startpunkt im Volumendatensatz, durch das Gefäßsystem ausbreitet. Das Verfahren arbeitet speichereffizient, da es ausreicht, nur die „Wellenfront" im Hauptspeicher zu halten, um jeden Teil des Gefäßes genau einmal abzutasten und korrekt zu terminieren. Bifurkationen werden am „Aufreißen" der Welle in mehrere Zusammenhangskomponenten erkannt. Während des Abtastens wird eine baumartige Datenstruktur angelegt, die die Topologie des individuellen Gefäßes modelliert und eine Analyse der Verzweigungsstruktur einzelner Teilbäume ermöglicht.

Aus CT-Daten der klinischen Routine rekonstruiert der Algorithmus das Gefäß bis zur dritten oder vierten Hierarchiestufe sicher. Die bei der Gefäßverfolgung gespeicherten Daten erlauben eine interaktive farbliche Differenzierung der einzeln Pfortaderäste. Einbettung der rekonstruierten Gefäße und farbliche Markierung von Läsionen in transparent dargestelltem Leberparenchym unterstützt die Zuordnung der zu resezierenden Läsionen zu funktionellen Segmenten und damit das Verständnis der individuellen Gefäßanatomie – insbesondere in Stereo-Ansicht – recht gut.

**2.1 Objekt-Definition** Aus einem gegebenen Volumen $I : V \rightarrow \mathbb{N}$ soll eine Gefäßstruktur extrahiert werden. Dabei gehen wir davon aus, daß das betrachtete Gefäß einer Zusammenhangskomponente von einer Menge $Q \subset V$ von Voxeln entspricht, die durch eine Eigenschaft $f$ gegeben ist (z. B. Schwellwert der Intensität in Hounsfieldeinheiten), die entscheidet, ob ein Voxel zu $Q$ gehört oder nicht:

$$f : V \rightarrow \{0, 1\}, f(v) = \begin{cases} 1, \textit{falls} & v \in Q \\ 0, \textit{falls} & v \notin Q \end{cases}$$

Zur Definition eines geeigneten Begriffes für Zusammenhang verwenden wir die Begriffsbildung: zwei Voxel heißen *k-benachbart*, wenn sie sich in höchstens $k$ Koordinaten (in $\mathbb{N}^3$) unterscheiden und der Unterschied in jeder der Koordinaten höchstens 1 beträgt. Eine Menge $Q$ von Voxeln heißt dann *k-wegzusammenhängend*, wenn es für jedes Voxelpaar $u, v$ einen Pfad *k-benachbarter* Voxel von $u$ nach $v$ gibt, der vollständig in $Q$ liegt. Zur Gefäßrekonstruktion wählen wir $k = 3$, d. h. jedes Voxel besitzt 26 Voxel, die 3-*benachbart* sind. Die Wahl $k = 3$ ist sowohl für die Wellenausbreitung wie auch für die Verzweigungsdetektion geeignet und reduziert zudem auftretende Verzweigungsartefakte. Damit ist ein Objekt durch einen Startpunkt $q_0 \in Q$ und seine 3-Wegzusammenhangskomponente $S \subset Q$ gegeben.

**2.2 Rekonstruktionsverfahren** Das Verfahren generiert eine voxelbasierte Rekonstruktion des zusammenhängenden Objektes $S$ (im Gegensatz zu einer polygonalen Approximation der Oberfläche). Deshalb läßt sich ein extrahiertes (Teil-) Gefäß leicht in dem Originaldatensatz markieren und damit in das Lebergewebe eingebettet visualisieren. Außerdem soll die Wellenausbreitung entlang des zu extrahierenden Gefäßes das gesamte Gefäßvolumen ausschöpfen, und sie soll senkrecht zur lokalen Gefäßverlaufsrichtung erfolgen. Damit wird es möglich, Gefäßparameter (wie z. B. Durchmesser oder Abstände zwischen Verzweigungen) korrekt zu berechnen.

Ausgehend von einem Startvoxel, das vom Benutzer interaktiv durch Blättern in den CT-Schichten zu wählen ist (Pfortadereingang), wird in jedem Schritt des Verfahrens eine aktuelle „Frontwelle" bestimmt, die anschließend auf ihren 3-Wegzusammenhang überprüft wird. Zerfällt sie in mehrere Komponenten, so hat sie eine Verzweigung durchlaufen. Der genaue Abtastvorgang, der Zusammenhangstest, die Verwendung lokaler Richtungsinformation für die Adaption der Welle und die dabei verwendeten Datenstrukturen, die mitentscheidend für das Zeitverhalten sind, werden in [11] dargelegt. Um sicherzustellen, daß jedes Voxel von $S$ genau einmal abgetastet wird, wird vom Algorithmus eine Liste sämtlicher Voxel, die sich in der aktuellen „Wellenfront" befinden, im Speicher gehalten. D. h., die Liste enthält in jedem Schritt alle bis dahin gefundenen Voxel, deren Nachbarn noch nicht vollständig auf Objektzugehörigkeit überprüft wurden. Für jedes Voxel in der Liste wird markiert, über welche 3-benachbarten Nachbarn es während des Abtastvorgangs gefunden wurde. Die Markierungen bewirken in Analogie zu den Kontinuitätsverfahren der simplizialen Topologie [8], [9] ein gerichtetes Fort-

Abb. 6 links (f) *Pfortadergefäßsystem bis zur dritten/vierten Hierarchiestufe mit gefärbten Hauptästen*

Abb. 7 rechts (f) *Symbolischer Baum des extrahierten Systems*

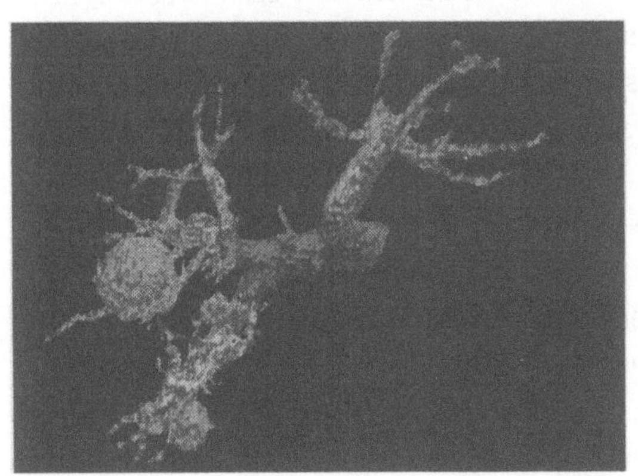

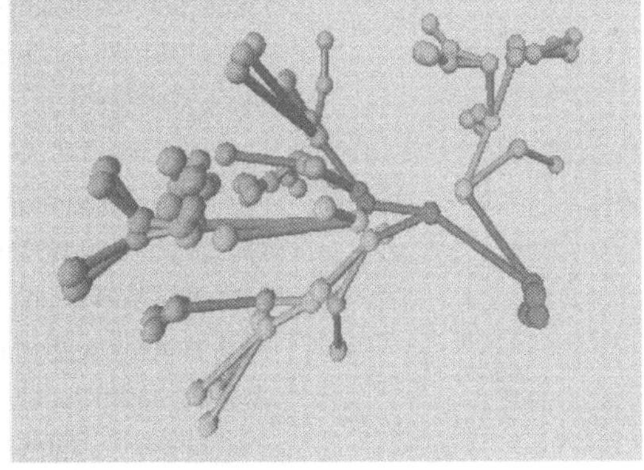

schreiten der Abtastwelle und verhindern, daß die Welle zu Voxeln, die bereits abgetastet wurden, zurückkehrt.

Da das Verfahren Zusammenhangskomponenten erkennt, können die Voxel entsprechend der Verzweigungsstruktur hierarchisch markiert und entsprechend gefärbt werden (Abb. 6). Das Verfahren erlaubt gleichzeitig den Aufbau einer baumartigen Datenstruktur, die Informationen über die Koordinaten der Verzweigungspunkte, den lokalen Gefäßdurchmesser, die lokale Richtung der Welle sowie weitere technischen Details des Algorithmus enthält. Mit dieser Datenstruktur läßt sich beispielsweise ein symbolischer 3D-Baum generieren (Abb. 7), der die Topologie des Gefässes repräsentiert.

**2.3 Ergebnisse** In der gewählten Anwendung der Pfortaderrekonstruktion aus CT-Daten genügt zunächst ein einfaches Schwellwertkriterium zur Trennung der kontrastmittelangereicherten Pfortader vom umgebenden, dunkleren Leberparenchym. Für alle bisher durchgeführten Rekonstruktionen hat sich eine Schwelle von etwa 200 Hounsfieldeinheiten bewährt. In Erprobung sind speziellere Objektkriterien wie etwa lokale Filter zur Hervorhebung von Linienstrukturen.

In die anisotropen Volumendaten wurden, zum Ausgleich des hohen Schichtabstandes, zusätzliche Zwischenschichten linear interpoliert, und in jedem Volumenfenster von 3 x 3 x 3 Voxeln wurde für den zentralen Voxelwert zur Rauschunterdrückung eine Medianfilterung verwendet.

Interaktives Rotieren der Ansichten läßt erkennen, welche Pfortaderäste in der Nähe der einzelnen Metastasen verlaufen oder sie berühren. Tumore stimulieren gewöhnlich eine Vaskularisierung, d. h. schaffen sich ihr eigenes Versorgungssystem, das hier an das arterielle System angebunden ist. Deshalb reichern die Metastasen über das Pfortadersystem zunächst kein Kontrastmittel an. Da das arterielle System praktisch parallel zum Pfortadersystem verläuft, ist durch die Nachbarschaftsbeziehung der Metastasen zu Pfortaderästen eine Segmentzuordnung möglich.

Eine vollkommene Darstellung der Versorgungsgebiete der Hauptäste zum Zweck der sicheren Zuordnung von Läsionen durch weitergehende Verfolgung der Gefäße auf der Grundlage der Volumendaten ist leider nicht möglich (zu großer Schichtabstand: 4 mm). Deshalb betrachten wir im nächsten Abschnitt Modelle, die auf der Grundlage der sicher extrahierten „Gefäßstümpfe" die zugeordneten Parenchymsegmente rekonstruieren und eine Darstellung erlauben, die einer Computersimulation der intraoperativen Färbung von Segmenten (siehe Abb. 3) entspricht.

Für die klinische Routine ist das Zeitverhalten der unterstützenden Werkzeuge ein nicht zu vernachlässigender Gesichtpunkt, der deshalb besondere Aufmerksamkeit erfordert. Auf einer Silicon Graphics Indigo II Workstation benötigt die Pfortaderrekonstruktion aus einem CT-Datensatz mit 40 Schichten zu je 512 x 512 Pixeln (und 2 Byte Datenumfang pro Pixel) etwa 16 Sekunden. Danach kann man das Gefäß interaktiv einfärben und analysieren. In einer Klinikumgebung, wie sie zur Zeit bei den Projektpartnern installiert ist, liegen die mittleren Rekonstruktionszeiten damit in einem für die Routine akzeptablen Bereich.

## 3. Segmentierung des Parenchyms

Für die Leberchirurgie ist eine Methode, die der eingangs geschilderten intraoperativen Färbung von Segmenten entspricht, unersetzlich. Die naheliegende Idee, diese Methode dadurch mit Hilfe von Computern zu unterstützen, daß man die Gefäße der Pfortader soweit zu extrahieren versucht, bis sie ein Segment vollständig darstellen, ist nicht erfolgversprechend. Dazu müßten die CT-Datensätze eine derzeit völlig unrealistische Ortsauflösung bieten (insbesondere einen geringeren Schichtabstand, der ungefähr eine Größenordnung unter dem derzeit üblichen liegt; Probleme: erheblich erhöhte Strahlenbelastung, Bewegungsartefakte). Die Auflösung von MR-Maschinen liegt noch weit unter der von CT-Maschinen. Außerdem fließt das applizierte Kontrastmittel nach relativer kurzer Zeit in die Lebervenen über, so daß weitere Artefakte unvermeidlich sind.[7]

Für das Ziel, eine präoperative *individuelle* Segmentmarkierung des Leberparenchyms (siehe Abb. 3) zu erreichen, haben wir bisher zwei alternative Wege beschritten. Den Methoden ist gemeinsam, daß sie auf den extrahierten individuellen Gefäßstümpfen (Pfortader bis zur dritten oder vierten Verzweigung) aufsetzen, die mit den obigen Methoden sicher in der klinischen Routine erreicht werden können. Voraussetzung für beide Methoden ist die Tatsache, daß unsere Rekonstruktionsmethoden aus Abschnitt 2 nicht nur die Gefäße extrahieren, sondern auch eine automatische Markierung der Äste vornehmen. Allerdings bedürfen diese neuen Methoden einer klinischen Validierung. In Abb. 9 verdeutlichen wir die Problemstellung an einem mathematischen Konstrukt. Die vollständi-

[7] *Dies ist eben ein typischer Unterschied zwischen in-vitro- und in-vivo-Methoden. An Präparaten läßt sich unter wissenschaftlich ausgefeilten Laborbedingungen vieles studieren und erproben, was für die Anatomie und die Entwicklung von Methoden sehr wichtig ist (siehe z. B. den Anatomieatlas Voxelman [12]). Für die medizinische Praxis liegt die Betonung aber auf Methoden, die unter Routinebedingungen patientenschonend eingesetzt werden können. Diese Diskrepanz zwischen lebenden Organen und Präparaten ist der Anlaß für manche methodische Fehleinschätzung und unerfüllbare Hoffnungen.*

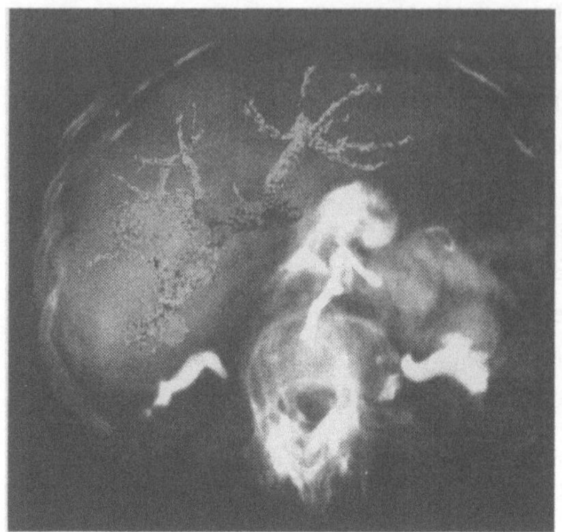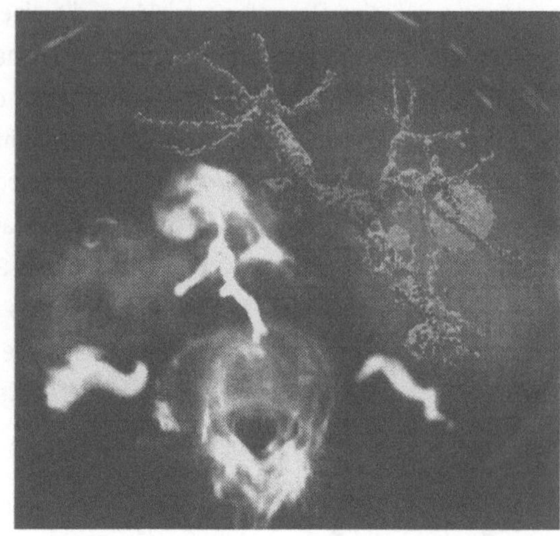

Abb. 8 (*f*) *Zwei Ansichten des extrahierten Gefäßes, eingebettet in transparentes Leberparenchym mit markierten Metastasen.*

ge Baumstruktur (nach [13]) zeigt deutlich eine Segmentunterteilung. Nehmen wir an, daß in dem Baum die Verzweigungen nur bis zur dritten Stufe vorliegen (gestreifte Äste). Wie kann man aus diesem Teilbaum die Segmentgrenzen approximieren?

Auf die Leber bezogen kann man das Problem wie folgt formulieren: Nehmen wir an, daß in dem Volumendatensatz $V$ die individuelle Voxelmenge $L$, die das gesamte Lebervolumen darstellt, gefunden ist. Derzeit wird die Bestimmung von $L$ in unserem Labor noch von Hand durchgeführt. Methoden für eine automatische Erkennung sind in Entwicklung (z. B. Snakes: auf Potentialtheorie beruhende Konturmodelle, welche ausgehend von einer manuell einzugebenden Grobkontur die echte Objektkontur automatisch finden). Weiterhin sei $Q$ die Voxelmenge, die den individuellen Gefäßstumpf der Pfortader darstellt. Der Gefäßstumpf $Q$ enthält die Couinaud-Äste $Q_I, ..., Q_{VIII} \subset Q$, die mit dem Verfahren aus Abschnitt 2 extrahiert und markiert werden können (vgl. Abb. 10). Gesucht ist eine Methode, die jedem Lebervoxel $v \in L$ eine Segmentnummer $i \in \{I,...,VIII\}$ patientenindividuell und anatomisch richtig zuordnet, also eine Abbildung $g : L \rightarrow \{I,...,VIII\}$, die das Versorgungsgebiet der einzelnen Äste determiniert. Diese Information kann aus Gründen mangelnder Auflösung mit Sicherheit nicht direkt aus den Daten gezogen werden. Deshalb schlagen wir vor, die Abbildung auf der Grundlage von Modellen zu wählen, in die allerdings $L$ und $Q$ patientenindividuell eingehen.

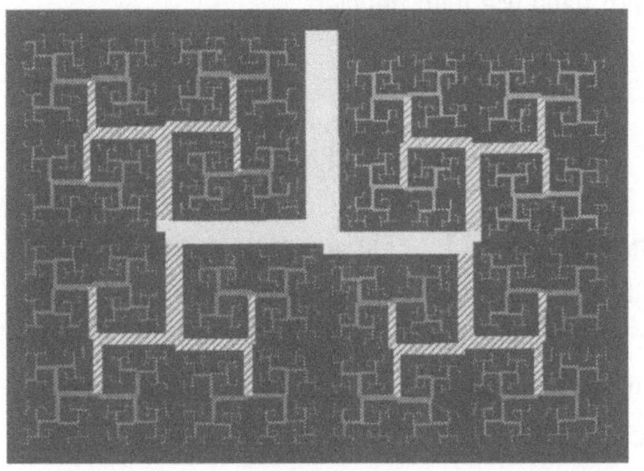

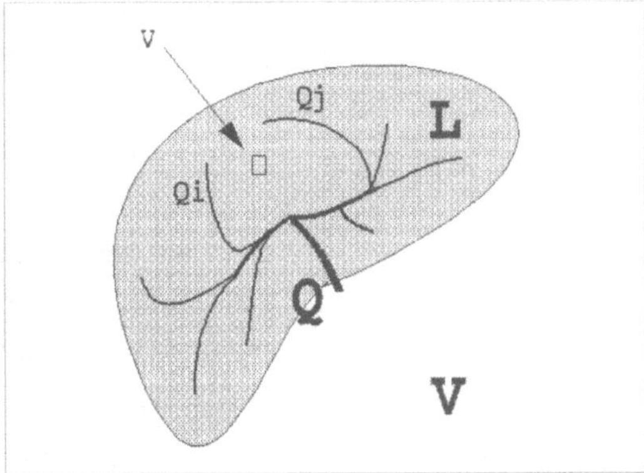


## 1 Potential-Modell: Laplace Approximation der Segment Anatomie (LASA)

In den letzten Jahren ist im Zusammenhang : dem Studium von Fraktalen in Physik, Biologie und Materialwissennaften [14] [15] [16] deutlich geworden, daß es für die Strukturbildung einer Reihe von an sich sehr unterschiedlichen Phänomenen (Diffusion nited Aggregation (DLA), Dielectric Breakdown, Viscous Fingering, cterial Colony Growth,...) eine Gemeinsamkeit gibt, die zu der Beffsbildung Laplacian Fractals geführt hat [17]. Grob gesagt bedeutet s, daß die Strukturbildung gut durch die Laplace-Gleichung $\Delta\varphi = 0$ mit eigneten Randbedingungen approximiert werden kann. Abb. 11 zeigt s Bild einer DLA-Struktur, eingebettet in das sie definierende Potential ¡uipotentiallinien und Feldlinien).

Unser erstes Modell stützt sich auf die (spekulative) Hypothese, daß : Versorgungsgebiete einzelner Pfortaderäste in Näherung durch Poıtiale beschrieben werden können. Dazu bestimmen wir die Abbildung $= g_{Q,pot} : L \rightarrow \{I,...,VIII\}$ wie folgt:

' berechnen für jedes Segment $i \in \{I,...,VIII\}$ in $V$ Potentialfelder $\varphi_i$ rch Lösen der Laplace-Gleichung

$$\begin{cases} \Delta\varphi_i = 0 \\ \text{mit den Randbedingungen} \\ \varphi_i(v) = 1 \text{ für } v \in Q_i \\ \varphi_i(v) = 0 \text{ für } v \in Q_j \text{ und } j \neq i \\ \varphi_i(v) = 0 \text{ für } v \notin L \end{cases}$$

Abb. 9 links (*f*)
*Mathematisches Konstrukt zur Verdeutlichung der Problemstellung einer Segmentapproximation.*

Abb. 10 *Prinzipskizze*

Abb. 11 (f) *Potential einer DLA-Struktur [18]*

Die Abbildung $g_{Q,pot}$ wird dann wie folgt definiert:

$$g_{Q,pot}(v) = k, \text{ wobei}$$
$$\varphi_k(v) = max\ \{\varphi_I(v),\ \varphi_{II}(v),...,\varphi_{VIII}(v)\}$$

**3.2 Nächste-Nachbarn-Modell**  Ein weiteres Modell für $g$, das konkurrierend betrachtet wurde, stützt sich auf die (spekulative) Hypothese, daß $v$ von dem individuellen Ast $Q_i$ versorgt wird, der $v$ räumlich am nächsten liegt. D. h. wir bestimmen den nächsten Nachbarn $(nN)$ mittels $g = g_{Q,,nN}$ wie folgt:

$$g = g_{Q,,nN}(v) = i,$$
$$\text{falls } w^* \in Q_i \text{ und } w^* \text{ löst}$$
$$min\ \{\| v - w \|\ |w \in Q_j, j \in \{I,...,VIII\}\}.$$

Für die Implemetierung wurde um jedes $v \in L$ eine Kugel gelegt und diese solange „aufgeblasen", bis $Q$ erreicht wurde. Da die Äste von $Q$, wie in Abschnitt 2 beschrieben, markiert vorliegen, ist damit $i \in I,...,VIII$ bestimmt.

**3.3 Ergebnisse und Vergleich der Modelle**  Beide Modelle wurden für die Parenchymsegmentierung an Patientendaten verwendet, um zu zeigen, daß damit im Prinzip eine präoperative Segmentmarkierung möglich ist, auf die dann weitere präoperative Risikoabschätzungen (z. B. relative Volumenbestimmung des zu resezierenden Segments; individuelle Operationsstrategie) sowie neue Methoden der Evaluation bei nichtinvasiver Tumortherapie aufgesetzt werden können. Abb. 12 zeigt einen mit der Potentialmethode analysierten Fall.

Um die Methoden zu evaluieren, stehen allerdings umfangreiche anatomische Arbeiten an, die es z. B. erfordern, eine Reihe von Präparaten (Ausgüsse von Pfortadern) herzustellen und mit einem CT so aufzunehmen, daß Methoden und Modelle getestet und verglichen werden können. Außerdem müssen die Methoden numerisch noch erheblich beschleunigt werden. Darüberhinaus muß für die Nutzung in der Routine das Problem einer sicheren, automatischen Segmentierung des gesamten Lebervolumens gelöst werden. Es ist klar, daß die Modellrekonstruktionen umso genauer die wirklichen Segmente approximieren, je tiefer die Gefäßstümpfe in ihrer Verzweigungshierarchie extrahiert werden können. Unsere

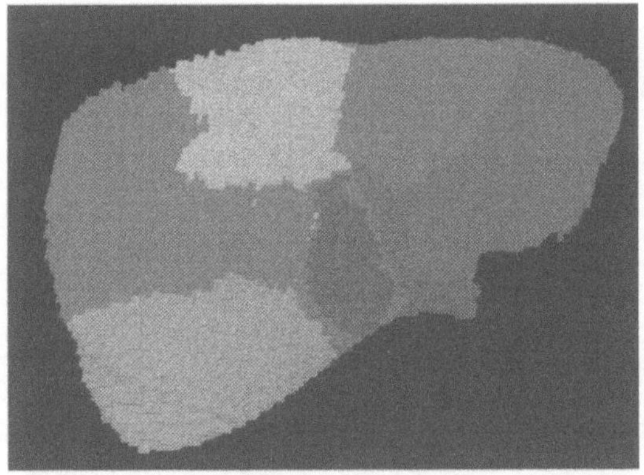 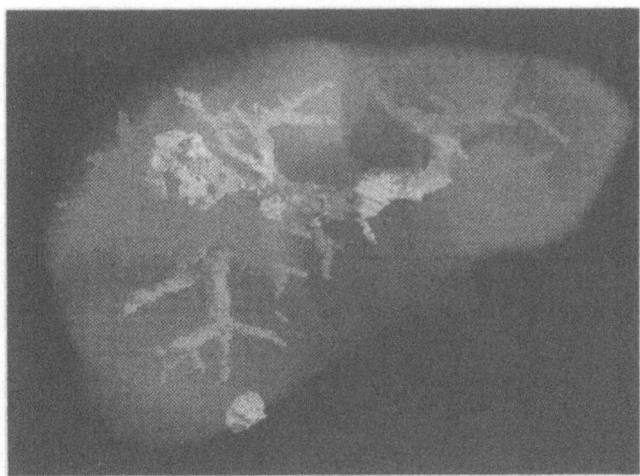

Experimente geben Anlaß zu der Hoffnung, daß tatsächlich eine Verzweigungstiefe von individuell rekonstruierten Gefäßstümpfen bis zur dritten oder vierten Hierarchie für eine Modell-basierte Parenchymsegmentierung nach der LASA-Methode ausreichend sein könnte. Sollte diese Beobachtung bestätigt werden, bedeutet dies, daß die Gefäßarchitektur gut durch ein Potentialmodell approximiert werden kann. Dies hätte zweifellos weitreichende Konsequenzen für das anatomische Grundlagenverständnis von Gefäßstrukturen und Vaskularisierungsprozessen.

In Zusammenarbeit mit der Fakultät für Medizin an der Universität Genf wurden für die Bewertung der Methoden acht geeignete Ausgüsse der Pfortader von menschlichen Lebern verwendet. Da es sich um Präparate handelt, konnten CT-Aufnahmen mit entsprechend hoher Auflösung hergestellt werden, so daß eine sehr feine Rekonstruktion im Sinne der Gefäßextraktion (Gefäßverfolgung) nach Abschnitt 2 möglich war. Damit können Segmente sicher rekonstruiert werden und geben so eine verläßliche Referenz für die Güte der Segmentrekonstruktion auf Grundlage des Potential- oder des Nächste-Nachbarn-Modells. Die Brauchbarkeit der Modellhypothesen wird nun wie folgt vorgestellt: Abb. 13 zeigt die mit dem Gefäßverfolgungsalgorithmus aus Abschnitt 2 rekonstruierte Pfortader eines Präparats. Man erhält ein relativ tief verzweigtes System, das die Segmente leicht erkennen läßt. Abb. 14 zeigt drei Experimente zur Potential- und Nächste-Nachbarn-Methode. In Abb. 14 (a1), (b1) und (c1) sehen wir die rekonstruierten Pfortaderstümpfe des Präparats, wobei die Verzweigungstiefe systematisch herabgesetzt wurde. Auf diese Weise erhält man Pfortaderstümpfe, deren Verzweigungstiefe mit Stümpfen aus CT-Daten der klinischen Routine vergleichbar ist. In Abb. 14 (a2), (b2) und (c2) zeigen wir die Segmentbestimmung nach der Potentialmethode, die

*Abb. 12*

*links (f) Segmentmarkierung nach der Potentialmethode; rechts (f) Segmentierte Leber mit eingebetteter Pfortader und Metastasen. Die Segmentzugehörigkeit der Metastasen ist deutlich erkennbar.*

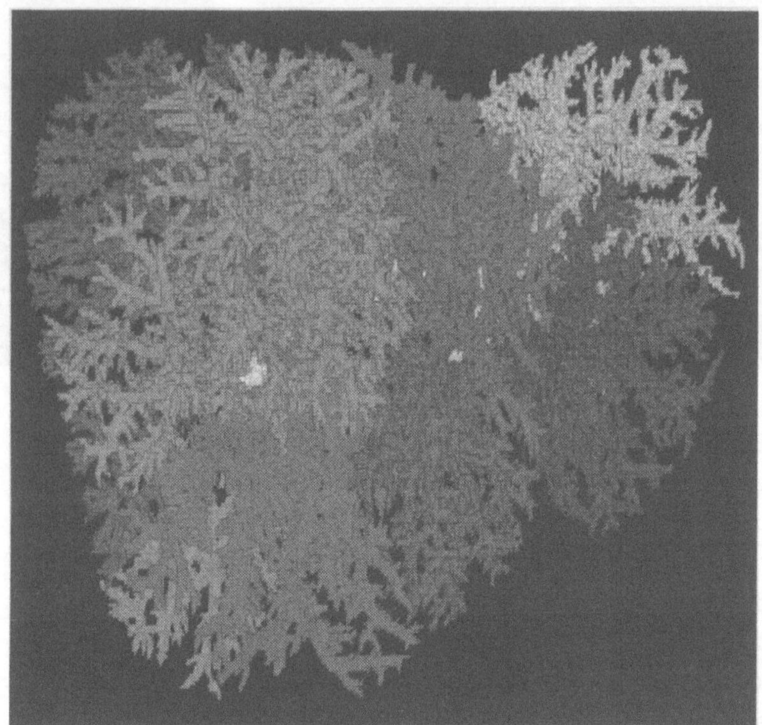

auf die Pfortaderstümpfe aus (a1), (b1) und (c1) gestützt ist. Die Abb. 14 (a3), (b3) und (c3) rechts daneben stellen die entsprechenden Experimente zur Nächste-Nachbarn-Methode dar. Die Segmentbestimmung auf der Basis der Pfortaderstümpfe (a1) und (b1) zeigt im Vergleich mit den Referenzsegmenten in Abb. 13 eine sehr befriedigende Übereinstimmung. Die Approximation mit dem Pfortaderstumpf (c1), bei dem nur noch die Hauptäste der Segmente vorhanden sind, zeigt ebenfalls eine große Ähnlichkeit zu den Referenzsegmenten, jedoch ist hier das rote Segment (Mitte links) deutlich schlechter getroffen.

Während Abb. 14 einen visuellen Eindruck von der Korrektheit der rekonstruierten Segmentarchitektur vermittelt, soll abschließend exemplarisch ein quantitatives Maß für die Approximationsgüte vorgestellt werden. Da die Korrektheit der Zuordnungsfunktion $g : L \rightarrow \{I,...,VIII\}$ (vgl. Abschnitt 3) für jedes Voxel durch die Referenzsegmente prüfbar ist, kann man das Volumen aller richtig zugeordneten Lebervoxel aufsummieren und relativ zum gesamten Lebervolumen L angeben. Mit der Potentialmethode wurden basierend auf dem Pfortaderstumpf in Abb. 14 (a1) 89% aller Voxel in (a2) richtig zugeordnet. Mit geringerer Verzwei-

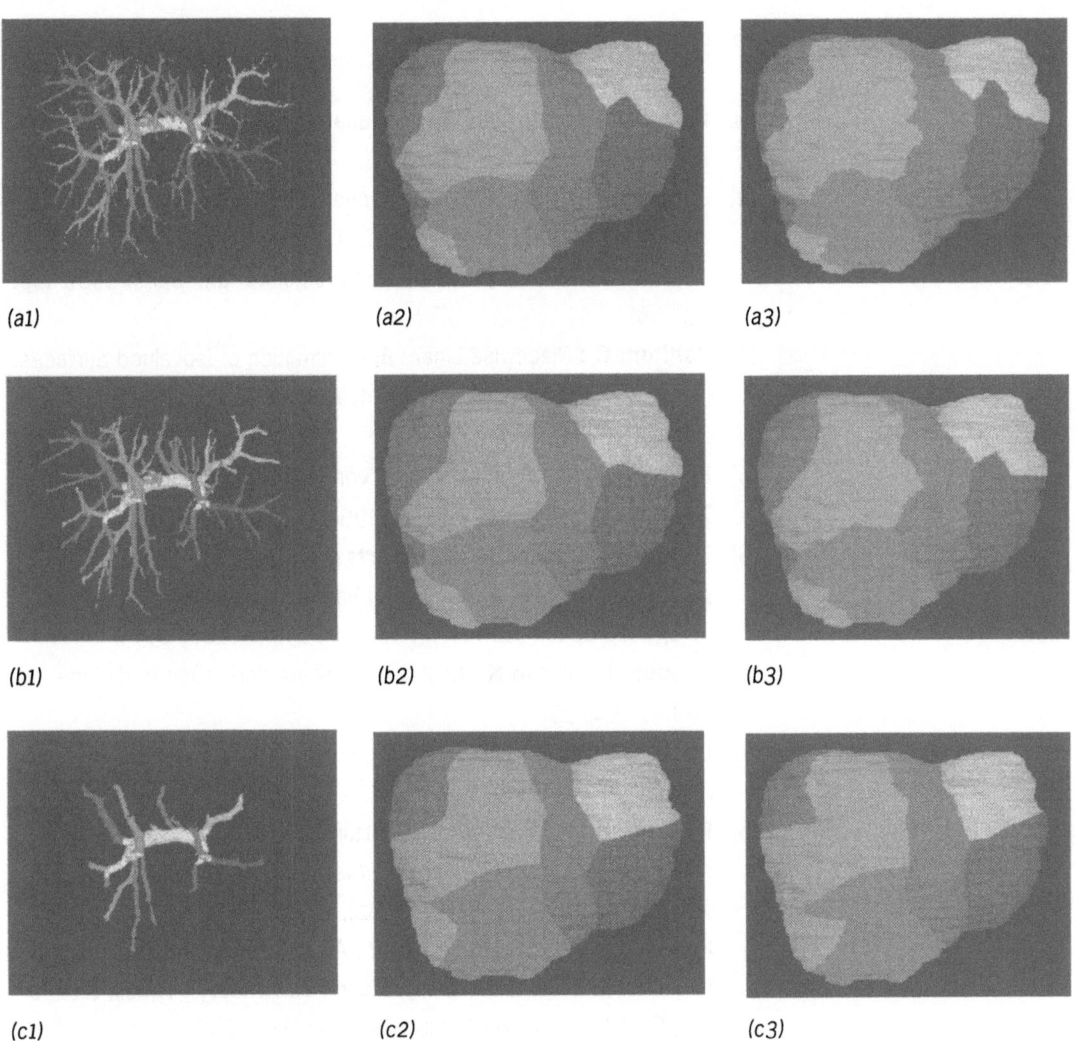

(a1)       (a2)       (a3)<br>(b1)       (b2)       (b3)<br>(c1)       (c2)       (c3)

gungstiefe in (b2) bzw. (c2) fällt dieser Wert auf 84% bzw. 73%. Bei der Nächste-Nachbarn-Methode liegen die richtig zugeordneten Voxel für (a3), (b3) und (c3) bei 90%, 86% und 74%.

Abb. 14 (f)

(a1), (b1), (c1): Pfortader eines Präparats mit systematisch herabgesetzten Verzweigungstiefen.
(a2), (b2), (c2): Segmentbestimmung nach der Potentialmethode, gestützt auf Gefäßstümpfe (a1), (b1), (c1).
(a3), (b3), (c3): Segmentbestimmung nach der Nächste-Nachbarn-Methode, gestützt auf Gefäßstümpfe (a1), (b1), (c1).

## Literatur

[1] **Couinaud, L.:** Le Foie – Etudes anatomiques et chirurgicales. Masson, Paris, 1957.

[2] **Jürgens, H.:** Optimierte Oberflächenabtastung mit orientierten Kubusketten. In: Jürgens, H., Saupe, D. (eds.): Visualisierung in Mathematik und Naturwissenschaften. Springer-Verlag, Berlin 1989 (pp. 53–66).

[3] **Zahlten, C.:** Piecewise Linear Approximation of Isovalued Surfaces. In: Post, F. H., Hin, A. (eds.): Advances in Scientific Visualization. Springer-Verlag, Berlin 1992.

[4] **Peitgen, H. O.:** Rekonstruktion von Gefäßsystemen aus CT-Daten. Therapie-Woche 45, 144–148, 1995.

[5] **Zahlten, C., Jürgens, H., Evertsz, C. J. G., Leppek, R., Peitgen, H.-O., Klose, K. J.:** Portal Vein Reconstruction Based on Topology. European Journal of Radiology 19, 96–100, 1995.

[6] **Leppek, R., Klose K. J.:** 3 D-Darstellung der Leber. Radiologe 35, 769–777, 1995.

[7] **Leray, J., Schauder, J. P.:** Topologie et equations fonctionelles. Ann. Sci. Ecole Norm. Sup. 51, 45–78, 1934.

[8] **Peitgen, H.-O.:** Topologische Perturbationen beim globalen numerischen Studium nicht-linearer Eigenwert- und Verzweigungsprobleme. Jber. d. Dt. Math. Verein. 84 (1982), 107–162.

[9] **Peitgen, H.-O., Siegberg, H. W.:** An perturbation of Brouwer's definition of degree, Proc. Conf. "Fixed Point Theory". Fadell, E., Fournier, G. (eds.), Springer Lecture Notes in Math. 886 (1981), 331–366.

[10] **Allgower, E. L., Georg, K.:** Numerical Continuation Methods. An Introduction. Springer-Verlag, Berlin 1990.

[11] **Zahlten, C., Jürgens, H., Peitgen, H.-O.:** Reconstruction of Branching

[12] **Blood Vessels From CT-Data. In Göbel, M., Müller, H., Urban, B.** (Hrsg.): Visualization in Scientific Computing, Springer-Verlag, Wien, 41–52, 1995.

[13] **K.-H. Höhne und Springer-Verlag:** VOXEL-MAN, Part 1: Brain and Skull, Version 1.0. Springer- Verlag Electronic Media, Heidelberg 1995. Mandelbrot, B.: Die fraktale Geometrie der Natur. Birkhäuser Verlag, Basel, 1987.

[14] **Evertsz, C. J. G., Peitgen, H.-O., Voss, R. F.** (eds.): Fractal Geometry and Analysis. The Mandelbrot Festschrift, Curaçao 1995, World Scientific (1996)

[15] **Aharony, A., Feder, J.** (eds.): Fractals in Physics. Physica D 38 (1989).

[16] **Bunde, A., Havlin, S.** (eds.): Fractals and Disordered Systems. Springer-Verlag, Berlin, 1991.

[17] **Evertsz, C. J. G.:** Laplacian Fractals, Ph. D. Thesis, University of Groningen, The CheesePress, Edam, 1989.

[18] **Evertsz, C. J. G., Mandelbrot, B., Normant, F.:** Fractal aggregates, and the current lines of their electrostatic potentials. Physica A177 589–592, 1991.

[19] **Schulz, A., Schulz, H., Takenaka, S., Heyder, J.:** GSF-Forschungszentrum für Umwelt und Gesundheit, Institut für Inhalationsbiologie, Postfach 1129, D-85758 Oberschleißheim.

*zu den Autoren*
** CeVis / MeVis²*
*** Departement de Morphologie, Centre Medical Universitaire, Genf*
**** Radiologisches Zentrum des Universitätsklinikums Marburg*

# Virtuelle und fotorealistische Projektvisualierung im Bauwesen

Günter Pomaska

Projektierte Bauvorhaben werden seither in Grundrissen, Schnitten und Ansichten dokumentiert. Darüberhinaus dienen Perspektiven und Modelle den am Planungsprozeß Beteiligten zur Veranschaulichung. Visualisierung im Bauwesen dient der Planung und Entscheidungsfindung. Die Lesbarkeit eines Planes verbessert die Planungsqualität. Wenn heute von Visualisierung gesprochen wird, versteht man darunter in der Regel die fotorealistische Darstellung eines Bauvorhabens auf der Grundlage eines rechnerinternen Modells durch Rendering. Das Modell ist die Beschreibung eines spezifischen Teils des Objekts. Rendering ist die allgemeine Bezeichnung für Präsentationsverfahren, wie Zeichnung mit Verdeckung unsichtbarer Linien, Schattierung oder fotorealistische Präsentation z. B. durch Ray-Tracing. Diese Form von Visualisierung ermöglicht die Berücksichtigung nicht nur geometrischer Parameter. Variantendarstellungen in Konstruktion, Design und Funktionalität, Landschaftseinbindung, Simulation von Wetterverhältnissen, Darstellung von Zeitverläufen, Sichtweitenanalysen sind weiter zu berücksichtigende Kriterien eines Planungsverfahrens. Neben der Visualisierung projektierter Bauvorhaben ist die Erfassung des „wie-gebaut" Zustandes von Bedeutung. Verformungsgetreues steingerechtes Aufmaß ist als eine der Aufgabenstellungen zu nennen. Der Datenaustausch zwischen Planern und Ausführenden erfolgt mit elektronischen Medien. Die Struktur des Datenmodells muß diesen Anforderungen entsprechen.

## Geometrische Modellierung

Ein geometrisches Modell besteht aus der Anordnung vordefinierter geometrischer Grundelemente wie Punkt, Linie, Polygon, Fläche und Körper. Ein Punkt wird definiert durch die drei Komponenten entlang der Achsen eines kartesischen Koordinatensystems. Durch Angabe zweier Punkte ist eine Linie beschrieben. Eine Punktfolge mit der Art der Linienverbindung, geradlinig oder geglättet, definiert ein Polygon bzw. einen Linienzug. Flächen werden durch die Angabe der Eckpunkte modelliert. Netze von Flächen entstehen auf der Basis von Polygonen und deren Rotation oder Translation. Körper dagegen beinhalten vordefinierte Strukturen. Durch *Boole*'sche Operationen werden Körper vereinigt oder deren Schnittmen-

ge gebildet. Mit diesen Werkzeugen wird ein Draht-, Flächen- bzw. Volumenmodell aufbereitet, wobei für die Visualisierung mindestens ein Flächenmodell Voraussetzung ist. Abbildung 1 zeigt ein derartiges Flächenmodell. Neben der Geometriebeschreibung sind hier später noch Farben, Material und Texturen zu definieren. Details dieses Modells sind in der Abbildung 2 zu erkennen.

## Bildmessung

Das in der Abb. 1 gezeigte Modell musste in der „wie-gebaut" Struktur aufbereitet werden. Hierzu ist zunächst die Vermessung vorzunehmen. Neben den geodätischen Vermessungsverfahren mit elektronischer Strecken- und Winkelmessung sind auch Verfahren der Bildmessung geeignet einsetzbar, mehr noch wenn die Aufnahme unter dem Gesichtspunkt der fotorealistischen Visualisierung erfolgt. Mit Fotogrammetrie bezeichnet man die Aufzeichnung, Messung und Interpretation von Objekten aus Bildern und digitalen Darstellungen mit berührungsfreien Aufnahmesystemen.

Bei Einbildauswertungen ist zur räumlichen Punktbestimmung die Kenntnis von Objektinformationen, z. B. Ebenen im Raum, notwendig. Aufgrund der projektiven Beziehungen zwischen Bild und Objekt kann eine einfache Bildentzerrung vorgenommen werden, vgl. Abbildung 3. Das linke Bild zeigt das Originalfoto einer Fassadenebene. Benachbarte Bildteile, die nicht zur Fassadenebene gehören, wurden durch digitale Bildbearbeitung entfernt. Der Vergleich von mindestens vier bekannten Referenzpunkten liefert acht Transformationsparameter, mit denen die Pixel des Quellbildes in das Zielbild überführt werden.

Stereofotogrammetrische Auswertungen erfolgen durch Betrachtung eines räumlichen Modells mittels Bildtrennung. Von einem Objekt werden zwei Aufnahmen von benachbarten Positionen mit paralleler Auf-

Abb. 3 *Digitale Einbildentzerrung aufgrund projektiver Beziehungen.*
*Links: Originalmeßbild mit eingetragenen Kontrollpunkten. Rechts: Maßstäblicher Fassadenplan.*

nahmerichtung angefertigt. Diese Aufnahmen werden den Augen des Betrachters mittels einer Optik getrennt wieder zugeführt. In diesem optischem Modell werden  Punkte mittels Parallaxenmessung bestimmt.

Liegen konvergente Aufnahmerichtungen vor, werden bei monoskopischer Betrachtung die Punktbestimmungen durch Schnittberechnung vorgenommen. Wird ein Objekt durch eine Vielzahl konvergenter Fotos aufgezeichnet, bezeichnet man das Verfahren als Mehrbildfotogrammetrie, vgl. Abbildung 4. Der Einsatz der Mehrbildfotogrammetrie zeichnet sich durch flexible Aufnahmeanordnungen aus und bietet nach der Berechnung der Fotostandpunkte ein geometrisches Gerüst des Objekts. Somit können durch digitale Verfahren die Bilddaten auf das Objekt in beliebiger Ansicht projiziert werden.

## Digitale Bildakquisition

Rechnerkompatible Bilddaten sind mit digitalen Kameras oder durch Scannen analoger Bilder zu erfassen. Diese Digitalisierung erfolgt durch Überlagerung des Bildes mit rechteckigen Gittern. Die Anzahl der Gitter bezeichnet man mit Auflösung. Mit Quantisierung wird der  Bereich der Grauwertdarstellungen für jeden Bildpunkt bezeichnet, auch anzugeben durch die Speichertiefe. Digitale Kameras sind mit einem CCD-Chip ausgestattet, der die Bildfläche repräsentiert. Die Größe derartiger Chips beträgt derzeit etwa 1/3 Zoll also etwa 10 x 10 mm. Eine Auflösung von 1024 x 768 Bildpunkten  mit einer Speichertiefe von 24 bit gilt für handelsübliche Kameras. Bei einem RGB-Farbmodell sind das 256 Intensitäten für jede Grundfarbe. Hieraus ergeben sich 16,7 Mio. darstellbare Farben. Die Brennweite der Objektive ist entsprechend der kleinen

Abb. 4 links (*f*) *Prinzip der Mehrbildfotogrammetrie.*

Abb. 5 rechts *Mittelformat-meßkamera Rolleiflex 6006 mit Réseau oder digitalem Rückteil ausgestattet.*

Chipfläche sehr kurz. Eine Brennweite von 8 mm würde etwa einem 35 mm Objektiv einer normalen Kamera entsprechen.

Ein Kriterium für die Güte der Digitalisierung ist die Objektauflösung. Wird das Bildformat von 10 mm von einem Objekt mit 50 m Ausdehnung abgedeckt, dann entsprechen jedem Pixel etwa 5 cm des Objekts. Wird diese Rechnung auf ein mit 2700 ppi gescanntes Negativ mit 36 mm Seitenlänge übertragen, so beträgt die Objektauflösung nur etwa 1,3 cm. Es ist demnach festzustellen, daß eine handelsübliche digitale Kleinbildkamera derzeit dem Verfahren des Filmscannings unterlegen ist.

Fotogrammetrische Verfahren unterliegen der Modellannahme der Zentralprojektion. Diese setzt eine ebene Bildfläche mit geradlinigen Abbildungsstrahlen voraus. Durch Objekttivverzeichnung und Bilddeformation enstehen Abweichungen, die zu korrigieren sind. Daher werden fotogrammetrische Aufnahmen mit kalibrierten Meßkameras angefertigt. Weiter ist auch eine Referenz für das Bildkoordinatensystem zu definieren. Die Anwendung eines Réseaus im Bildraum dient einerseits als Definition des Referenzsystems und gestattet numerische Korrekturen von Bilddeformationen. In Abbildung 5 ist das Réseau einer Rolleiflex 6006 metric Mittelformatkamera und dessen Wiedergabe in einem Meßbild erkennbar. Das Réseau ist eine mikrometergenaue Glasgitterplatte unmittelbar vor der Filmebene. Die Abbildung des Réseaus erfolgt ohne Objektivverzeichnung. Aufgrund eines Soll-Ist-Vergleiches werden Transformationsparameter berechnet, mit denen ermittelte Meßpunkte im Bildraum auf die Sollwerte korrigiert werden.

Skalierbare Bitmaps erhält man aus den Zentralprojektionen der Fotografie durch Umbildung in orthogonalen Projektionen. Für den zu entzerrenden Objektbereich wird mit einer vordefinierten Objektauflösung jeweils der zugehörige Grauwert aus dem korrespondierenden Bildpunkt abgeleitet. Geometrische Funktionen der Bildentzerrung werden auch als Mapping-Funktionen bezeichnet. Hingegen bedeutet Sampling die Digitalisierung eines Bildes und Resampling die Umrechnung oder Wiedergabe mit geänderter Pixelanzahl. Da in der Regel ein Bild nicht das gesamte abzubildende Objekt abdeckt, sind mehrere Bilder durch Mosaiking zusammenzufügen. Weiter müssen auch Bildbearbeitungsprogramme zur Tonwertangleichung und Auswahl der interessierenden Bereiche angewandt werden. Derart aufbereitete Bitmaps können zur fotorealistischen Visualisierung mit weiterverarbeitenden Programmen benutzt werden.

## Material, Textur, Licht und Umgebung

Fotorealistisches Rendering entsteht durch die Zuordnung von Materialien zu den Elementen des CAD-Modells. Materialien sind Bitmap-Muster, die wie Kacheln in Spalten und Zeilen wiederholt werden, bis die gesamte Elementfläche komplett gefüllt ist. Wird das Bitmap entsprechend skaliert, dann füllt nur eine Instanz die Objektfläche aus. Die räumliche Orientierung des Bitmaps ist unter Berücksichtigung des Ursprungs vorzunehmen. Bestimmte Farbbereiche können von der Darstellung ausgenommen werden, d. h. Bildteile werden als transparent definiert. Somit werden ursprünglich verdeckte Bereiche sichtbar, vgl. Abbildung 9.

Neben der Materialzuordnung und der Definition von Oberflächeneigenschaften hat auch die Festlegung der Umgebung, des Untergrundes und des Hintergrundes einer Szene Bedeutung für die Qualität des Ergebnisses. Lichtquellen unterschiedlicher Art und Strahlenausbreitung sind zu definieren. Hierbei sind die Parameter für das Sonnenlicht Uhrzeit und Datum sowie der geografische Ort. Insofern ist die Ausrichtung einer Szene nach Norden zu beachten. Weitere Bedeutung für die Darstellung

*Abb. 6 links (f)* **Mit Ray-Tracing erzeugte fotorealistische Darstellung, vgl. hierzu die Vektorzeichnungen Abbildungen 1 und 2.**

*Abb. 7 mitte (f)* **Visualisierung von Landschaftsgestalt mit 3D-Modellierung einschließlich Vegetation.**

*Abb. 8 rechts (f)* **Ausgabe eines 3D-Modells als Lageplan mit fotorealistischen Elementen.**

von Stadtgestalt oder großräumigen Objekten zur Erzielung realistischer Effekte haben die Festlegung von Nebel, Dunst oder Tiefenwirkung. Die Gestaltung von Wolken und Vegetation hat ebenso wesentlichen Einfluß auf die Realistik einer Szene.

Die nachfolgenden Abbildungen geben einige Beispiele für o. g. Faktoren wieder. Abbildung 6 verdeutlicht die Wirkung von Reflexion und Schattenwurf. Möglichkeiten der Landschaftsgestaltung werden durch die Abbildung 7 dokumentiert. Bei der Visualisierung von Vegetation ist u. a. auch Jahreszeit und Wachstum darstellbar. Daß ein 3D-Modell natürlich auch als maßstäblicher Lageplan nutzbar ist, wird mit der orthogonalen Projektion belegt. Auch hier wird durch das gewählte Lichtmodell der Einfluß von Schatten und Bepflanzung sichtbar.

**Perspektive Abbildung, Ray-Tracing, Simulation und Animation**

Ein 3D-Computermodell wird letztlich repräsentiert durch Flächen im Raum, die durch ihre Eckpunkte begrenzt werden. Dies ist unabhängig vom angewandten Modellierungsverfahren. Zur Erzeugung einer grafischen Präsentation sind einige Transformationen durchzuführen. Zunächst werden die Punkte vom Objektkoordinatensystem in das System des Beobachterstandpunktes umgerechnet. Weiter ist ein sog. Clipping nicht in der Bildpyramide sichtbarer Bereiche vorzunehmen, hiernach erfolgt die perspektive Transformation. Abschließend ist noch eine Window-Viewport-Transformation durchzuführen, durch die ein ausgewählter Rechteckbereich des Weltkoordinatensystem auf das Ausgabemedium umgerechnet wird.

Ein Polygon kann mit einer Farbe bzw. einer Intensität (flat shading) oder je nach Lage der Oberfläche mit unterschiedlichen Intensitäten (smooth shading) gefüllt werden. Die Farbwerte werden entlang der Kanten zwischen den Eckpunkten interpoliert. Anstelle der generierten Pixel sind auch die Pixel von Bitmaps auf 3D-Flächen zu interpolieren. Wesentlich aufwendiger ist die fotorealistische Darstellung. Mit dem Verfahren des Ray-Tracing wird eine Methode angewandt, die sich an der Ausbreitung von Licht-

*Abb. 9 (f)  3D-Modell mit realer Darstellung der Fassaden einer Burgruine sowie virtueller Darstellung der projektierten Dachrekonstruktion.*

strahlen orientiert. Hierdurch werden Phänomene wie Transparenz, Spiegelung oder Schattenwurf abgebildet. Das Berechnungsverfahren für Ray-Tracing ist relativ einfach, wird aber mit hohem Rechenaufwand erkauft. Unter Annahme eines Kameramodells wird für jeden Bildpunkt ein Strahl in den Objektraum gerechnet und aufgrund der Geometrie sowie der Materialien, Oberflächeneigenschaften, Lichtquellen und Umgebung ein Farbwert ermittelt.

Abbildung 9 zeigt die Simulation der projektierten Dachrekonstruktion einer Burgruine als fotorealistische Darstellung nach oben beschriebenen Verfahren. Die Objektgeometrie der vorhandenen Burgruine wurde nach dem Verfahren der Mehrbildfotogrammetrie gewonnen. Digitale Bildentzerrungen der Fassaden wurden als Texturen den Flächen zugeordnet. Mit der Simulation des projektierten Dachaufbaus liegt ein vollständiges CAD-Modell zugrunde. Bewegte Bilder in Form von Animationen sind durch Berechnung von Bildsequenzen entlang eines vorzugebenden Betrachtungspfades abzuleiten. Bei einem vorliegenden 3D-Modell liegt der Mehraufwand für Animationen lediglich in der Rechenzeit und dem hohen Speicherplatzbedarf. Unterlegt mit Sound entstehen aber eindrucksvolle multimediale Projektionen.

## Zusammenfassung

Der Beitrag beschreibt Verfahren zur Visualisierung von Projekten des Bauwesens. Es werden Methoden der Computergrafik skizziert und Verfahren der digitalen Bildmessung zur Erfassung gebauter Strukturen beschrieben. Exemplarisch werden virtuelle und fotorealistische Modelle vorgestellt.

## Literatur

**Günter Pomaska:** Aspects of todays fotogrammetry – the digital approach, CAE Seminar FH Bielefeld, 1995,
http://www.imagefact.com\refgp\CAE95.EXE

**Günter Pomaska:** Implementation of Digital 3D-Models in Building surveys based on Multi Image Fotogrammetry, ISPRS Congress, Com. V, Vienna 1996,
http://www.imagefact.com\refgp\ISPRS96.EXE

**Günter Pomaska:** Digital mapping of buildings with fotogrammetric methods in a desktop environment, International CAE Colloquium, Rzeszow University, Poland, 1997,
http\\www.imagefact.com\refgp\CAE97.EXE

Hinweise auf Lehrbücher und weiterführende Literatur sind in den genannten Literaturangaben zu finden.


*Die Abbildungen 1–3,6–9 sind aus Projektarbeiten der Fachhochschule Bielefeld, Fachbereich Architektur und Bauingenieurwesen entstanden. Datenmaterial wurde hierzu bereitgestellt vom Ingenieurbüro Kneipp, Luxemburg und Planquadrat, Porta-Westfalica.*

*Rollei Fototechnic Braunschweig stellte das Bildmaterial für die Abbildungen 4 und 5 zur Verfügung.*

# Bildgeschichten aus Zahlen und Zufall.
# Betrachtungen zur Computerkunst

Frieder Nake

Dies ist der mit etlicher Verspätung verfaßte Text eines Vortrages gleichen Titels, den ich am 20. 5. 1996 im Rahmen der Ringvorlesung „Visualisierung zwischen Kunst und Mathematik" an der Universität Bielefeld hatte halten können. Ich habe versucht, in der schriftlichen Fassung nicht völlig vom Stil eines Vortrages abzuweichen. Dementsprechend mag manches etwas laxer formuliert erscheinen, als die geneigte Leserin in einem Text erwarten könnte, der von vornherein für den Druck bestimmt gewesen wäre. Insbesondere habe ich Verweise auf Literatur bewußt beschränkt.

Dem Leitmotiv der Vortragsreihe folgend, befasse ich mich mit dem Verhältnis von Bild und Zahl. Ich werde das nicht grundlegend und in größter Allgemeinheit versuchen, sondern aus der besonderen, doppelten Sichtweise sowohl des Rechnens (resp. Berechnens), wie der des Kunstwerkes heraus.

Es klingt vielleicht ganz selbsverständlich, wenn ich erwähne, daß wir Heutigen dem Kunstwerk vielleicht immer noch wie „im Zeitalter seiner technischen Reproduzierbarkeit" [1] begegnen. Oder ist es klüger, diesen Hinweis heute, gut 60 Jahre nach Benjamins Schrift, leicht modifiziert zu verstehen, so nämlich, daß die technische Reproduzierbarkeit, wenn sie einmal gewonnen ist, naturgemäß nicht verschwindet, solange jedenfalls nicht, wie die Reproduktion ein (insbesondere: ökonomisches) Interesse hervorruft. Daß aber angesichts der Öffnung jeglicher Art von Medium hin zur digitalen Codierung und damit auch hin zu deutlich veränderten Reproduktionsweisen wir mit Fug und Recht sprechen könnten vom Kunstwerk im Zeitalter seiner immateriellen Produzierbarkeit? Wäre das nicht klüger?

## Im Zeitalter immaterieller Produzierbarkeit

Unsere Formel weicht von der Benjaminschen in zweifacher Hinsicht ab. Wo er von „technisch" spricht, spreche ich von „immateriell", wo er von „Reproduktion" spricht, spreche ich von „Produktion". Das gilt es kurz zu erläutern, um die Formel nicht nur als einen essayistischen Schlenker erscheinen zu lassen. Reproduktion setzt voraus, daß das, was reproduziert werden soll, in irgendeinem Sinne als Original, als Muster, Vorlage

[1] Walter Benjamin: Das Kunstwerk im Zeitalter seiner technischen Reproduzierbarkeit. Frankfurt a. Main: Suhrkamp, 1963 (erstmals 1936)

etc. bereits vorliege. Die eigentliche Produktion wird als abgeschlossen vorausgesetzt. Es liegt ein Ding, ein Bild etwa, vor, das so ist und bleibt, wie es ist, das aber in irgendeiner sinnreichen Weise in vervielfachter Zahl in die Welt gesetzt wird. Jedes zusätzliche Exemplar ist anders als das Original, entspricht aber in einigen wesentlichen Gesichtspunkten seinem Original. Das eben – die dadurch auf das Original ausgeübte Rückwirkung – ist Thema des Benjaminschen Aufsatzes. Wenn meine oben vorgeschlagene Formel Bestand haben soll, dann erklärt sie also, daß, was eben noch nur per Reproduktion gelang, die Existenz des Kunstwerkes zur gleichen Zeit an vielen Orten nämlich, daß das jetzt per Produktion gelingen solle. Die vielen Reproduktionen müssen dann wohl mit ihrer Produktion übereinstimmen. Ganz als ob eine Korrespondenz bestünde, eine Spiegelung derart, daß entweder ein materielles Original Anlaß zu vielen Reproduktionen gibt oder aber eine immaterielle Beschreibung Anlaß für viele Originale. Das Original ist kein Unikat mehr, sondern ein Vielfaches, oder aber der Unikats-Aspekt ist in eine vor die Produktion des Kunstwerkes als Kunstwerk gelegte Phase abgewandert und durch diesen Vorgang immateriell geworden.

Immaterielle Produzierbarkeit klingt wie eine Unmöglichkeit, ein Widerspruch in sich. In der Tat wären wir wohl höchstens dazu bereit, eine derartige Kennzeichnung für die Produktion von Gedanken zu akzeptieren, von Gegenständen also, die unseren Sinnen nicht unmittelbar zugänglich sind. Ungefähr das ist auch gemeint. Bei der Verwendung von Computern für die technische Produktion und Reproduktion von Kunstwerken (wie von anderen Werken auch) geht es nämlich bekanntermaßen vielmehr und zunächst um das Programm, das zum sichtbaren Werk führt, als um das Werk selbst. Das Programm erscheint uns stets materiell, stofflich, wie könnte es anders sein – als Licht auf einem Bildschirm also, als Druckerschwärze auf Papier oder noch anders. Doch ist der eigentliche Zweck des Programmes erst in seiner Ausführung, im dynamischen Prozeß zu sehen, den der Text beschreibt. Das Programm beschreibt ja eine unendliche Menge möglicher Prozesse, von denen jeder zu einem Bild führt, und diese Menge erscheint eben nicht stofflich unmittelbar, sie könnte das gar nicht.

Wir haben es also zunächst und sofort, wenn wir an den digitalen Computer im Zusammenhang der Produktion ästhetischer Objekte denken, mit einer aufregenden Verschiebung im Benjaminschen Diktum zu tun. Aus dieser Verschiebung folgt vielleicht schon viel von dem, das weiter zu beobachten ist. Das Original, für Benjamin noch Ausgangs- und Angelpunkt, verschwindet. Der Zeichencharakter des Kunstwerkes wird manifest. Reproduktion wird von Produktion ununterscheidbar.

## Rechnen und Denken

Wenden wir andererseits nun den Blick zum Rechnen und Berechnen, so wird uns sogleich bewußt, daß es dem Rechnen um Zahlen, dem Berechnen um Funktionen geht. Ein guter menschlicher Rechner ist eine Person[2], die mit Zahlen elegant und geschickt und geschwind und mit großer Sicherheit umgehen kann. Insbesondere große Zahlen rufen bei solchem Umgang Erstaunen hervor. Ein guter maschineller Rechner, ein Computer, ist einer, der mit berechenbaren Funktionen effizient und effektiv und korrekt und zuverlässig umgehen kann. Schon auch mit Zahlen, keine Frage, doch mit Zahlen im Sinne des Exemplars, des Falles eines allgemeineren Schemas, einer Funktion eben.

Unser zu Ende gehendes Jahrhundert hat, wie vielen bekannt sein wird, eine notwendige, dann aber wohl doch erstaunliche Klärung des Begriffs des Rechnens im Begriff der berechenbaren Funktion gebracht[3]. Noch erstaunlicher vielleicht als die Klärung im Begriff der Berechenbarkeit mag sein, daß jene begriffliche Klärung sogleich auch zur Konstruktion von Maschinen führte, die genau das tun: berechenbare Funktionen zu berechnen.

Computer sind Maschinen, die berechenbare Funktionen auswerten. Angesichts der aktuellen und wohl auch ein wenig modischen medialen Auffassung vom Computer[4] beeile ich mich, hinzuzusetzen: das Auswerten berechenbarer Funktionen macht den instrumentalen Kern des Computers aus. Alles weitere, den Umgang mit Computern betreffend, so wichtig wie es ist, kann daran nichts ändern[5]. Das Phänomen, dem wir hier in großer Schärfe begegnen, ist von kulturell weitreichender Bedeutung, weswegen es auch kein Zufall ist, daß es Gegenstand forschender Anstrengungen in den verschiedensten Disziplinen geworden ist. Die Klärung eines abstrakten Begriffes (desjenigen der Berechenbarkeit), dessen Horizont ganz allein dem Menschen zugeschrieben worden war, läßt ihn nämlich als nicht (mehr) dem Menschen wesentlich, sondern der Maschine ureigen erscheinen! Absurd?

Dieser Art der begrifflichen Klärung liegt eine Reduktion von geistigen Operationen auf dünnste Kontexte zugrunde: Rechnen erscheint als

[2] *So will ich mich elegant mit einer ungrammatischen Wendung aus den geschlechtsspezifischen Fallen der deutschen Sprache ziehen. Helge Schneider, der Sänger, macht's vor.*

[3] *Das soll an den Ausgang der Grundlagenkrise der Mathematik in den verschiedenen, zueinander äquivalenten Berechenbarkeitsbegriffen erinnern, z. B. den der Turing-Berechenbarkeit.*

[4] *Ich hänge ja selbst der Auffassung vom Computer als Medium an. Genauer bezeichnen wir den Computer als ein „instrumentales Medium". Vgl. F. Nake (Hrsg.): Zeichen und Gebrauchswert. Beiträge zur Maschinisierung von Kopfarbeit. Bericht 6/1994 FB Mathematik/Informatik Universität Bremen; H. Schelhowe: Das Medium aus der Maschine. Frankfurt a. Main, New York: Campus, 1997.*

[5] *Schön zu sehen ist es schon, wie die erweiterte Auffassung vom Computer um sich greift: Peter Wegner: Why interaction is more powerful than algorithms. Comm. ACM 40,5 (May 1997) 80-91.*

Denken in maximal dekontextualisierter Form. Ich sage damit erstens, daß Rechnen selbstredend eine Form des Denkens ist, selbstredend mit intelligentem Verhalten zu tun hat, mit solcher Art des Denkens und intelligenten Verhaltens allerdings zweitens, bei der von fast jedem Kontext abgesehen wird. Aller Kontext nämlich ist dem Berechnen abhold, wenn er sich auf mehr als die Fähigkeit bezieht, einen Unterschied zu machen. Ein Ding, unter Absehung aller seiner sonstigen Merkmale, nur als anders als ein anderes Ding erkennen zu können, das reicht bereits hin, um die Dinge auf pure Quantität zusammenschnurren zu lassen, um also mit ihnen rechnen zu können. Der Kalkulation ist Welt nur eine Sammlung verschiedener Dinge, die sie nach festen Regeln miteinander verknüpft. Worin und wie sie verschieden sind, ist der Kalkulation gleichgültig. Denn in ihrer Verschiedenheit sind die Dinge dem Berechnen gleich gültig.

Bringen wir solche reduzierte Form intelligenter Operationen an die Bilder heran, oder umgekehrt die Bilder an jenes kontextarme Denken, so gelangen wir zum kalkulierten Bild. Mit dieser Floskel will Vilém Flusser uns darauf aufmerksam machen, daß wir es mit der Herstellung von Welt im Bild und als Bild zu tun haben, nicht mit der Abbildung von Welt im Bild. Die Zahl selbst wird zum Bild, dem man seine Existenz als Zahl nicht ansieht.

Richtet die Mathematik ihren Blick auf die Welt – darf ich das so sagen, kann eine Disziplin blicken? –, so wird Welt ihr zur Zahl. Richtet der Fotograf seinen optischen Apparat auf die Welt, so wird sie ihm zum Bild, zum Abbild.

Um überhaupt zwischen Dingen unterscheiden zu können, langt es hin, je zwei Dinge voneinander unterscheiden zu können. Wunderbarerweise nun lassen sich zwei Dinge gut und sicher als die unterschiedlichen Zustände bestimmter physikalischer Systeme realisieren. In ihrer maximalen Schlichtheit eröffnet die Reduktion der Dinge auf pure Quantität, auf digitale Repräsentation also gleichzeitig maximale Ausdruckskraft: nicht nur die Elemente einer beliebigen endlichen Menge lassen sich in einem binären Code exakt erfassen, sondern auch die (kontinuierlich erscheinenden) Farbflecke auf einer Bildfläche.

Das auf nichts als seine Struktureigenschaften reduzierte Rechnen (selbst schon banalisiertes Denken) wird banalisiert und allumfassend. Per Computer nämlich läßt sich alles berechnen, was Menschen für berechenbar halten[6]. Per Digitalisierung aber wird alles semiotisiert. Während dem philosophischen Diskurs das „Ding" allmählich entschwin-

6 *So der banal ausgedrückte Inhalt der Church'schen These.*

det im Unfaßbaren, gewinnen die Dinge in ihren digitalen Schatten handfeste, nämlich maschinelle, zweite Gestalt. Was im fortgeschrittenen Erkenntnisprozeß als kaum noch vorhanden erscheint, ist dem maschinisierten Rechnen feste Größe geworden. Ungleichzeitigkeit im Geistigen.

Zahl, Wort und Bild werden durch Transformation in ein und denselben Code eins, sobald eine Vorschrift zur Semiotisierung, zur Verwandlung in Zeichen als Digitale, gegeben ist. Quantitativ ist dieser Code sehr verschieden. Was für die Zahlen, die Ziffern, für die Worte die alfabetischen Zeichen, das sind für die Bilder die Pixel. Letztere sollten wir nicht unterschätzen: Sie sind strukturierte Tripel $((x, y), c)$ aus diskretem Ort $(x, y)$ und diskretem Farbwert $c$.

## Semiotische Maschine

Den Computer begreifen wir mit gutem Grund als semiotische Maschine und wissen uns darin mit Mihai Nadin, der zum ersten Mal diese Formulierung verwandt hat, mit Wolfgang Coy, der sie popularisiert hat, und wohl auch mit Sybille Krämer wenigstens in etwa einig[7]. Nicht soll solcher Sprachgebrauch uns vorgaukeln, wir hätten es beim Computer mit einer Maschine zu tun, die auch nur entfernt wirklich mit Zeichen umgehen könnte, ohne diese Zeichen vorab ihrer wesentlichen Bestimmtheit zu berauben. Rauben nämlich muß der Computer dem Zeichen, zu dessen Bearbeitung man ihn per Programmierung abgerichtet hat, zunächst und zuvörderst die Essenz von dessen Zeichenhaftigkeit, nämlich seine offene Interpretierbarkeit. Macht es doch das Zeichen, wie ich Charles Sanders Peirce verstehe, gerade aus, daß es im sog. Interpretanten seine wichtigste und wesentliche Seite inkorporiert, die begrifflich nichts anderes einfangen soll, als daß das Zeichen als Repräsentamen und Objekt[8] jetzt durch diesen, dann aber durch jenen Interpretanten komplettiert wird. Das nenne ich hier die offene Interpretierbarkeit. Im Computer wäre sie tödlich für jedes Berechnen. Dort soll und muß das Zeichen nur eine einzige Interpretation zulassen. Durch Aufgabe bzw. radikale Schrumpfung des Interpretanten wird es zum Signal zurechtgestutzt und so dem maschinellen Gang der Dinge gefügig gemacht.

Der Computer kennt – dieser Anthropomorphismus sei gestattet – Zeichen in ganz auf ihre Syntaktik[9] reduzierter Form. Ihn als „semiotische Maschine" zu bezeichnen, soll nicht heißen, daß ihm die Zeichen in gleicher Form und Vollständigkeit zu Gebote stünden wie uns. Vielmehr

[7] *Mihai Nadin: Interface design and evaluation – semiotic implications. In H. R. Hartson, D. Hix (eds.): Advances in human-computer interaction, Vol. II. Norwood, NJ: Ablex 1988, 45-100; Wolfgang Coy: Computer als Medium. Drei Aufsätze. Bericht 3/1994 FB Mathematik/Informatik, Universität Bremen; Sybille Krämer: Symbolische Maschinen. Mannheim: Wissenschaftliche Buchges., 1988.*

[8] *Mit Peirce bestimmen wir das Zeichen als ein Tripel aus Repräsentamen, Objekt und Interpretant. Die Stuttgarter Schule von Max Bense und Elisabeth Walther hat diesen Begriff als gerichtet (und nicht unabhängig in seinen drei Dimensionen) geklärt: danach ist das Zeichen eine Relation der Art $((R, O), I)$.*

[9] *Mit Charles Morris nennen wir die drei Dimensionen des Zeichens Syntaktik, Semantik, Pragmatik.*

kommt darin zum Ausdruck, wie es sich für eine anständige Maschine gehört, daß es gelungen ist, auch für den Bereich der Zeichen eine Maschine zu schaffen, mit der Menschen bei ihren Obliegenheiten klug umgehen können, sodaß manches dessen, was sie mit Zeichen anzustellen gewohnt sind, nun mit Maschinen erreicht werden kann. Dies und nicht mehr.

Sind wir im Falle der Zahl an die Reduktion des Kontextes per Digitalisierung offenbar seit langem gewöhnt, so ist das im Falle des Bildes – zumindest kulturhistorisch – nicht so. Solche Behauptung aber wird seit einiger Zeit gerade in Frage gestellt. Mit ihr provokativ umzugehen, hatte sich Flusser vorgenommen.

Die Art und Weise, wie das in Frage zu stellen ist, möchte ich an zwei herausragenden Beispielen der Computergrafik darlegen. Ihnen schicke ich ein paar weitere Bemerkungen voraus.

## Berechenbares Bild

Die Leitfrage dieser Vortragsreihe stellt ein Dreieck ins Zentrum, dessen Ecken wir mit Zahl, Bild und Bedeutung markieren können. Indem wir den Ecken der Basislinie „Zahl" und „Bild" zuordnen, erscheint die diagrammatische Darstellung so, als gingen unterschiedliche idelle Bedeutungsdimensionen aus der vielleicht gar dichotomischen Opposition der beiden materiellen Anliegen von Zahl und Bild hervor. Falls man das so sehen kann: ich will es dennoch nicht tun. Mein Argument soll vielmehr sein, daß Zahl und Bild als Zeichen nicht dichotomisch einander entgegengestellt werden sollten. Zahl nämlich ist kontextarmes Zeichen, Bild kontextreiches Zeichen. Im Bild schwingen aus seiner Erscheinung heraus immer schon viele Komponenten eines Kontextes mit, sie werden durch gnadenlose Assoziation in der Betrachtenden evoziert, ob sie will oder nicht. Zahl hingegen ist ihrem Begriff nach abstraktester Ausdruck der Denkmöglichkeit (das, was allen Mengen gemeinsam ist, die eineindeutig aufeinander abbildbar sind).

Doch gerade in dieser Gegenüberstellung erscheinen Zahl und Bild als zwei Fälle eines Phänomens, die sich (nur) als Pole möglicher Kontexte voneinander unterscheiden. Farbe etwa, noch ohne spezifische Form, evoziert starke Kontextgebundenheiten, selbstredend verschiedene bei verschiedenen Betrachtern. Wir wissen aber, daß wir jede Farbe recht erfolgreich numerisch codieren können. Betrachten wir die Zahl nur als Zahl, bleiben jene Assoziationen aus. Selbst wenn wir sie als Codierung von Farbe interpretieren, haben wir erst nach Training den Hauch einer Chance, in der Code-Zahl die beabsichtigte Farbe zu sehen. Die Kontexte entscheiden!

Der Vortrag enthielt an dieser Stelle eine Folge von Diaprojektionen, die auf einige Aspekte von Bildlichkeit, Semiotizität und Zahlgehalt verweisen sollten. Sie können aus technischen Gründen hier nicht wiedergegeben werden und seien deswegen nur andeutungsweise erwähnt.

• Gottfried Jäger: Lochblendenstruktur, Camera-obscura-Arbeit, 1967. Texturcharakter durch Überlagerung elementarer Bildereignisse. Autonomes Bild ohne offenkundige Bedeutung, spielerischer Umgang mit visuellem Material (s. Abb. S. 145).

• Gustav Klimt: The Park 1903-10. Bei Abdeckung eines sehr schmalen Streifens am unteren Bildrand sieht man eine Textur ohne offenkundige Bedeutung. Deckt man nicht ab, werden sparsame Andeutungen von Stämmen von Bäumen sichtbar, die plötzlich die Textur des großen oberen Bildbereiches zu „Laubwerk" werden lassen. Farbe als autonomes Material wie auch zur Codierung von Dingen. Bild als Abbild (Darstellung; Zeigen), aber auch als konkreter, selbstgenügsamer Gegenstand (Herstellung; Sein).

• Max Bill: Farbfeld aus 6 mal 6 gleichgroßen Quadraten, in denen 8 Gruppen zu entdecken sind, die je durch eine Farbe gegeben werden und 1 bzw. 2 bzw. 3 bzw. ... bzw. 8 Quadrate umfassen. Sie sind so ineinander verschachtelt, daß in je einer der vier Ecken des Bildes ein Raster mit je 9 Quadraten seinen Stammsitz hat und die Zahl 9 reihum durch Farbwahl als Zerlegung in 1+8, 2+7, 3+6, 4+5 erscheint. Simples, langweilig dekoratives Rasterbild ohne Bedeutung, in dem die angedeuteten quantitativen Verhältnisse aufs feinste verborgen liegen.

• Schwarz-Weiß-Reproduktion eines typischen Raster-Bildes von Victor Vasarely und einer Drip-Painting von Jackson Pollock. In ihrer visuellen Anmutung extrem verschieden. Zwei Weisen der mechanischen Bilderzeugung, mit der die Künstler sich aus der eigentlichen Produktion des Bildes entfernen, um Helfern oder simplen Mechanismen die Bildproduktion zu überlassen. Das Bild wird dem Künstler gegenüber autonom. Er setzt einen Vorgang in Bewegung, der aus elementaren Zeichen Superzeichen generiert. Kunst als generative Semiotik: drängt zur technischen Semiotik!

• A. Michael Noll: Exemplare aus seinem bekannten Mondrian Experiment von 1964 (Simulationen und Variationen zu Mondrians „Komposition mit Linien" von 1917). Bild als Schema aus Regeln, die explizit formulierbar sind. Globale Geometrie und elementares Zeichenrepertoire, Zufall für das Ausfüllen der lokalen Einzelheiten genutzt, über die automatisch entschieden wird.

Wir kommen beim berechenbaren und berechneten Bild an. Was Künstler vorgängig bereits maschinenähnlich tun, kann algorithmisch gefaßt und maschinell ausgeführt werden[10]. Dabei hat es den Anschein, als wären Pollock und Mondrian einfacher maschinell zu simulieren als Bill und Vasarely. Denn die sehr einfachen Rasterstrukturen der beiden letzten sinken nur deswegen nicht tatsächlich in die zunächst bei den meisten Betrachtenden aufkommende Langeweile ab, weil es eben im einzelnen darin – entgegen erstem Anschein – nicht zufällig zugeht, sondern weil Regelmechanismen greifen, die zu entdecken den Reiz dieser Bilder ausmacht.

Anders bei Mondrian und Pollock, wo die globale Struktur ähnlich einfach, aber nicht so streng ist und wo die Einzelentscheidung in jedem Fall (innerhalb gewisser Grenzen) auch anders ausfallen könnte, ohne daß dadurch der gesamte Bildeindruck zerstört würde.

Die Festlegung des Repertoires der elementaren Zeichen wie auch der Strukturregeln als Kitt für die Elementarzeichen bleibt außerhalb des Algorithmus und ist quasi künstlerischer Akt. Nach „Start" aber tritt der Künstler hinter das einsetzende Geschehen, das er initiiert hat, zurück. Er wird zum Beobachter eines Prozesses, dessen Bedingungen er gesetzt hat. Per Zufall läßt er (automatisch) eine Globalstruktur, die er kennt, so ausfüllen, wie er es nicht kennt. Das Kunstwerk wird durch den Produktionsprozeß ein Stück innerhalb einer Serie und gewinnt seine Identität eigentlich erst aus seiner Zugehörigkeit zu ihr – ein angesichts der gewöhnlich behaupteten Einmaligkeit und Unabhängigkeit des einzelnen Kunstwerkes befremdlicher Gedanke. Er ist für die Bilder aus dem Computer jedoch so etwas wie der erste und letzte, ohne den es das Computerbild in seiner Eigenständigkeit (eben Element der Serie zu sein) nicht gäbe. Wie wir andeutungsweise sahen, ist auch dies im gewöhnlichen Gang der Kunst bereits vorgespielt worden.

[10] Bammé, Feuerstein, Genth, Holling, Kahle, Kempin haben darauf hingewiesen, daß dies generell so sei im Verhältnis des Menschen zu seinen Maschinen: Maschinen-Menschen Mensch-Maschinen. Reinbek: Rowohlt, 1983.

## Die Autonomie der Maschine

Benutzt jemand für ihre bildlichen ästhetischen Hervorbringungen überhaupt einen Computer, die semiotische Maschine, wie wir ihn gekennzeichnet haben, so läßt sie sich notwendigerweise auf eine Distanzierung
von der bildlichen Produktion im einzelnen ein. Unvermeidlich gewinnt die
Maschine unserer Künstlerin gegenüber eine gewisse Selbständigkeit.
Diese kann bis hin zu einer gewollten Unabhängigkeit gehen.

Es ist praktisch, drei Stufen solcher Autonomie der semiotischen
Maschine der Künstlerin gegenüber zu unterscheiden. Nicht nur dem ana-
lytischen Blick erscheinen diese Stufen, sie sind auch in der ästhetischen
Realität durch prominente Vertreter nachweisbar.

1. Veränderung handwerklicher Operationen. Beliebt und heute wohl
am verbreitetsten ist die Verwendung einer Zeichen- und Mal-Software.
Jeder Mensch weiß, daß es solche kommerziell in vielen Varianten von
der Eignung für Vorschulkinder bis hin zum professionellen Werkzeugsatz
für hohe Ansprüche gibt. Bei dieser Arbeitsweise bleibt die Künstlerin in
den meisten, wo nicht allen ihrer Entscheidungen unabhängig. Ihre handwerkliche Tätigkeit wird dadurch verändert, daß sie interaktiv am Rechner die Entstehung des Bildes steuert, die Einzelheiten aber nicht selbst
ausführt, sondern (per Stift oder Maus) lediglich Zeichen für die Ausführung des Farb- und Linienauftrages im einzelnen gibt. Barbara Nessim
aus New York ist eine prominente Vertreterin dieser Arbeitsweise.

2. Delegation geistiger Operationen. Eine höhere Autonomie erlangt
die Maschine gegenüber dem Künstler, wenn sich dieser innerhalb eines
Schemas, das er vielleicht selbst gesetzt hat, die einzelnen Entscheidungen für das Anbringen von elementaren Zeichen (Farbe, Linie) auf die
Maschine überträgt. Das Schema dient als Randbedingung, als Komposition, als Makrostruktur, als Superzeichen; die innerhalb seiner Schran-
ken möglichen und notwendigen Entscheidungen im einzelnen realisieren
ein Bild innerhalb einer durch das Schema festgelegten Klasse. Es wäre
dem Künstler ein leichtes, all diese Entscheidungen selbst zu treffen (geistige Operation) und auszuführen (handwerkliche Operation). Er tut das
jedoch nicht, weil ihn das ästhetische Experiment interessiert, das er in
Gang setzt. Er würde auf Befragen nicht einräumen, daß er einen Teil seiner Autonomie abgibt, jedenfalls würde er das nicht in einem für seine
Kunst wesentlichen Maße einräumen. Nach getaner Computer-Tat nämlich
akzeptiert oder verwirft der Künstler das Ergebnis. Sinnvoll ist solches

Vorgehen nur dann, wenn es sich um massenhafte oder komplizierte Entscheidungen handelt, die prinzipiell beherrscht sind. Diese Verwendungsart stand zu Beginn der Computerkunst, Mitte der sechziger Jahre, ganz im Vordergrund. Der in New York lebende Manfred Mohr oder die in Paris arbeitende Vera Molnar sind erfolgreiche Vertreterinnen dieser Richtung. 3. Modellierung geistiger und handwerklicher Operationen. Eine deutliche Steigerung der maschinellen Autonomie besteht darin, Regelsysteme zu schaffen, die sowohl Entscheidungen über das zeichnerische und malerische Vorgehen wie über die verwendeten Materialien bis hin zu deren tatsächlicher Anbringung auf dem Malgrund steuern. Solche Regelsysteme werden von der Forschung zur sog. Artificial Intelligence inspiriert. Sie verwandeln den Künstler in einen Forscher, der eventuell sein eigenes Malen und Zeichnen erforscht und zwar in dem Sinne, daß er sich fragt, wie er denn zu seinen Entscheidungen komme, und daß er die Antwort auf solche Selbstbefragung formal faßt: er modelliert seinen eigenen Malprozeß in einem System von Regeln. Der Überraschungseffekt einer von solcher Software produzierten Zeichnung ist groß: der Künstler ist ganz im Vorfeld der Computer-Aktion tätig, hat eventuell lange zu tun, bevor er den mehr oder minder automatischen Vorgang in Bewegung setzt, und kann sich dann allerdings zurücklehnen und beobachten, was die Maschine tut. Harold Cohen in San Diego ist der weltweit herausragende Vertreter dieser Richtung, die im übrigen nicht allzu häufig anzutreffen ist. Vorläufer gab es auch hier schon Mitte der sechziger Jahre[11].

## Manfred Mohr und die Schaffung einer Welt aus Zeichen

Ich möchte einige Aspekte des künstlerischen Schaffens mit der semiotischen Maschine auf der zweiten und dritten Stufe der Autonomie ansprechen, indem ich von zwei herausragenden Künstlern berichte.

Manfred Mohr gehört zur kleinen Zahl ausgebildeter Künstler, die bereits Ende der sechziger Jahre begannen, Computer zu verwenden. Von der generativen geometrischen Kunst herkommend, mit stark konstruktivistischen Elementen in seinen frühen Versuchen, wird ihm die Begegnung mit Max Bense und der Stuttgarter Schule zum entscheidenden Erlebnis auf dem Weg zu einer eigenen, sehr eigenwilligen, unverwechselbaren Zeichensprache, bei der der programmierte Zufall innerhalb rigoroser Globalstrukturen der Algorithmen eine zentrale Rolle spielt.

[11] So hatte ich 1965 ein Programm Walk-through-raster entwickelt, das durch eigene zufällige Entscheidung ein elementares Zeichenrepertoire auswählte, das in der dann folgenden Serie von Bildentscheidungen benutzt wurde.

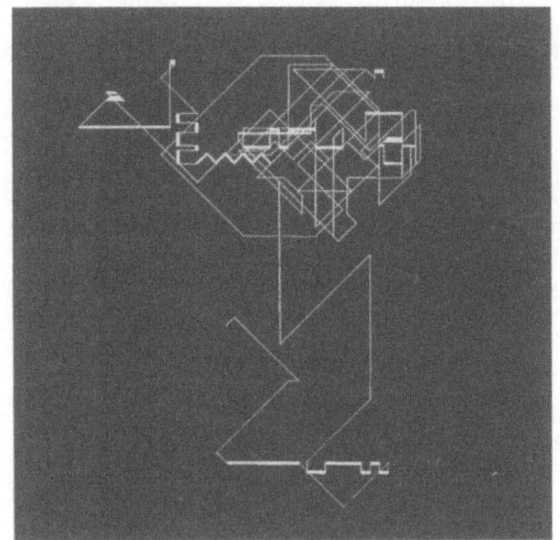

Ab 1969 kann Manfred Mohr in einem Meteorologischen Institut in Paris Computer und Plotter benutzen. Er tut dies bis 1981. Dann hat er eine eigene Anlage im großen Studio in New York. Er programmiert von Anfang an selbst, auf Assembler-Ebene, d. h. der Maschine nahe. Bewußt sucht Manfred Mohr, die eigene Subjektivität beim Malen und Zeichnen auszuschalten. Auch Bedeutung möchte er nur soweit zulassen, wie sie in Berechnung eingefangen werden kann. In einem Raum von Entscheidungsmöglichkeiten, die innerhalb regelhafter Strukturen die einzelnen Elemente in Ort und Gestalt betreffen, läßt er der Maschine kombinatorische Freiheit. Dafür das einzusetzen, was man „Zufall" nennen kann, ist Mohrs Spezialität geworden. Er übernimmt dieses Element von allen, die 1965 erste Computerbilder in Galerien brachten (Michael Noll, Georg Nees und der Autor).

Die Spannung zwischen der geometrischen und der grafischen Linie fällt Mohr auf. Aus ästhetischem Anlaß stößt er damit auf das grundlegende Problem der Computergrafik, die man ja begreifen muß als maschinelle Verdinglichung von Geometrie, als Sündenfall also, mit allen sinnlich angenehmen Folgen, die die Vertreibung aus dem Paradies mit sich bringt.

*Êtres graphiques* nennt Manfred Mohr die Zeichen, die der Computer aus Algorithmen-Ablauf heraus zu Papier bringt. Fast ist man geneigt, die „Agenten" heutiger fortgeschrittener Programmierung dahinter zu wittern.

Gegen Ende der siebziger Jahre findet Mohr zu seiner ureigenen Thematik, die ihn nicht wieder losläßt: Würfel und Hyperwürfel[12]. Es ist faszinierend, was er diesen einfachen geometrischen Gebilden an visuel-

Abb. 1 links
*Manfred Mohr, P-18, „Random Walk", Tusche/ Papier, 60 x 50 cm, 1969.*

Abb. 2 rechts
*Manfred Mohr, P-159-A, Tusche/Papier/Holz, 92 x 92 cm, 1974.*

[12] *Manfred Mohrs Werk liegt gut dokumentiert vor. Am besten und umfassendsten in Marion Keiner, Thomas Kurtz, Mihai Nadin: Manfred Mohr. Weinigen, Zürich: Waser Verlag 1994.*

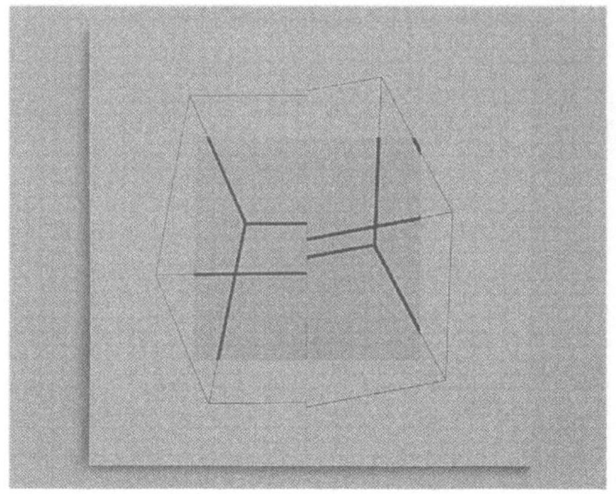 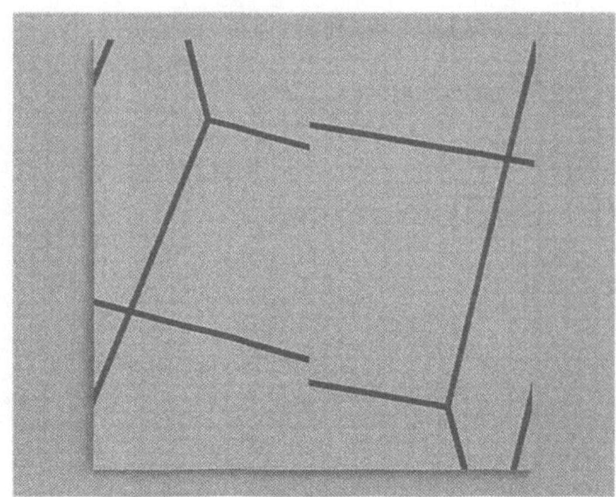



len ästhetischen Ereignissen abzwingt. Anfangs gibt es etwa eine Serie – Mohr arbeitet fast ausschließlich in Serien – folgender Art: Ein Würfel wird in zwei Teile geschnitten, die unabhängig voneinander verdreht werden. Ihre Kanten werden dann in die Bildebene projiziert. Ein grau unterlegter Quadratausschnitt in der Bildebene hebt jene Teile von Kanten hervor, die in ihm liegen. Die Grafiken dieser Serie („Cubic Limit II") zeichnen sich duch eine streng erscheinende, dennoch spielerische Zeichenhaftigkeit aus.

Das zufällige Element (Zahlen!) innerhalb der algorithmischen Fixierung schafft den Eindruck, wir hätten es mit einem Vokabular und einer Sprache zu tun.

Mohr treibt dieses einfache Strukturierungsschema in der Serie Divisibility (1984) weiter: Der Würfel wird in vier Teile zerschnitten, die gegeneinander verdreht werden, zwei davon um denselben Winkel. Aus diesem Schema heraus entstehen Wachstumsprozesse: je drei Quadranten lagern sich an einen gegebenen an.

Immer entscheidet Mohr auf Grund seines subjektiven Eindrucks, welche der Computerentwürfe er in Acryl ausführt. Dabei schafft er stets Serien, meist in großen Formaten, die in ihrem strengen Vermeiden von Farbe (höchstens grau wird gelegentlich zugelassen) große weiße Flächen zu spannungsreicher Dynamik bringen. Oft faßt er eine größere Anzahl von Zuständen eines solchen Prozesses in einer Tafel zusammen und erhöht noch den seriellen Eindruck.

Ab 1988 taucht der vierdimensionale Hyperwürfel auf, dem Mohr in ähnlicher Weise wie dem dreidimensionalen auf den Leib rückt. Die acht dreidimensionalen Würfel, die die „Seiten" eines vierdimensionalen Hy-

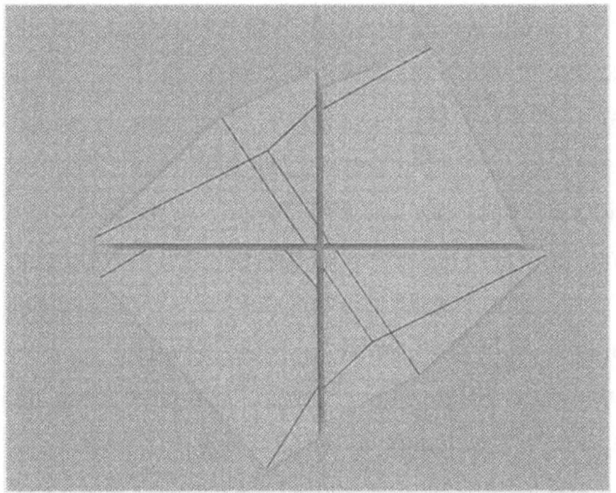 

perwürfels ausmachen, läßt er verdrehen und durch quadratische Fenster betrachten. Die acht Fenster werden unregelmäßig gegeneinander versetzt. In den Fenstern erscheinen die eingefärbten Stücke von Kanten, in den vorderen vier Fenstern schwarz, in den hinteren grau. Der Künstler ist zum Forscher in einer eigenen Welt geworden. Zeichnet diese Möglichkeit vielleicht immer künstlerische Arbeit aus, die zu sich selbst zu kommen sucht, so delegiert Mohr Teile seiner Arbeit an den Computer. Er gewinnt so eine experimentelle Seite, die wir später das „ästhetische Labor" nennen[13]. Die spezielle Welt, die Manfred Mohr für die Schaffung seiner unverwechselbar eigenen Zeichenwelt erforscht, ist die des vierdimensionalen Raumes, spezieller die des vierdimensionalen Hyperwürfels. Wichtig scheint mir die Beobachtung zu sein, daß er diese Erforschung über einen langen Zeitraum hin betreiben muß, bevor sich die eigene Zeichenwelt herausschält. Früher hätte man vielleicht statt „Zeichenwelt" gesagt „Handschrift". Das verbietet sich hier, da dieser Teil der ästhetischen Produktion ja weitgehend abgegeben ist, selbst wenn das zum Schluß ausgewählte Bild von Hand hergestellt wird. Die lange Zeit der Beschäftigung mit einem Sujet verweist uns darauf, daß der Witz der Computerverwendung nicht in der berühmten Geschwindigkeit liegt, also in der Erwartung, daß sich eine Schaffensperiode, wenn sie denn überhaupt vor der Kunstgeschichte besteht, im Zeitraffer auf einen Bruchteil reduzieren ließe. Das ist gewiß nicht der Fall. Vielmehr ist entscheidend, daß der gute Manfred Mohr den Hyperwürfel visuell erfahren muß, wenn er ihm Ausdruck verleihen will.

Wie bei jeder konkreten Kunst – solcher Kunst also, die eine gewisse Autonomie des Materials und seines Arrangements behauptet – fallen

Abb. 5 links
*Manfred Mohr,*
*P-306-F, Acryl/Leinwand,*
*188 x 170 cm, 1980/81.*

Abb. 6 rechts
*Manfred Mohr, P-411-C,*
*Acryl/Leinwand/Holz,*
*155 x 160 cm, 1988.*

[13] *Ulrike Wilkens, Frieder Nake: Das ästhetische Labor. Ein Beitrag zur informationstechnischen Lehrerbildung. In: Sigrid Schubert (Hrsg.): Innovative Konzepte für die Ausbildung. Berlin, Heidelberg etc.: Springer Verlag, 1995. 327-336*

Zeichen und Bezeichnetes (genauer: Zeichen als Repräsentamen und als Objekt) tendenziell zusammen. Nur hilfsweise stellt sich die Frage nach der Bedeutung als Frage nach der Machart. Die Machart aber wird hier algorithmisch rationalisiert. Im „Horizont technischer Welt" sieht Manfred Mohr – in diesem Punkt wohl nach wie vor Max Bense verpflichtet – die Flucht seines Schaffens. In Texten erläutert er gelegentlich die eigenen Arbeiten und erreicht damit eine Nachvollziehbarkeit des Werkes in der Stimulation des Verstandes, nicht der Empfindung. Der bewußte Verzicht auf Farbe in einem bemerkenswerten Schwarz-Weiß-Rigorismus mag dazu passen. Die Zeichen, die die Software generiert, akzeptiert Mohr so, wie sie kommen. Da sie aus Berechnung stammen, gewinnen sie in ihr einen eigenen semantischen Horizont. Visuell aber lösen sie sich von der algorithmischen Produktion.

Der Zufall ist für Mohr notwendig, da sich im Zufälligen die schwache Determiniertheit des ästhetischen Objektes ausdrückt, die den Gegensatz zur starken Determiniertheit des technischen Objektes markiert. Ganz bewußt sind diese Realisate künstlicher Kunst keine Abbilder, wenngleich wir geneigt sein werden, sie als Abbilder eben jener vierdimensionalen Verhältnisse zu begreifen, denen sie entstammen. Der Setzungen ästhetischer Bedingungen sind in den einfachen Verhältnissen dieser Welt viele. So wäre es wohl eher technisch gedacht, von einem traversierten Hyperwürfel alle Kanten zu zeichnen. Mohr hingegen läßt zufällige Entscheidungen darüber wachen, wieviele und welche Kanten angezeigt werden sollen, und erhöht so die Indeterminiertheit, mithin die ästhetische Information (wenn wir in einem alten Begriff sprechen wollen).

**Harold Cohen und das Problem der Repräsentation**

Der seit 1969 in Kalifornien lebende englische Künstler Harold Cohen ist besessen von der Idee, das funktionale Äquivalent eines Künstlers zu erzeugen, nicht, um dadurch eine künstliche Intelligenz zu schaffen, sondern um die Frage der visuellen Repräsentation besser zu verstehen[14]. Das Problem der Repräsentation besitzt für ihn ähnliche, wenn nicht höhere Bedeutung wie für Manfred Mohr die Schaffung semiotischer Realität aus algorithmischer Realität.

Unter dem Problem der Repräsentation versteht Harold Cohen die Frage nach den minimalen zeichnerischen und farblichen Mitteln, die notwendig sind, um ein bildliches (flaches zweidimensionales) Arrangement

[14] *Vieles über ihn ist ausführlich nachlesbar in Pamela McCorduck: Aaron's Code. New York: W.H. Freeman, 1990.*

Abb. 7 links *Harold Cohen, Drawing for Machine and Four Hands (Detail), Wandmalerei 35 x 100 cm, University of California at San Diego, Mai 1976 (drei Wochen lang existierend).*

Abb. 8 rechts
*Harold Cohen testet 1977 in seinem Studio ein frühes Modell der „Turtle". (Das Foto ist ein Publicity-Arrangement).*

von Linien und Farben als Darstellung eines Gegenstandes aus der Erfahrungswelt zu entziffern. Konkret nimmt er als seine Beispiele menschliche Gestalten, Felsblöcke, Pflanzenwerk, Gesichter. Nicht entfernt ließen sich Cohens Bilder unter das einordnen, was in der Welt der Computergrafik dummerweise „Fotorealismus" genannt wird. Ganz im Gegenteil! Seine menschlichen Figuren aus den achtziger Jahren besitzen vieles nicht, was Menschen unbedingt haben, z. B. Nasen. Dennoch erkennen wir sie sofort und ohne Schwanken als menschliche Gestalten.

Für Harold Cohen stellen Begegnungen mit Felszeichnungen im Chalfant Valley in Südkalifornien und Besuche bei Edward Feigenbaum am Computer Science Department der Stanford University Schlüsselerlebnisse dar. Angesichts der Felszeichnungen gewann er Klarheit über das Problem der visuellen Repräsentation: Was alles konnte als redundant weggelassen werden, wenn es darum ging, eine Figur zweifelsfrei zu identifizieren? In Feigenbaum begegnete er gleichzeitig einem der glühendsten Verfechter der künstlichen Intelligenz: In Regelwissen läßt sich formulieren, was unsere Entscheidungen herbeiführt, wenn wir in einer Situation handeln müssen.

Da Cohen Computern und Computerkunst schon vorher und mit Abscheu begegnet war, verlegte er sich mit Elan und total auf die Schaffung eines Zeichenmechanismus und von Software zu dessen Steuerung. Schon 1974 stellte er sein System Aaron zum ersten Mal der Öffentlichkeit vor. 1977 war er auf der Dokumenta vertreten. Nach vielen Erfolgen verschwand er aus der Öffentlichkeit und tauchte erst 1995 wieder auf: Jetzt hatte er eine Malmaschine, die auch den Farbauftrag selbst bewerkstelligte. Bis dahin hatte er die Maschinenbilder von Hand koloriert.

Cohens Bilder von Mitte der siebziger bis Ende der achtziger Jahre zeichnen sich durch Stufen zunehmenden Realismus aus. Von Miró-ähnli-

Abb. 9 (*f*) *Harold Cohen,*
*„Socrates' Garden",*
*Acryl/Holz, 45 x 57,5 cm,*
*1984. Computerberechnet,*
*vergrößert, handkoloriert.*
*Buhl Center, Pittburgh,*
*Pennsylvania.*

Abb. 10 unten links
*Harold Cohen, Beispiel*
*von Aarons Zeichnungen,*
*Tusche/Papier, 55 x 75 cm,*
*Ende 1985. Signiert und*
*datiert vom Computer.*

Abb. 11 unten rechts
*Harold Cohen, aus der*
*Serie „Eden", Tusche/Papier,*
*55 x 75 cm, 1987.*

chen abstrakten Zeichen, mit denen Aaron die Bewegung auf einer Zeichenebene lernte, waren die Regelsätze der Software zu menschlichen Figuren vorgestoßen, die in Gruppen oder einzeln aus üppigem Laubwerk hervortreten und sich zwischen Felsbrocken bewegen. Der Computer zeichnete, immer an miteinander verkoppelte Regeln gebunden, Umrisse. Cohen kolorierte diese in seiner eigenen, sehr leuchtenden Farbpalette. Auf einer späteren Stufe machte der Computer auf dem Bildschirm einen Vorschlag für die Farben, die Cohen dann mehr oder minder getreu kopierte. Mit der Malmaschine überwand er diesen für ihn unbefriedigenden Zustand.

Von den flachen, aber in einer angedeuteten Räumlichkeit befindlichen Gruppen von menschlichen Ganzkörper-Figuren ging Cohen bei der Malmaschine zurück zu einzelnen Personen, die im Brustbild und mit großen, schattierten Farbflächen gezeigt werden.

Wir sind dem Problem des Auseinandertretens von abstrakt-informatischem Gegenstand und seiner sichtbaren Erscheinung schon bei Man-

Abb. 12 (*f*) *Harold Cohen, ohne Titel, aus der „Bathers" Serie, Acryl/Leinwand, 250 x 167,5 cm, 1986. Computerberechnet, vergrößert, handcoloriert.*

fred Mohr begegnet. Dort war es die vielleicht harmlose Differenz zwischen Grafik und Geometrie. Bei Cohen ist es die bedeutungsgeladene zwischen Modellierung der Figuren in einer Umgebung und ihrer bildlichen Darstellung.

In einem minimalen Sinne sind Modellannahmen über das, was die Maschine autonom ins Bild setzen soll, notwendig. Das heißt hier selbstredend, daß solche Annahmen in das Modell einprogrammiert werden,

Abb. 13 *(f)* *Harold Cohen,
ohne Titel, Laserdrucker/
Farbstift/Papier,
21 x 27,5 cm, 1988.*

das die Produktion der Zeichnung steuert. Es muß entsprechende Regeln geben, Regeln, die dafür sorgen, daß ein Geflecht von Linien, wenn es wie eine menschliche Figur wirken soll, bestimmte Bedingungen streng einzuhalten hat, andere weniger. So scheint es den Menschen unbedingt auszuzeichnen, daß er (im gesunden Fall) einen Kopf besitzt und darin zwei Augen. Die Nase aber scheint schon weniger wichtig dafür zu sein, eine Zeichnung als Repräsentation einer menschlichen Figur zu erkennen. Ähnlich geht es den Ohren.

Ähnlich wie bei Manfred Mohr lassen sich im langjährigen Wirken von Harold Cohen deutlich Phasen unterscheiden (ich gehe nicht genauer auf sie ein), während deren eine Teilfrage genauer erforscht und verstanden wird, die dann einen mehr oder minder stabilen Regelsatz erzeugt, der in das Gesamtsystem eingeht.

In dem Teil der Informatik, den man „Künstliche Intelligenz" nennt, hat man sich angewöhnt, von „Wissensbasis" zu sprechen. Gemeint ist damit die Codierung von Regeln, die etwas aus unserem Wissen über die real erfahrene Welt erfassen sollen. Auch wenn ich diese überflüssig aufgeladene Sprechweise nicht teile, ist es richtig, die deklarativ zu erfassende Beschreibung externer Objekte von der prozeduralen Beschreibung ihrer Repräsentationen zu unterscheiden. Aus solchen deklarativen und prozeduralen Regelmengen besteht das System Aaron. Die Regelmengen sind hierarchisch geordnet, in manchen Teilen auch als Netzwerk in gegenseitiger Abhängigkeit. Im Laufe der Entwicklung einer Zeichnung geht das System aus Zuständen, in denen faktische Beschreibungen („Was") im Vordergrund stehen, über zu solchen von prozeduraler Natur („Wie"). Dem entspricht der Übergang von der Modellierung einer externen Szene zur Herstellung ihres Bildes. Cohen sagt selbst, daß das Kunstwerk Bedeutung produziert und nicht kommuniziert. Insoweit bewegt er sich auf der Linie konstruktivistischer Einsicht in die Koppelung autonomer kognitiver Systeme. Als Künstler hat er es mit dem speziellen Widerspruch der Modellierung einer Szene in drei Dimensionen (semantische Plausibilität) und der Komposition eines Bildes in zwei Dimensionen (ästhetische Schönheit) zu tun. Die jeweils getroffene Entscheidung – die zur Abgabe weiterer, wesentlicher Entscheidungen an die Maschine führt – markiert offenbar den besonderen ästhetischen Ort dieser Art von künstlerischem Schaffen.

## Zusammenschau

Für beide Künstler, Manfred Mohr und Harold Cohen, die bei aller krassen Unterschiedlichkeit ihrer Werke uns hier stellvertretend für eine allgemeine Betrachtung interessieren, geht es um die Verwendung des Computers als instrumentalem Automaten. Sie arrangieren im Programm ein Regelsystem, das einen automatischen Ablauf steuert, in den sie nicht mehr eingreifen. Der Ablauf produziert auf einer (großen) Zeichenfläche Zeichengeflechte und Superzeichen, die vom Computer aus gesehen nichts als syntaktische Repräsentationen sind.

Das Cohen'sche Regelsystem steuert im Stile eines sog. Expertensystems zeichnendes und modellierendes Verhalten für komplexe räumliche Situationen. Das Mohrsche Regelsystem (das er in Gänze selbst programmiert hat) stellt den rechnerischen Vollzug einer imaginierten Operation dar. In beiden Fällen sind vielfältig zufällige Entscheidungen zu treffen. Regelsystem bzw. formal-mathematischer Gegenstand sorgen für Plausibilität und Kohärenz des Bildes. Das Bild als komplexes Superzeichen entsteht aus der Manipulation von Zahlen. Die dabei abstrakt entstehenden Zeichen werden visuell aktualisiert.

Die automatische Bearbeitung von Zeichen verlangt gerade die Kontextarmut, die der Zahl eigen ist (mit „Quantität" als einzigem verbliebenen Kontext). Denn die Reduktion der Zeichen auf Signale läßt sinnvolle Bearbeitung ohne Bedeutung zu. Der berechnete Zufall – ein Widerspruch in sich und Lebenselixier der hier in Rede stehenden Kunst – steht in maximaler Reduktion des Kontextes für die Variation der Elemente ohne ein leitendes Interesse und Ziel.

Das vom Computer errechnete und sichtbar gemachte Zeichen kommt bei Harold Cohen aus dem Versuch, erfahrene Wirklichkeit zu zeigen, bei Manfred Mohr aus der Absicht, eine gedankliche Vorstellung Form annehmen zu lassen. Cohens Weg ist der der Abstraktion (von Wirklichkeit); Mohrs Weg ist der der Konkretion (von Möglichkeit). Beide Male ist die Zahl das Mittel der kontextarmen Repräsentation.

Die gegensätzlichen Bewegungen unserer beiden Künstler sind in der Kunst des 20. Jahrhunderts gut vorbereitet: Das Bild wurde seinem Gegenstand gegenüber autonom, und der Künstler wurde der Gesellschaft gegenüber autonom. Er äußert sich und nicht etwas anderes.

Von der Renaissance bis zum Impressionismus ging es dagegen um die Illusion: Aus einer immer raffinierteren technischen Meisterschaft, die Formen und Farben betreffend, sollte die perfekte Illusion des erlebten Raumes auf der flachen Leinwand produziert werden. Fotoapparat und Computer entwerten diese Meisterschaft tendenziell. Darin liegt aber auch die Chance, sich von der Illusion zu befreien, die Chance zur Darstellung des Bildes als autonome Handlung des Künstlers.

Formen und Farben sind, was sie sind. Für den konkreten Maler kann das gar nicht anders sein. Die moderne Kunst ist eine bewußt semiotische Kunst. Der Sinn ihrer Zeichen liegt in diesen Zeichen. Insofern ist es konsequent, den Computer einzusetzen. Denn ihm ist nichts außerhalb. Mohrs Umgang mit dem Computer erweist sich an dieser Stelle als konsequenter, der Zeit gemäßer als Cohens.

Wenn wir Bilder lesen, stellen wir Bedeutung her. Wir verwandeln sie im Leseakt aus puren Signalen und Repräsentationen zu gesättigten Zeichen. Ganz ähnlich ergeht es uns mit Zahlen. Bild und Zahl als zwei Weisen des Zeichens begriffen, lösen die Dichotomie auf, die ihnen oft zugeschrieben wird. Das Kunstwerk im Zeitalter seiner immateriellen Produzierbarkeit verweist über seine Unmittelbarkeit hinaus, indem es diese Unmittelbarkeit in maschineller Gnadenlosigkeit als pure Beschreibung von Zukünftigem erst einmal vollendet.

*Alle Abbildungen der Arbeiten von Manfred Mohr aus: Marion Keiner, Thomas Kurz, Mihai Nadin: Manfred Mohr. Waser Verlag, Weiningen-Zürich und Viviane Ehrli, Zürich, 1994.*
*Alle Abbildungen der Arbeiten von Harold Cohen aus: Pamela McCorduck: Aaron's Code, Meta-Art, Artificial Intelligence, and the Work of Harold Cohen. W. H. Freeman and Company, New York, N. Y., 1990.*

# Abbildungstreue.
# Fotografie als Visualisierung:
# Zwischen Bilderfahrung und Bilderfindung

Gottfried Jäger

Abbildungstreue[1] ist ein Schlüsselbegriff der Fotografie: Er begleitet die Geschichte des Mediums bis in die Gegenwart. Doch im Laufe der Zeit hat sich seine Bedeutung verschoben. „Wahrheit und Treue" der fotografischen Abbildung beziehen sich längst nicht mehr wie ursprünglich auf die objektiv feststellbare „Realität" eines Gegenstandes. Sondern Abbildungstreue schließt auch die subjektive „Realität" des Fotografen in sich ein. Gemeint ist die „Treue" des Bildes zum Autor und zu dem Bild, das er sich von seinem Gegenstand macht. Heute diskutieren wir die „Treue" des Mediums zu sich selbst. Wir sprechen von Medienrealität, die sich zunehmend verselbständigt. Dabei geht es um die Frage, inwieweit sich die Fotografie gegenwärtig, angesichts ihrer elektronischen Manipulierbarkeit, selbst treu bleibt, bleiben kann. Diese Frage führt notwendig auf die Ursprünge zurück. Wegen seines „Fortschritts" müssen die Fundamente des Mediums neu bedacht werden.

## I. Objekt

Eine Fotografie ist in erster Linie durch ihren Objektbezug bestimmt. Sie nimmt sichtbare Gegenstände auf und bildet sie ab. Ihre Wirkung beruht auf Ähnlichkeit. Fotos gehören damit zur Zeichenklasse der Ikone. Sie vermitteln Ausschnitte aus dem Kontinuum von Raum und Zeit. Ihr hohes Ziel ist die Übereinstimmung zwischen Abbild und Abgebildetem, die feststellbare Identität des Gegenstandes im Abbild. Man spricht vom „Wiedererkennungswert". Dabei geht es um „Wahrheit und Treue" gegenüber den sichtbaren Erscheinungen der Außenwelt. Siegfried Kracauer schrieb der Fotografie „eine ausgesprochene Affinität zur ungestellten Realität" zu[2]. So sah es auch der Grundlagenvertrag zwischen den Erfindern der Fotografie Niépce und Daguerre bereits 1829 vor. Er benannte die materiellen Voraussetzungen: Licht, Kamera und lichtempfindliches Material sowie als Spezifik des Verfahrens dessen weitgehende Automatik, bei der die Bilder „von selbst" und „ohne Mitwirkung eines Zeichners" in einem Apparat entstehen. Der Physiker Arago bezeichnete als ihr hervorstechendstes Merkmal ihre Fähigkeit, die Formen der äußeren Objekte und ihre Verhältnisse „mit mathematischer Genauigkeit" wiederzugeben[3].

[1] Naundorf, W.,: Abbildungstreue. Zürich und Frankfurt/M., 1964. – Das mit diesem Titel überschriebene Buch bezieht sich auf technische Probleme der Fotografie, so z. B. auf Abbildungsfehler optischer Systeme. Ich verwende den Begriff, weil er m. E. auch den hier angesprochenen ästhetischen und ethischen Fragen der Fotografie angemessen Ausdruck gibt.

[2] Kracauer, S.,: Fotografie, S. 25ff. In: Theorie des Films. Die Errettung der äußeren Wirklichkeit. Frankfurt/M: Suhrkamp Verlag, 1964-1979. Erstausg. New York, USA, 1960.

[3] Baier, W.,: Niépce und Daguerre vereinigen sich zu gemeinsamer Arbeit (1829) und: Grundlagen des vorläufigen Vertrages, S. 63ff; sowie: Die Veröffentlichung der Erfindung durch die erste Mitteilung Aragos an die Französische Akademie der Wissenschaften am 7.1.1839, S. 76ff. In: Quellendarstellungen zur Geschichte der Fotografie. Halle/Saale, 1964.

Für einen großen Teil der Fotografen gilt die damalige Übereinkunft bis heute. Man kann sie als den Grundkonsens des Mediums und als eine Art Verhaltenskodex all derer ansehen, die sich auf die realistische Tradition der Künste und die dokumentarische Qualität der Fotografie, so im journalistischen Kontext, berufen.

Aber auch das Gegenteil ist der Fall: die bewußte Demontage dieses Ideals. Es gibt das gegenläufige Bild, das sich allen Konventionen widersetzt. Es schildert die Wahrheit mit den Mitteln der Falschheit: eine Kontra-Vision[4]. Und es verfügt über eine ebenso reiche Geschichte wie lebendige Gegenwart. Denn früher wie heute entstehen Fotografien auch *ohne* die sie ursprünglich kennzeichnenden Elemente: Licht, Kamera und äußere Gegenstände, nämlich durch ihre Verneinung, verbunden mit bewußt manipulierenden Eingriffen in das automatische Fotoprogramm. An die Stelle formaler Wahrheit tritt dialektische Wahrheit, die sich durch den menschlicher Gestaltungswillen im Subjekt des Fotografen spiegelt und bricht und dem Foto Form und Ausdruck gibt. Diese Art von Fotografien sind nicht „genommen" sondern „gemacht". Deshalb sind sie nicht weniger „wahr". Sie verlassen nur den bis dahin bewährten Pfad alleiniger Orientierung auf die direkte Abbildung und suchen nun auch die indirekte Abbildung, die subjektive Reflexion und das Spiel mit dem Medium in „ihre" Wahrheit mit einzubeziehen.

In der Geschichte der bildmäßigen Fotografie lassen sich so zwei parallel verlaufende „Programme" unterscheiden: das einer realistisch-dokumentarischen und einer experimentell-gestaltenden Fotografie, wobei die letztgenannte im Laufe der letzten Jahre an Bedeutung eher gewonnen hat[5]. Beide Programme gehen von unterschiedlichen Voraussetzungen aus und verfolgen andere Aufgaben und Ziele. Aber sie berühren, beeinflussen und durchdringen einander, und sie sorgen damit bis heute für den anregenden Diskurs zum Verhältnis von Wahrheit und Schönheit fotografischer Bilder, der dieses Medium in so besonderer Weise kennzeichnet[6].

## II. Subjekt

Die Auseinandersetzung um dieses Verhältnis begann schon bald nach Einführung des fotografischen Verfahrens mit dem aufkommenden Wunsch seiner Verfechter nach individueller Gestaltung und Teilhabe an der Kunst ihrer Zeit. Das Foto sollte mehr als nur die materielle Existenz

[4] Fontcuberta, J.,: *Kontravisionen/Countervisions. Das Auge von Zeiss gegen das Auge von Zeus.* In: European Photography (Göttingen), Nr. 28/1986, S. 14–33.

[5] Jäger, G.,: *Bildgebende Fotografie. Ursprünge, Konzepte und Spezifika einer Kunstform.* Köln, 1988.

[6] Kemp, W.,: *Theorie der Fotografie I – III. 3 Bde.* München, 1979, 1980, 1983. Bd. IV in Vorbereitung.

Abb. 1
Eadweard Muybridge, Der Trab, 1887. Phasenfotografie. Aus: Animals in Motion. An Electro-Photographic Investigation of Consecutive Phases of Muscular Actions, London, 1907.

der Dinge wiedergeben, es sollte in das „Innere" der Dinge vordringen, ihr „Wesen" widerspiegeln, Hintergründe, Vorstellungen vermitteln. Die inszenierende Fotografie des „Pikturalismus" gab diesen Bestrebungen frühe Form. Das „gestellte" Bild mit allegorischen Arrangements und Montagen war seine Methode. Unter anderen Vorzeichen entstanden zeitgleich die ersten wissenschaftlichen Fotografien. Erweiterte Bildtechniken, wie die Mehrfachbelichtung, führten ab etwa 1870 schnelle Bewegungsabläufe der kontrollierten Betrachtung zu und ermöglichten eine exakte Analyse der Vorgänge. Die Reihenfotografien von E. Muybridge und die Chronofotografien von E. Marey, zugleich Vorstufen zur Kinematografie, sind dafür signifikante Beispiele. Das Foto wurde zu einem „verlängerten Auge", das in vorher unbekannte Zonen von Raum und Zeit vordringt und Unsichtbares sichtbar macht[7].

In der Kunstfotografie um 1900 wurden Abbildungsgenauigkeit und Bildschärfe zugunsten impressionistischer Stimmung und Atmosphäre vernachlässigt. Die Unschärfe war Stil der Zeit[8]. Später wurde die Zentralperspektive zugunsten „dynamischer" Kamerafahrten und „stürzender" Linien aufgegeben[9]. Selbst die Kamera verschwand. Mit der „kameralosen" Fotografie entstand um 1920 eine eigene Bildgattung, das Fotogramm[10]. Die Fotografie gewann damit Aussagefähigkeiten, die weit über das bis dahin Vorstellbare hinausgingen. Das künstlerische Interesse verlagerte sich vom fotografierten Objekt auf das fotografierende Subjekt und führte vom gegenständlichen Abbild zur Abstraktion (von Wirklichkeit) und Konkretion (von Möglichkeit), also bis hin zur reinen, un-

[7] Redaktion Time-Life-Bücher,: Die Photographie als Werkzeug. Time-Life International, Nederland, 1970, 1972.

[8] Kaufhold, E.,: Bilder des Übergangs. Zur Mediengeschichte von Fotografie und Malerei in Deutschland um 1900. Marburg, 1986.

[9] Bragaglia, A. G.,: Fotodinamismo futurista (1913). In: Kemp, W., Theorie der Fotografie II 1912–1945. München, 1979, S. 50ff.

[10] Neusüss, F. M.,: Das Fotogramm in der Kunst des 20. Jahrhunderts. Die andere Seite der Bilder – Fotografie ohne Kamera. Köln, 1990.

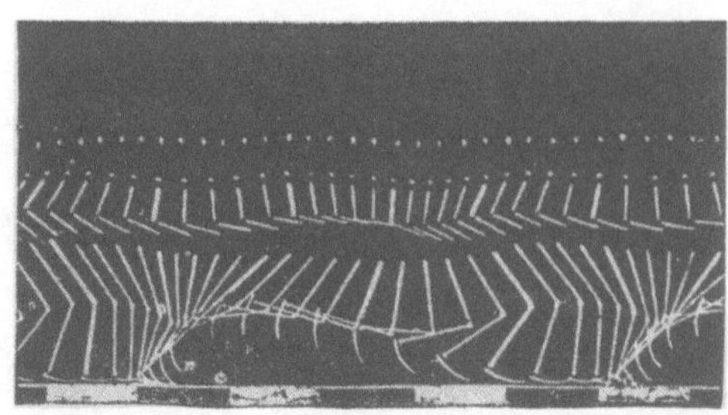

Abb. 2, 3 *Jules-Etienne Marey, Prinzipien der Chronofotografie, 1893. Links: Kontinuierliche Belichtung: Bahnlinie der Spitze eines Krähenflügels. Rechts: Intermittierende Belichtung: Schematisches Bild eines Läufers.*

gegenständlichen Fotokomposition aus Licht und Schatten. Die Bewegung der „Subjektiven Fotografie"[11] und die Autorenfotografie[12] bis zur „Kunst mit Photographie"[13] sind Manifestationen dieser Tendenz.

Hierbei geht es um die Identität zwischen Autor und Werk, um die „Wahrheit und Treue" des Bildes gegenüber den Vorstellungen seines Urhebers, der aufgrund eines individuellen geistigen Prozesses zum Schöpfer eines Werkes – urheberrechtlich: eines „Lichtbildwerkes" – und damit zum Künstler werden kann[14]. Das Foto verkörpert dabei eine Idee. Es ist Ausdruck und Teil einer künstlerischen Existenz. Es bildet nicht nur einen Gegenstand ab, sondern es visualisiert die Haltung des Fotografen gegenüber diesem Gegenstand. „Abbildungstreue" beruht in diesem erweiterten Verständnis nicht auf Ähnlichkeit, sondern auf Äquivalenz: Das Bild vermittelt „Werte", Wertvorstellungen. Es bedeutet die Dinge neu, hebt Einzelheiten hervor, vernachlässigt andere, usw. Dabei ist ihm jedes Mittel recht. Also auch die Verfremdung, die Inszenierung des Gegenstandes, die Montage und die Manipulation des Materials.

Als Beispiel dazu können die Fotomontagen von D. Hockney aus den Jahren 1982 und 1983 gelten. „Während der Arbeiten an den Collagen wurde mir klar, so sagt er, „wie eng das Sehen mit dem Denken verknüpft ist, mit dem permanenten Ordnen und Neuordnen von endlosen Detailketten, die unsere Augen an das Gehirn weitergeben. Jedes Polaroid hat eine andere Perspektive und einen anderen Brennpunkt. Die Gesamtperspektive setzt sich aus hunderten von Mikroperspektiven zusammen. Das heißt, daß die Erinnerung eine entscheidende Rolle bei der Wahrnehmung spielt. In jedem Moment nimmt mein Auge ein anderes Detail auf – es kann ein breites Spektrum nicht auf einmal erfassen –, und nur die Erinnerung an das Vorausgegangene erlaubt mir, ein fortlaufendes Bild der Welt zu formen. Sonst würde ja alles ausgelöscht, was ich gerade nicht ansehe – aber das geschieht nicht! Das ist ein bemerkenswerter Aspekt – und genau der Teil der visuellen Wahrnehmung, der in der herkömmlichen

[11] *Steinert, O. (Hrsg.): Subjektive Fotografie. Internationale Ausstellung moderner Fotografie. Katalog Staatliche Schule für Kunst und Handwerk Saarbrücken, 1951.*

[12] *Honnef, K.: Thesen zur Autorenfotografie (1979). In: Kemp, W., Theorie der Fotografie III 1945–1980. München, 1983, S. 204ff.*

[13] *Krauss, R. H., Schmalriede, M., Schwarz, M.: Kunst mit Photographie. Die Sammlung Dr. Rolf H. Krauss. Berlin, 1983.*

Abb 4  David Hockney,
*The Skater, N.Y. Dec. 1982,*
*Fotocollage, Edition:15,*
*66 x 49,5 cm.*
*© David Hockney*
*(Original in Farbe)*

Fotografie verfälscht wird"[15]. Fotoarbeiten dieser Art sind nicht allein Ergebnis physikalischer Vorgänge, sondern Resultate bildnerischen Denkens. Sie deuten einen Gegenstand um und führen ihn einer neuen Betrachtung zu. Darin spiegelt sich der Entwurf einer persönlichen Beziehung zwischen Gegenstand, Autor und Bild, welche eng an die Person gebunden ist, die das Bild entstehen lässt. Sie entscheidet über seine „Wahrheit". Erst danach wird die Übereinstimmung mit dem Betrachter gesucht.

[14] *Engelhard, H. A. (Bundesminister der Justiz): Das neue Urheberrecht, geltend ab 1.7.1985. Die geänderten Vorschriften im Überblick. Broschüre. Bonn, 1985, S. 12f. Darin heißt es u. a.: „So ist die Fotografie inzwischen ein anerkanntes Medium der Kunst" ... „Fotografie, die Lichtbildwerke im urheberrechtlichen Sinne sind – also persönliche geistige Schöpfungen –, genießen den vollen urheberrechtlichen Schutz, der für jedes andere Werk auch gilt. Sie sind damit Werken der bildenden Kunst, der Musik, der Literatur gleichgestellt."*

[15] *Hockney, D.: Camerawork, München, 1984, S. 16.*

## III. Medium

Parallel zu diesen Entwicklungen erfuhren die fotografischen Mittel gesteigerte Beachtung und Eigenständigkeit: *Wie* und womit lassen sich die geistigen Kräfte – Idee, Vorstellung, Haltung – ins Bild setzen? Um die Jahrhundertwende beginnt dazu eine Phase ausgreifender experimenteller Erkundungen. Das Streben nach Subjektivität, Ausdruck und Stil führt zur Entdeckung neuer fotografischer Methoden. Sie werden auch im wissenschaftlichen Kontext genützt, so etwa durch Einbeziehung des nicht sichtbaren Teils des elektromagnetischen Spektrums in die fotografische Analyse, wie Infrarot- und Ultraviolettstrahlung, durch die Technik der Mikro- und Makrofotografie, durch Zeitdehnung, Zeitraffung, usw.

Neben ihrem Erkenntniswert bestachen die neuen Bilder vor allem durch ihr innovatives Formrepertoire. Die bildende Kunst der Zeit griff z. T. begeistert darauf zu, denken wir an die farbigen Kornrasterstrukturen früher Farbfotografien, die Impressionismus und Pointillismus inspirierten. Die Folge war eine gewisse Verselbständigung der Mittel, Beispiele dazu sind Fotogramm und Luminogramm um 1920. Der fotografischen Avantgarde ging es um künstlerische Autonomie und die Eigenständigkeit des Lichtbildes – abstrakt und losgelöst vom Auftrag der „Abbildung". Der erste Fotograf, der dies formulierte, war 1916 der Engländer A. L. Coburn: „Konzentration auf die Form, nicht auf die Atmosphäre"[16]. Das Konzept einer „konkreten", auf sich selbst verweisenden, heute: „selbstreferentiellen", „autopoietischen" Fotografie entstand. Eine Fotografie der Fotografie.

Der Fotoprozeß wird dabei in seine Elemente, Bestandteile und Strukturen zerlegt, seine Randerscheinungen werden untersucht, „Fehler" des Systems in die bildnerische Untersuchung einbezogen, so die bewußte Umkehrung bis dahin üblicher Gebrauchsweisen, wie z. B. die Negativkopie, die Fehlbelichtung, die Solarisation. Nicht mehr das „Was" oder das „Wer", sondern das „Wie" steht im Mittelpunkt des Interesses. „Abbildungstreue" bezieht sich hier auf die „objektive" Darstellung des Bildentstehungsprozesses. L. Moholy-Nagy war einer der Pioniere in dem Versuch, die bildnerischen Mittel der noch immer von der Aura der „Dunkelkammer" begleiteten Fotografie offenzulegen und sie so für jedermann verfügbar zu machen, ihr „Geheimnis" zu lüften und den künstlerischen Vorgang zu enträtseln. Er schuf abstrakte Bilder, autonome Bildstrukturen, die man als Anzeichen für einen neuen Umgang mit dem Medium le-

[16] Coburn, A. L.: *Die Zukunft der bildmäßigen Fotografie* (1916). In: Kemp, W., Theorie der Fotografie II 1912–1945. München, 1979, S. 55ff.

[17] Hajek-Halke, H.: *Experimentelle Fotografie. Lichtgrafik.* Bonn, 1955.

[18] Hernandez, A.: *Ungegenständliche Photographie.* Katalog Gewerbemuseum Basel, 1964.

[19] Jäger, G.: *Generative Fotografie* (1969). In: Kemp, W., Theorie der Fotografie III 1945-1980. München, 1983.

[20] Gercke, H.: *Demonstrative Fotografie.* Katalog Heidelberger Kunstverein, 1974.

[21] Honnef, K.: *Concept Art.* Köln, 1971.

[22] Jäger, G.: *Spektrum Fotografie. Bildarten – Bildziele – Bildstile.* In: Fotoästhetik. Zur Theorie der Fotografie. Texte aus den Jahren 1965 bis 1990. München, 1991, S. 156ff.

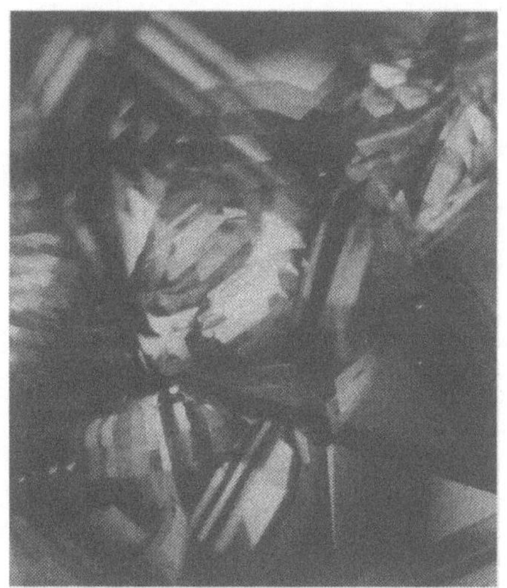

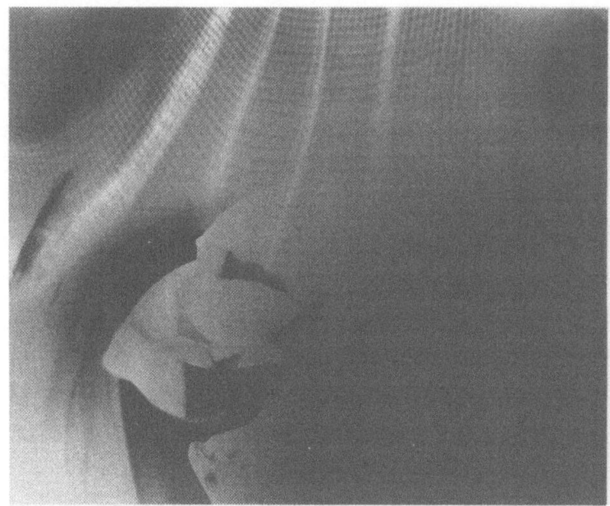

sen und als Symptome einer bildnerischen Auseinandersetzung mit dem Unbekannten deuten kann.

Zahlreiche Ausstellungen und Publikationen zur experimentellen, un-gegenständlichen, generativen, analytischen, demonstrativen, visualisti-schen Fotografie waren die Folge – um nur einige Bezeichnungen der Zeit zu nennen. Im Begriff der Medienreflexion ging das ursprüngliche Foto in der Selbstanalyse auf. Als Konzeptfotografie wurde es Teil der Konzept-kunst und fand so Eingang in die aktuelle Kunstszene der 60er und 70er Jahre. Das „Medium" Fotografie entdeckte seine ureigensten Fundamen-te auf neue Weise – und schob damit seine gestalterischen Möglichkei-ten über bis dahin geltende Grenzen hinaus[17-21].

Abb. 5 *Alvin Langdon Coburn, Vortograph, 1917. Frühe abstrakte Fotografie, 30.6 x 25.5 cm. Museum Ludwig Köln, Stiftung Gru-ber.*

Abb. 6 *László Moholy-Nagy, ohne Titel. Fotogramm um 1938 (School of Design, Chi-cago), 20,6 x 25,3 cm. Sammlung Egidio Marzona, Bielefeld.*

## IV. Visuelle Systeme

So erstreckt sich das Zeichenspektrum der Fotografie heute vom einfa-chen Abbild (Ikon) über das gestaltete Sinnbild (Symbol) zur autonomen Bildstruktur (Symptom) – mit zahlreichen Übergängen und Mischfor-men[22]. Das fotografische System kann sowohl visuelle Information auf-nehmen und wiedergeben, als auch inszenieren und darstellen, als auch erzeugen und herstellen. In der Folge entstehen fotografische Abbilder, Sinnbilder und Strukturbilder, die nachweisen, wie sich der fotografische Blick im Laufe der Zeit geändert und woraufhin er sich gerichtet hat: auf zunächst „objektive", dann „subjektive" und zuletzt „mediale" Sachver-halte (vergl. dazu: Diagramme Fotografisches Spektrum).

Diagramm 1 oben
*Fotografisches Spektrum (1):*
*Bildziele, Bildmethoden,*
*Bildarten.*

Diagramm 2 unten
*Fotografisches Spektrum (2):*
*Bildarten, Zeichenarten.*

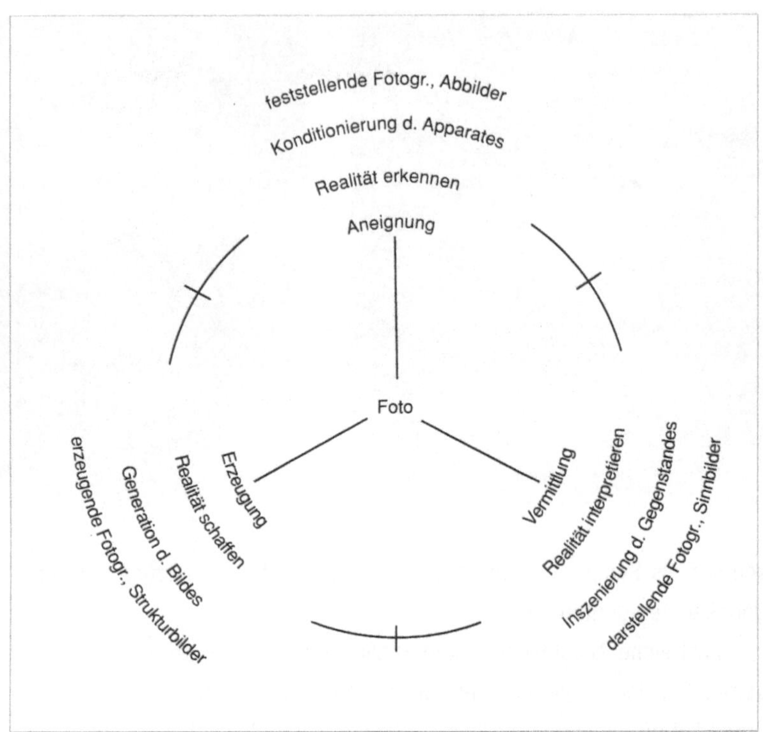


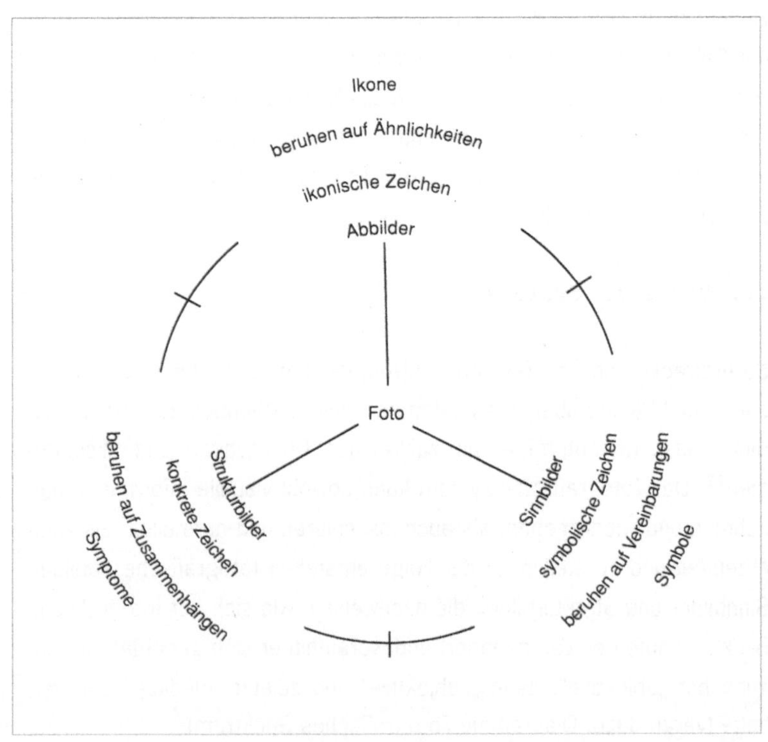

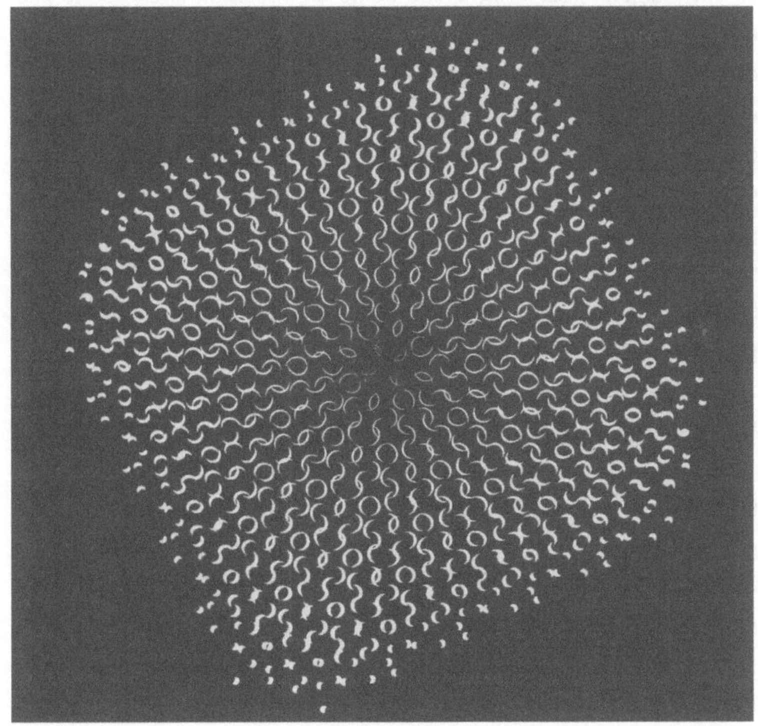

Abb. 7 *Gottfried Jäger,*
*Lochblendenstruktur*
*3.8.14 F4.2, 1967.*
*Generative Fotografie,*
*50 x 50 cm*

Aber trotz großer inhaltlicher und formaler Unterschiede beruhen die Bilder dieses Systems noch immer auf einem gemeinsamen Prinzip. Von ihm war eingangs die Rede. Es ist das Prinzip der Analogie zwischen Ursache und Wirkung des Lichts. Fotos kommen aufgrund gelenkter elektromagnetischer Strahlung zustande, die auf einem strahlungsempfindlichen Material fixiert wird. Die Aussage trifft sowohl auf einfache Kamerafotografien als auch auf die abstraktesten Lichtkompositionen zu. Beide sind das direkte Ergebnis eines physikalischen Ursache-Wirkung-Wechselspiels, das sie auf ihre jeweils eigene Art und Weise abbilden.

Diese bisher selbstverständlichen Feststellungen sind erneut wachzurufen angesichts der digitalen Erweiterungen, denen sich das Medium Fotografie heute gegenübersieht. Der fotografische Prozeß wird mit einem gänzlich anderen, fotofremden Element verbunden: mit einer Rechenoperation. Die „Generative Fotografie"[23] Ende der 60er Jahre deutete den Wandel bereits an. Sie markiert den Übergang vom analogen Foto zum kalkulierten Bild: „Auf dem Wege zur Computerkunst"[24]. Die Geometrie ihrer Elementarzeichen und ihre Superierung zu komplexen Strukturen, die serielle und methodische Vorgehensweise, die Systema-

[23] *Jäger, G., Holzhäuser,*
*K. M.: Generative Fotografie.*
*Theoretische Grundlegung,*
*Kompendium und Beispiele*
*einer fotografischen Bildge*
*staltung. Ravensburg, 1975.*

[24] *Auf dem Wege zur Com*
*puterkunst: Wanderausstel*
*lung 1970-1980 durch inter*
*nationale Goethe-Institute.*
*Kurator H. W. Franke.*

tik und Numerik ihrer Programme sowie die Präzision ihrer Geräte und Operationen bei der Ausführung der Arbeiten waren und sind Symptome einer technischen Bildwelt, die heute allgemein zu werden beginnt. Es entstand eine „Erzeugungsfotografie", die sich ihre eigenen Gegenstände, Mittel und Formen schafft. Doch trotz ihres hohen Abstraktionsgrades und ihrer scheinbaren Entfernung vom ursprünglichen Foto waren die generativen Fotografien immer noch: reine Fotografien. Denn sie beruhten auf den ursprünglichsten Mitteln und Methoden des Verfahrens: dem Licht, der Kamera und dem lichtempfindlichen Material. Es waren analoge Bilder, nicht digitale; reelle Projektionen, nicht virtueller Schein[25].

## V. Analoge und digitale Fotografie

Diese Unterscheidung erweist sich heute als notwendig, um eine „Fotografie nach der Fotografie"[26] zu beschreiben. Es ist unumgänglich, sich das bisher Selbstverständliche, die analoge Eigenschaft des Fotos, erneut bewußt zu machen, um das „andere", das digitale Foto, von ihm zu unterscheiden. Es ist wichtig, diesen Unterschied kenntlich zu machen, denn die Präzision künftiger Kommunikation wird von dieser Unterscheidung mit abhängig sein. Denn schon jetzt geht die Realität der analogen, „natürlichen" Bilder zunehmend in der Realität der digitalen, „künstlichen" auf. Das kalkulierte Bild führt zum Verschwinden der ursprünglichen Fotografie. Es setzt sich aus triftigen Gründen – ökonomische, ökologische und ästhetische gehören dazu –, immer mehr durch. Das analoge Foto befindet sich zwar inzwischen in guter Gesellschaft, also in Galerien, Museen und Sammlungen. Aber als Quelle visueller Inspiration und Erneuerung verliert es an Bedeutung und wirtschaftlicher Kraft. Es wird sich auf die neuen Umstände einstellen müssen.

Im konventionellen Foto entspricht jeder Bildpunkt einem – „seinem" – Objektpunkt. Beide Punkte sind durch den Lichtstrahl ursächlich miteinander verknüpft: Das Bild ist Ergebnis einer Analogie zwischen der Welt außerhalb und innerhalb der Kamera. Es entsteht bei der Belichtung und in der Regel in einem kurzen Augenblick, „mit einem Mal", als komplexer, ganzheitlicher Vorgang, nicht etwa durch einen Aufbau Punkt für Punkt.

Diese beiden Prinzipien, Analogie und Komplexität, sind bei der digitalen Bildherstellung aufgehoben. Das „Foto" mutiert von einem komplexen in ein lineares Medium. Sein Bild ist nicht mehr wie vorher „mit einem

[25] *Vergl. dazu Flusser, V.: Digitaler Schein. In: Rötzer, F. (Hrsg.), Digitaler Schein. Ästhetik der elektronischen Medien. Frankfurt/M, 1991.*

[26] *v. Amelunxen, H., Iglhaut, S., Rötzer, F. u. a.: Fotografie nach der Fotografie. München, 1995.*

Mal" da, sondern es wird Punkt für Punkt und Zeile für Zeile in einen elektronischen Datenträger eingelesen – gescannt –, dort entsprechend gespeichert und später weiterverarbeitet. Sichtbar ist es zunächst nur auf dem Bildschirm des Monitors, wo es, ein Vorteil, sofort kontrolliert und bearbeitet werden kann. Und obwohl sich die Ergebnisse von analogen und digitalen Fotos bei oberflächlicher Betrachtung oft gleichen und vordergründig kaum voneinander zu unterscheiden sein mögen: die digitale Fotografie ist etwas grundsätzlich Anderes. Sie ist kein Lichtbild, sondern ein Rechenbild, dem ein mathematischer Algorithmus zugrundeliegt. An der Schnittstelle zwischen dem analogen Bild, das in der Kamera entsteht, und seiner Digitalisierung im Rechner gibt die Fotografie ihren Geist auf.

Doch ist zu unterscheiden in die digitale (Kamera-) „Fotografie", bei der die fotografische Optik, nach wie vor eine zentrale Rolle spielt, und in das digitale „Bild", das durch das Einlesen (das „Scannen"), eines vorhandenen Fotos in einen Rechner entsteht. Im ersten Fall ist der Unterschied gegenüber dem konventionellen Foto nicht so gravierend. Der fotochemische Datenträger (die „Schicht") wird durch einen fotoelektronischen Träger (den „Chip") ersetzt. In beiden Fällen schreibt sich das Licht in den Träger ein. Auch stehen beide dem gestaltenden Zugriff offen, wobei in der digitalen Fotografie die zuvor getrennten Arbeitsschritte Aufnahme und Bildbearbeitung mehr und mehr zusammenrücken und, etwa in der Studiofotografie, zu einem einzigen ineinandergreifenden interaktiven Vorgang werden. Dennoch ist es angemessen, hier weiterhin von „Fotografien" zu sprechen, da es sich um in erster Linie optisch erzeugte Abbildungen handelt. Anders verhält es sich dagegen beim Einlesen eines vorhandenen Fotos in einen Rechner mittels eines Scanners. Durch das Scannen stirbt das Foto. Es wird punktiert, linearisiert, in Reihe geschaltet und damit seiner Komplexität beraubt. Ihm wird Gewalt angetan. Sein jetzt binär codierter Datensatz ist an jedem seiner Punkte zu verändern und mit entsprechenden Bildbearbeitungsprogrammen jeder vorstellbaren Animation und Reanimation zugänglich – ohne daß dies nachvollziehbar wäre. Seiner vielfachen Veränderung und „fremden" Nutzung sind kaum Grenzen gesetzt. Das galt zwar auch schon für das konventionelle Foto und seine chemische Speicherung. Aber die Vorgänge waren nachweisbar, Retusche und Montage waren ersichtlich. Hier endet das „Foto", und es wäre angemessener, ab jetzt vom digitalen „Bild" zu sprechen[27].

27 *Jäger, G.,: Analoge und digitale Fotografie. Das Technische Bild. In: s. Zit. 26, 1995, S. 108ff.*

## VI. Einbildung

Das digitale Bild ersetzt hier das Lichtbild. Der Elektronenstrahl löst den Lichtstrahl ab, das Pixelelement das Punktelement, das Quadrat den Kreis, das Konstruierte das Organische, der Rechner hier drinnen die Welt da draußen. Begriffe wie „Picture Processing", „Image Processing", „Digital Imaging" treten an die Stelle der „Abbildung" bisheriger Art. Die Auflösung im Scanner schließt die Auflösung des Fotos ein. Das Reale weicht dem Kalkulierten, das jetzt das eigentlich Reale wird. Die Fiktion wird zum Faktum, das „Foto" gerät zu einer Einbildung.

Glaubwürdig ist jetzt nur noch das Bild als Bild im Zusammenhang mit anderen Bildern und Texten. Es geht nicht mehr um das Bild als Abbild der äußeren Wirklichkeit, sondern um das Bild als Abbild einer Vorstellung und seiner selbst, es geht um die Realität des Bildes. Eine digitale Fotografie ist keine Fotografie im ursprünglichen Sinne[28]. Die digitale Fotografie ist eine eingeschränkte, zugleich aber auch um einen entscheidend neuen, fotofremden Faktor erweiterte Fotografie, so widersprüchlich wie faszinierend. Sie scheint in absehbarer Zeit aus den genannten Gründen zum Normalfall zu werden. Das bearbeitete Foto ist in zunehmendem Maße das erwartete. Nicht das „richtige", sondern das „falsche" Foto ist das Richtige. Ein weiterer Paradigmenwechsel findet statt, eine erneute Umkehrung der „wahren Verhältnisse" und bisheriger Werte: von der formalen, zur dialektischen, zur paradoxen Logik heutiger Zeit[29].

Aus Sicht der reinen Fotolehre wurde der geschilderte Prozeß oft schmerzlich empfunden. Tatsächlich geht ja ein hohes Gut verloren: Beweiskraft. Der Konsens über die Abbildungstreue des Apparates verliert an Bedeutung. Dem Bilddokument folgt die Bilderfindung. Der Wahrheitsgehalt beider ist dennoch gleichzusetzen. Denn es gibt ja kein Bild das nicht täuscht, enttäuscht. Auch das automatische, funktionelle und „ohne die Hand eines Zeichners" zustande gekommene Foto konnte nicht alle Hoffnungen und Wünsche erfüllen. Es war stets ein Produkt aus Idee und Erlebnis, Vorstellung und technischem Material – allein, daß es entstand. Es war und ist etwas Hergestelltes, ein Konstrukt, eine besondere Art der Veranschaulichung der äußeren Objekte und ihrer Verhältnisse, auf die die Kamera gerichtet war, mit einem Wort: Visualisierung.

[28] Wittwer, C.: Das digitale Bild ist keine Fotografie. In: Neue Zürcher Zeitung, 8.11.1996, S. 37.

[29] Virilio, P.,: Die Sehmaschine. Berlin, 1989. Virilio unterscheidet darin: Das Zeitalter der formalen Logik des Bildes mit den Medien Malerei – Radierung – Architektur (Realität); das Zeitalter der dialektischen Logik des Bildes mit den Medien Fotografie – Kinematografie (Aktualität) und das Zeitalter der paradoxen Logik des Bildes mit den Medien Videografie – Holografie – Infografie (Virtualität).

*Abb. 8 Inez van Lamsweerde, Sasja 90 – 60 – 90, 1992. Digital bearbeitete Fotografie, 100 x 100 cm. © Art + Commerce, New York (Original in Farbe)*

## VII. Visualisierung

Die Fotografie der äußeren Objekte wird fortbestehen. Sie wird gebraucht für die Darstellung und Interpretation einer Welt, die sich ständig verändert und deren latente Zeichen durch das berichtende Foto erkannt, aufbereitet und der Betrachtung zugeführt werden müssen. Moderne, Wahrheit und Treue ihrem Gegenstand gegenüber verpflichtete Fotoreportage und engagierte, teilnehmende Dokumentarfotografie werden diese Aufgabe auf ihre spezifische und bewährte Art und Weise auch weiterhin erfüllen.

Daneben entsteht in wechselseitigem Austausch von analoger Bilderfahrung und digitaler Bilderfindung eine neue Generation Technischer Bilder. Das analoge Foto geht in ihnen als Wirklichkeitszitat auf.

Aber es existiert auch bereits ein sehr viel weitergehendes Instrumentarium für eine Fotografie, deren optische Parameter (Perspektive, Beleuchtung, Faktur usw.) im Rechner lediglich simuliert werden; längst

*30 Siehe dazu Titelblatt und Frontispiz: Beispiel für eine künstlerische Visualisierung eines historischen Kunstwerks. Screenshot von P. Serocka aus dem Projekt „Animato", Audiovisuelle Paraphrasen über das Gemälde K XVII von László Moholy-Nagy aus dem Jahr 1923 von Jäger/Holzhäuser/Dress u. a. Das Werk wurde algorithmisch erfasst und mit Hilfe einer virtuellen Kamera aufgenommen, untersucht und bildlich neu interpretiert.*

existiert eine „Virtuelle Fotografie", deren virtuelle Kamera virtuelle, in den Rechner eingegebene oder von ihm erzeugte „Objekte" beobachtet, umkreist und durchdringt, und die die Erscheinung dieser Objekte erst erzeugt, sie sichtbar macht und zu Bewusstsein bringt. Bilder dieser Art basieren auf den Errungenschaften der historischen Fotografie. Aber sie zitieren sie lediglich, und eigentlich ist alles an ihnen richtig falsch, auch das Licht, das sie zur „Aufklärung" ihrer Gegenstände brauchen. Die bisher gültige Unterscheidung zwischen Abbildung und Bilderfindung ist aufgehoben[30].

Trotz manch überraschender Entwicklung auf diesem Gebiet befindet sich die gedankliche und künstlerische Umsetzung dieser Bildwelt noch am Anfang. Noch greifen die neuen Bildmedien zurück auf bekannte Muster, sie kopieren und zitieren, re-animieren und re-generieren ihre eigene Geschichte bei ihrer tastenden Suche nach Aneignung, Vermittlung und Schöpfung von Inhalt, Form und Sinn: Replikate und Hommagen, Kopismus und Appropriation sind ihre aktuellen Ergebnisse. Hierin können sie als künstlerischer Ausdruck unserer Zeit gelten[31].

Die wissenschaftliche Visualisierung hat diese Probleme nicht. Sie benutzt alle modernen Mittel und Methoden zur Veranschaulichung dessen, was bisher verborgen war, sowohl die der analogen als auch der digitalen als auch der virtuellen Fotografie. Sie macht Fakten offensichtlich. In ihren besten Resultaten erschließt sie sonst unzugängliche Räume; macht sie einsichtig, evident. Aber sie erzeugt auch Information und *schafft* Fakten. Indem sie darstellt, konstituiert sie „Realität". Auch bei der wissenschaftlichen Visualisierung handelt es sich nicht nur um reine Abbildungen, sondern um Konstrukte[32].

Dennoch sind ihre Ergebnisse eindeutig. Sie unterliegen nicht der freien Interpretation, wie künstlerische Visualisierungen, die gerade zur freien Assoziation herausfordern. Sondern *was* wissenschaftliche Visualisierung abbildet, bedeutet oder anzeigt, ist indexikalisch festgelegt. Mit Hilfe entsprechender Zeichenerklärungen sind wissenschaftliche Bilder zweifelsfrei zu entschlüsseln. Sie sind logisch und nachvollziehbar in ihren Beziehungen zwischen Objekt, Bild und Bedeutung[33].

Bei allen Unterschieden zwischen wissenschaftlicher und künstlerischer Visualisierung haben beide „Kulturen" dennoch ein gemeinsames Ziel: Erkenntnisgewinn durch Sehen, Aufklärung durch Veranschaulichung und visuelle Wahrnehmung. Das schöpferische Spiel um Hervorbringung und Deutung ihrer vielfach eindrucksvollen Bilder gehört dazu.

[31] *Weski, T., Elger, D., Orchard, K., Sand, G.: Konstruktion Zitat. Kollektive Bilder in der Fotografie. Ausstellungskatalog Sprengel Museum Hannover, 1993.*

[32] *Schlich, Th.: Wichtiger als der Gegenstand selbst. Die Bedeutung des fotografischen Bildes in der Begründung der bakteriologischen Krankheitsauffassung durch Robert Koch. In: Bericht FAZ v. 14.6.1995: „Die Repräsentation eines Objektes oder einer Tatsache teilt dessen Existenz nicht nur mit, sie konstituiert diese Existenz auch". „Koch gelang (es), seine Zeitgenossen davon zu überzeugen, daß die von ihm beschriebene bakteriologische Realität existierte. Sein wichtigstes Hilfsmittel war dabei die Fotografie".*

[33] *Ringvorlesung „Visualisierung zwischen Kunst und Mathematik", Universität Bielefeld/Fachhochschule Bielefeld, Sommersemester 1996, aus der diese Publikation hervorgegangen ist.*

# Die lebendigen Sprachen der Medien und deren Repräsentationssprachen. Einige Fragen der Visualisierung tanzsprachlicher Repräsentationen

János S. Petöfi

## Einleitende Bemerkungen zur Terminologie

Zur Erörterung des obigen Themas halte ich es für notwendig, zunächst einige einleitende Bemerkungen terminologischer Art zu machen.

Den Terminus „Sprache" verwende ich nicht nur in engerem Sinne (d. h. als Element der zusammengesetzten Ausdrücke „lateinische Sprache", „ungarische Sprache", „deutsche Sprache" usw.), sondern auch in weiterem Sinne (d. h. auch als Element von solchen zusammengesetzten Ausdrücken wie z. B. „die Sprache der gregorianischen Musik", „die Sprache der klassischen europäischen Musik", „die Sprache des ungarischen Volkstanzes", „die Sprache des klassischen Balletts" usw.).

Der Terminus „Medium" ist in meiner Terminologie ein Hinweis auf einzelne Sprachtypen, und die Bezeichnungen „verbales Medium", „Medium der Musik", „Medium des Tanzes" verwende ich in diesem Sinne.

Im Terminus „lebendige Sprache von Medien" ist die Komponente „lebendige Sprache" nicht das erste Element der üblichen Gegenüberstellung „lebendige Sprache" vs. „tote Sprache", sondern vielmehr das erste Element der Gegenüberstellung „lebendige Sprache" vs. „Sprachsystem" das zur Registrierung von Äußerungen in einer lebendigen Sprache dient. In diesem Sinne unterscheide ich zwischen den „oralen verbalen sprachlichen Äußerungen" und der „Registrierung dieser oralen sprachlichen Äußerungen mit Hilfe irgendeines Sprachsystems", zwischen den „erklingenden Musikwerken" und der „Registrierung dieser Musikwerke in Form einer Partitur", zwischen den „tatsächlich aufgeführten Tänzen" und der „Registrierung dieser Tänze in Form einer Tanzpartitur", usw.

Mit dem Terminus „lebendig-sprachliches Kommunikat" weise ich auf „semiotische Produkte" hin, die durch die Anwendung beliebiger lebendiger Sprachen (bzw. deren Kombinationen) von beliebigen Medien zustande kommen. Schließlich verwende ich den Terminus „Repräsentationssprache" im allgemeinsten Sinne des Wortes: eine Repräsentation kann eine *Inskription* sein, das heißt, ein partiturähnliches (sekundäres) semiotisches Objekt, das für die „Registrierung" jeglicher (im oben beleuchteten Sinne verstandenen) verbalen, musikalischen, tänzerischen „lebendig-sprachlichen Kommunikate" dient (siehe Goodman, 1968); sie kann jedoch auch ein (verbal- oder logisch-) *metasprachliches*, oder ein andersartiges (z. B. *ikonisches*) *Konstrukt* sein .

## 1. Gesprochene Sprache — Musik — Tanz

Ich habe im Obigen vor allem die verbalen, die musikalischen und die tanzsprachlichen Kommunikate erwähnt. Dafür gibt es einen historischen und einen vom Historischen wohl nicht ganz trennbaren theoretischen Grund.

**1.1** Um den *historischen Grund* zu beleuchten, möchte ich Thrasybulos Georgiades zitieren (Georgiades, 1958), der bei seiner Analyse der Verwendung des altgriechischen Wortes „musikè" und bei der Analyse von Aspekten der Ursprünge von Prosa, Vers und Musik, wie sie im westlichen christlichen Kulturkreis später entstanden sind, zu den folgenden Feststellungen gelangt:

- Das altgriechische Wort „musikè" (grammatikalisch ein Adjektiv) weist ursprünglich auf eine Grundeigenschaft des altgriechischen *Verses* hin, nämlich auf die Grundeigenschaft, daß dieser als Vers ein „musikalischer Vers" war, indem sein Rhythmus durch den Wechsel von langen und kurzen Silben eindeutig bestimmt war:
  - die Länge und die Kürze der Silben war rhythmisch in den Silben ein für und allemal gegeben;
  - die lineare Struktur der „Vers-Sätze" hing nie vom logisch-grammatischen Aufbau des darin ausgedruckten Gedankens ab, sondern vom Rhythmus, der in ihnen zum Ausdruck kommen sollte;
  - infolge der Dominanz des rhythmischen Prinzips sind in der linearen Struktur der Verssätze Wörter unterschiedlichster Wortarten nebeneinander gereiht worden; dies hatte jedoch, zumal die altgriechische Sprache über eine reiche morphologische Struktur verfügt, keine Störungen des Verstehens zur Folge.
- Am Ende der Antike „spaltete sich" das ursprüngliche Musikalische (die *musikè*): im westlichen christlichen Kulturkreis ist daraus einerseits die *Prosa*, andererseits das entstanden, was wir heute *Musik* nennen; aus der Prosa entstand dann der „sprachlich (nicht musikalisch!) determi-

nierte" *Vers.* Diese Änderung kann grafisch wie folgt dargestellt werden:

• Das Musikalische (*musikè*) bestimmende „rhythmische Prinzip" war weiterhin auch ein „Bewegungsprinzip", das sich im *Tanz* manifestierte. Georgiades glaubt im Rhythmus des griechischen Volkstanzes mit dem Namen „syrtoi" den Rhythmus der Epen von Homer zu entdecken; und auf dieser Grundlage nimmt er weiterhin an, daß diese möglicherweise nach dem Rhythmus der Sprache(!) tanzend vorgetragen worden seien. Auf eine eingehendere Beschäftigung mit der außerordentlich interessanten Analyse von Georgiades muß ich hier verzichten. Die wenigen obigen Feststellungen von ihm habe ich vor allem deshalb angeführt, um vor deren Hintergrund auf die vermutlich gemeinsamen (altgriechischen) Wurzeln von (verbaler) Sprache, Musik und Tanz, wie diese im westlichen *christlichen* Kulturkreis entstanden sind, hinzuweisen.

**1.2** Was den *theoretischen Grund* betrifft, so möchte ich hier nur hervorheben, daß es das verbale Medium, das musikalische Medium und das Medium des Tanzes waren, für deren Sprachen (zur „systemartigen" Registrierung der Kommunikate) *Schriftsysteme* – mit der Terminologie von Goodman: *Inskriptionssysteme* – entstanden sind: zuerst entstanden Schriftsysteme für die *verbalen* Sprachen, dann für die Sprache(n) der *Musik*, und erst später für die Sprache(n) des *Tanzes.*

Auf die Geschichte der Entstehung dieser Schriftsysteme und auf deren individuelle semiotische Charakteristika möchte ich hier nicht eingehen. Zu diesem Thema liefern die folgenden Werke einen guten Überblick: Haarmann, 1990; dtv-Atlas zur Musik, 1977; Jeschke, 1983.

Mein Ziel ist hier ausschließlich, einige allgemeine, alle Repräsentationssprachen betreffende Aspekte aus sprachphilosophischer Sicht zu beleuchten.

**1.3** Wenn man die historische Entwicklung der verbalen, der musikalischen und der tanzsprachlichen Repräsentationssprachen und deren Eigenschaften kennt, stellt sich ganz natürlich die folgende Frage: sind für die Sprachen der *übrigen Medien/Multimedien* lediglich *bisher noch* keine Repräsentationssprachen entwickelt worden, oder ist es aus irgendwelchen (tieferliegenden) Gründen gar nicht erst *möglich*, solche zu entwickeln? Eine Antwort auf diese Frage können erst weitere Forschungen geben.

## 2. Einige allgemeine Aspekte der lebendigen Sprachen der Medien und deren Repräsentationssprachen.

Wenn man die allgemeinen Eigenschaften der lebendigen Sprachen und deren Repräsentationssprachen analysieren will, ist es zweckmäßig, von einem *globalen Modell* auszugehen (siehe Abb. 1)

Abb. 1

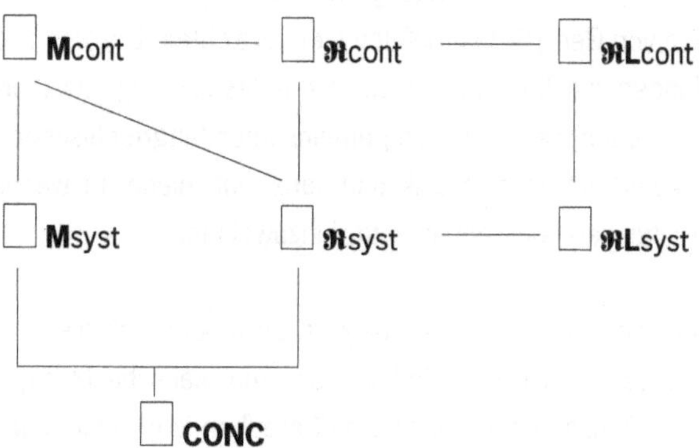


Abb. 1 ist wie folgt zu interpretieren:
- in die Vierecke sind die auf das Medium der verbalen, musikalischen oder tanzsprachlichen Kommunikation verweisenden Symbole (der Reihe nach: v, m, bzw. t) einzusetzen;
- das Symbol **CONC** [con̲c̲e̲ptum] steht für (v, m, bzw. t-artige) *Begriffe* als *Abstraktionen* („mentale Entitäten"), die von jeglicher Manifestation und/oder jeglicher (geschriebenen oder gedruckten) Repräsentation unabhängig sind;
- das Symbol **M**syst steht für die *lebendig-sprachliche* **systemartige** [syst]*Manifestation* [=M] von (v, m, bzw. t-artigen) Begriffen;
    - v: für „mit neutraler Prosodie erklingenden" verbalen Klängen/ Klangreihen bzw. für ihre Registrierung auf einem „akustischen Träger" (Schallplatte, Tonband, oder CD);

- M: für „agogisch neutral erklingende Version" von musikalischen
Klängen/Klangreihen bzw. für ihre Registrierung auf einem „akusti-
schen Träger" (Schallplatte, Musikkassette, oder CD);
- T: für „in neutraler Form präsentierte Tanzbewegungen/Folgen von
Tanzbewegungen" bzw. für ihre Registrierung auf einem „visuellen
Träger" (Film, oder Videokassette);

- das Symbol **M**cont steht für die *lebendig-sprachliche* **kontextuelle**
[cont]*Manifestation* [=**M**] von (V, M, bzw. T-artigen) Begriffen;
  - V: für „in einer gegebenen Kommunikationssituation in einer gegebenen Weise erklingende prosodische Version" von verbalen Klän-
  gen/Klangreihen) bzw. für ihre Registrierung auf einem „akusti-
  schen Träger" (Schallplatte, Tonband, oder CD);
  - M: für „in einer gegebenen Kommunikationssituation in einer gegebenen Weise erklingende agogische Version" von musikalischen
  Klängen/Klangreihen) bzw. für ihre Registrierung auf einem „aku-
  stischen Träger" (Schallplatte, Musikkassette, oder CD);
  - T: für „in einer gegebenen Kommunikationssituation in einer gegebenen Weise präsentierte Tanzbewegungen/Folgen von Tanzbewegungen" bzw. für ihre Registrierung auf einem „visuellen Träger"
  (Film, oder Videokassette);

- das Symbol ℜLsyst steht für eine systemartige [syst] *Repräsentationssprache* [ℜL], unter deren Anwendung eine **systemartige** *Manifestation* [=**M**syst] von (V, M, bzw. T-artigen) Begriffen [=**CONC**] repräsentiert werden kann [ℜsyst];
- das Symbol ℜLcont steht für eine kontextuelle [cont] *Repräsentationssprache* [ℜL], unter deren Anwendung eine **kontextuelle** *Manifestation* [=**M**cont] von (V, M, bzw. T-artigen) Begriffen [=**CONC**] repräsentiert
werden kann [ℜcont];
- ℜsyst ist eine – durch die *Repräsentationssprache* [=ℜLsyst] erstell-
te – **systemartige** *Repräsentation*;
- ℜcont ist eine – durch die *Repräsentationssprache* [=ℜLcont] erstell-
te – **kontextuelle** *Repräsentation*;
- die Verbindungslinien in Abb. 1 sind lediglich Hinweise auf die „Übergänge" zwischen den verschiedenen „Elementen", nicht jedoch auf den
Typ und die Richtung dieser Übergänge; eine mögliche Interpretation
dieser Übergänge wäre die folgende:

(1) **CONC** => **M**syst: die „Transformation" von *Begriffen* in **systemartige** *Manifestationen*;
(2) **CONC** => **ℜ**syst: die „Transformation" von *Begriffen* in **systemartige** *Rpräsentationen*;

(11) **M**syst => **M**cont: die (interpretative!) „Transformation" von **systemartige** *Manifestationen* in **kontextuelle** *Manifestationen*
(21) **ℜ**syst => **ℜ**cont: die (interpretative!) „Transformation" von **systemartigen** *Repräsentationen*, die mit Hilfe einer gegebenen **ℜL**-
syst Repräsentationssprache erstellt worden sind, in **kontextuelle**
*Repräsentationen*, die unter Anwendung einer gegebenen **ℜL**cont
Repräsentationssprache erstellt werden können;
> diese Transformation setzt voraus, daß erst die Transformation
> **ℜL**syst => **ℜL**cont durchgeführt wird (d. h. die „Anreicherung"
> der Sprache der **systemartige** *Repräsentationen* im Interesse
> der Erstellung der Sprache der **kontextuellen** *Repräsentatio-
> nen*), oder daß eine – von der **ℜL**syst unabhängige – **ℜL**cont
> Repräsentationssprache konstruiert wird;

(3) **ℜ**syst => **M**syst: die Transformation von **systemartigen** *Repräsentationen*, die mit Hilfe einer gegebenen **ℜL**syst Repräsentationssprache erstellt worden sind, in **systemartigen** *Manifestationen*;
(4) **ℜ**cont => **M**cont: die Transformation von **kontextuellen** *Repräsentationen*, die mit Hilfe einer gegebenen **ℜL**cont Repräsentationssprache erstellt worden sind, in **kontextuelle** *Manifestationen*;
(5) **ℜ**syst => **M**cont: die (interpretative!) Transformation von
**systemartigen** *Repräsentationen*, die mit Hilfe einer gegebenen
**ℜL**syst Repräsentationssprache erstellt worden sind, in **kontextuelle** *Manifestationen*.

Betrachten wir jetzt kurz die Interpretation von Abb. 1 im Hinblick auf verschiedene lebendige Mediensprachen und ihre Repräsentationssprachen.

Bei dieser Interpretation dürfen wir nicht außer acht lassen, daß die
Verwendung der geschriebenen/gedruckten Sprache in der verbalen
Kommunikation die *gleiche normale* kommunikative Funktion erfüllt wie
die gesprochene Sprache. Dies gilt weder für die *musik-sprachliche*,
noch für die *tanz-sprachliche* Kommunikation: sowohl die Musik, wie auch
der Tanz erreichen den „Durchschnitts"-Empfänger in der Form einer

„lebendig-sprachlichen" Aufführung (sei dies eine „life"-Aufführung, oder eine mit Hilfe eines technischen Trägers aufgezeichnete Aufführung)! Es existieren jedoch auch sekundäre (geschriebene/gedruckte) Sprachen für die Aufzeichnung von musik-sprachlichen und tanz-sprachlichen Kommunikaten, doch sind diese nur für entsprechend ausgebildete Empfänger zugänglich. „Hören" und „Erklingenlassen" einer Musikpartitur können in der Regel nur Berufsmusiker. Nur wenige Empfänger – die mehr oder weniger eine Partitur lesen können – verfolgen beim Musikempfang eine Partitur. Eine Tanzpartitur „lesen" und in adäquater Weise „in Bewegungen umsetzen" können nicht einmal alle Berufstänzer. Beim Empfang von Tanzwerken versucht wohl kaum ein Empfänger eine Tanzpartitur zu lesen, was nicht nur damit zu erklären ist, daß Tanzpartituren zu lesen wesentlich schwieriger ist als Musikpartituren, sondern auch damit, daß der Empfang von Tanz genauso wie das Lesen einer Tanzpartitur visuelle Perzeption voraussetzt.

**2.1** Zur Analyse der möglichen *Repräsentationen* [=**v-ℜ**] der *lebendigsprachlichen Manifestationen* [=**v-M**] des **verbalen** *Mediums* [=**v**] siehe Abb. 2.

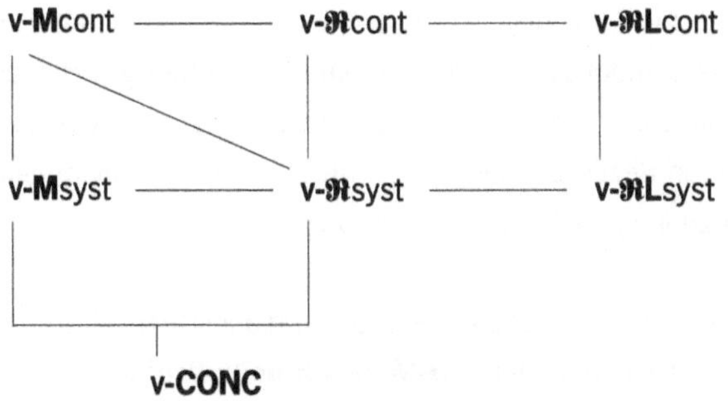



- **V-ℜ**syst (die **systemartige verbale** *Repräsentation*) kann
  - entweder eine *systemartige* **verbale Inskription** [=**v-I**syst] sein, das heißt, eine konventionelle, geschriebene/gedruckte Version („Partitur") von verbalen Klängen/Klangreihen, die „mit neutraler Prosodie" erklingen [=**v-M**syst]; v-ℜLsyst ist in diesem Fall eine Repräsentationssprache (ein konventionelles Schriftsystem), die zur Konstruktion von systemartigen Inskriptionen dient;

    - oder sie kann eine *systemartige* **verbal-metasprachliche Reprä-
sentation** [=v-mℜsyst]) sein, das heißt, eine verbal-metasprachliche Beschreibung von verbalen Klängen/Klangreihen, die „mit neutraler Prosodie" erklingen [=v-Msyst]; v-ℜLsyst ist in diesem Fall
ein Sektor einer verbalen Sprache, wobei diese verbale Sprache
nicht notwendigerweise mit der verbalen Sprache der gegebenen
Manifestation identisch sein soll;

    - oder sie kann eine *systemartige* **logik-sprachliche Repräsenta-
tion** [=v-lℜsyst] sein, das heißt eine verbal-metasprachliche Beschreibung von verbalen Klängen/Klangreihen, die „mit neutraler
Prosodie" erklingen [=v-Msyst]; v-ℜLsyst ist in diesem Fall eine Lo-
giksprache;

- was v-ℜcont (die **kontextuelle verbale** *Repräsentation*) betrifft, so
können wir über die Analoga der oben erwähnten drei (in engerem Sinne des Wortes: zwei) Repräsentationen sprechen; alle drei Analoga
können als solche Varianten der entsprechenden systemartigen Repräsentation verstanden werden, die auch Informationen in Bezug auf „in
der gegebenen Kommunikationssituation mit gegebener Prosodie erklingende verbale Klänge/Klangreihen" enthalten;

- die Verbindungslinien sind auch hier lediglich Hinweise auf die „Übergänge" zwischen den verschiedenen Elementen, nicht jedoch auf den
Typ und die Richtung dieser Übergänge; da die Elementen-Paare, auf
welche das Symbol „ℜ" hinweist, (gemäß den oben gegebenen Explikationen) je drei Varianten enthalten können, ist es zweckmäßig, die
Übergänge in Bezug auf alle (dreimal drei, insgesamt also) neun Möglichkeiten zu interpretieren und zu analysieren.

**2.2** Zur Analyse der möglichen *Repräsentationen* [=M-ℜ] der *lebendig-
sprachlichen Manifestationen* [=M-M] des **musikalischen** *Mediums* [=M]
siehe Abb. 3.

- M-ℜsyst (die **systemartige musikalische** *Repräsentation*) kann

    - entweder eine *systemartige* **musikalische Inskription** [=M-Isyst]
sein, das heißt, eine konventionelle, geschriebene/gedruckte Partitur von „agogisch neutral erklingenden musikalischen Klängen/
Klangreihen [=M-Msyst]"; M-ℜLsyst ist in diesem Fall eine Repräsentationssprache (ein konventionelles Notenschrift-System), die
zur Konstruktion von systemartigen Inskriptionen (Partituren) dient;

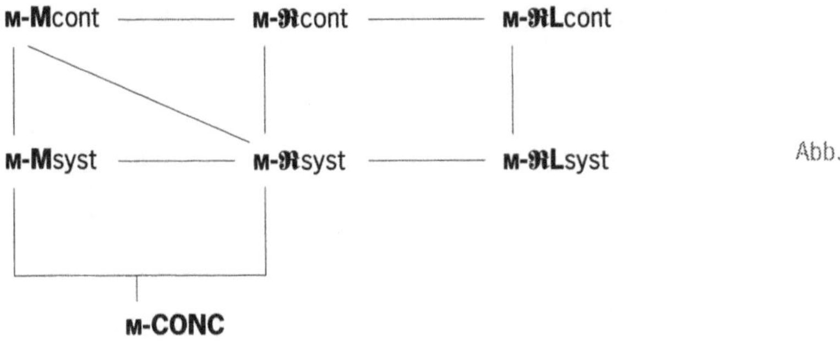

Abb. 3

- oder sie kann eine *systemartige* **musik-metasprachliche** *Repräsentation* [=**M-mℜ**syst]) sein, das heißt, eine verbal-metasprachliche Beschreibung von „agogisch neutral erklingenden musikalischen Klängen/Klangreihen [=**M-M**syst]"; **vM-ℜL**syst ist in diesem Fall ein Sektor einer verbalen Sprache;

- was **M-ℜ**cont (die **kontextuelle musikalische** *Repräsentation*) betrifft, so können wir über die Analoga der oben erwähnten zwei Repräsentationen sprechen; beide Analoga können als Varianten der entsprechenden systemartigen Repräsentation verstanden werden, die auch Informationen in Bezug auf „in der gegebenen Kommunikationssituation mit gegebener Agogie erklingende musikalische Klängen/Klangreihen" enthalten;

- die Verbindungslinien sind auch hier lediglich Hinweise auf die „Übergänge" zwischen den verschiedenen Elementen", nicht jedoch auf den Typ und die Richtung dieser Übergänge; da die Elementen-Paare, auf welche das Symbol **ℜ** hinweist, (gemäß den oben gegebenen Explikationen) je zwei Varianten enthalten können, ist es zweckmäßig, die Übergänge in Bezug auf alle (2 x 2, insgesamt also) vier Möglichkeiten zu interpretieren und zu analysieren.


**2.3** Zur Analyse der möglichen *Repräsentationen* [=**T-ℜ**] der *lebendigsprachlichen Manifestationen* [=**T-M**] des **tanz-sprachlichen** *Mediums* [=**T**] siehe Abb. 4


- **T-ℜ**syst (die **systemartige tanz-sprachliche** *Repräsentation*) kann

  - entweder eine *systemartige tanz-sprachliche* **Inskription** [=**T-I**syst] sein, das heißt, eine konventionelle, geschriebene/gedruckte Version („Tanzpartitur") von „in neutraler Form präsentierten Tanzbewegungen/Tanzbewegungs-Folgen" [=**T-M**syst]; **T-ℜL**syst ist in die-

Abb. 4

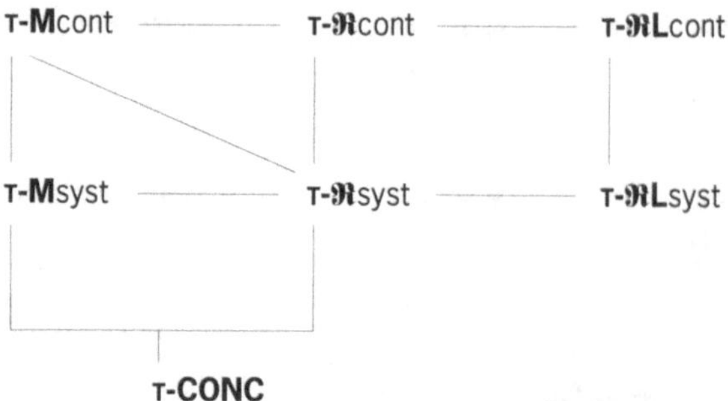



sem Fall eine Repräsentationssprache (z. B. das konventionelle Schriftsystem der sogenannten Laban-Notation), die zur Konstruktion von systemartigen tanz-sprachlichen Inskriptionen (Tanzpartituren) dient;

- oder sie kann eine *systemartige* **tanz-metasprachliche Repräsentation** [=T-mℜsyst] sein, das heißt, eine verbal-metasprachliche Beschreibung von „in neutraler Form präsentierten Tanzbewegungen/Tanzbewegungs-Folgen [=T-Msyst]"; T-ℜLsyst ist in diesem Fall ein Sektor einer verbalen Sprache;

- oder sie kann eine *systemartige* **ikonische Repräsentation** [=T-iℜsyst] sein, das heißt die (statisch-) ikonische Darstellung von „in neutraler Form präsentierten Tanzbewegungen/Folgen von Tanzbewegungen [=T-Msyst]"; T-ℜLsyst ist in diesem Fall ein ikonisches Symbolsystem;

• was T-ℜcont (die **kontextuelle tanz-sprachliche** *Repräsentation*) betrifft, können wir über die Analoga der oben erwähnten drei Repräsentationen sprechen; alle drei Analoga können als solche Varianten der entsprechenden systemartigen Repräsentation verstanden werden, die auch Informationen in Bezug auf „in der gegebenen Kommunikationssituation in gegebener, nicht-neutraler Form präsentierte Tanzbewegungen/Tanzbewegungs-Folgen [=T-Msyst]" enthalten;

• die Verbindungslinien sind auch hier lediglich Hinweise auf die „Übergänge" zwischen den verschiedenen Elementen", nicht jedoch auf den Typ und die Richtung dieser Übergänge; da die Elementen-Paare, auf welche das Symbol ℜ hinweist (gemäß den oben gegebenen Explikationen), je drei Varianten enthalten können, ist es zweckmäßig, die Übergänge in Bezug auf alle (dreimal drei, insgesamt also) neun Möglichkeiten zu interpretieren und zu analysieren.

**2.4** Die drei *grundlegenden sprachphilosophischen Fragen* im Zusammenhang mit diesen Repräsentationssprachen sind die folgenden:

- Welches der *Inskriptionssysteme* kann als *Notationssystem* betrachtet werden (und warum)? Goodman beschäftigt sich in seinem erwähnten Buch vor allem mit dieser Frage, wobei er die syntaktischen und semantischen Konditionen definiert, die ein Inskriptionssystem zu erfüllen hat, um als Notationssystem gelten zu können.
- Für welche Kommunikattypen kann kein Inskriptionssystem erstellt werden? In diesem Fall bleibt dann auch noch die Frage offen, ob es möglich ist, eine andere Art von Repräsentationssprache zu erstellen, und wenn ja, welche Art diese sein sollte.
- Welche sekundären Repräsentationssprachen könnten für die Repräsentationen eingeführt werden in dem Fall, wenn an die Stelle der Manifestationen in der obigen Abb. 1–4 die Repräsentationen eingesetzt werden würden?

Mit der Behandlung der Thematik der obigen Unterkapiteln verfolgte ich unter anderem das Ziel, in Bezug auf die betreffenden drei Kommunikattypen Aspekte der lebendigen Sprachen und deren (primären) Repräsentationssprachen zu erörtern.

Hinsichtlich aller drei Typen bleibt auch eine weitere Frage offen: die Frage nach dem künstlichen Erklingen-lassen/Darstellen-lassen von Kommunikaten auf der Grundlage deren Repräsentationen (oder zumindest deren Inskriptionen). Es ist bekannt, daß ein gedruckter Text mit Hilfe des Computers genauso erklingen kann wie eine gedruckte Musikpartitur, auch wenn nur auf der Ebene der **M**syst Manifestationen. Wie steht es jedoch um die tanzsprachlichen Repräsentationen? Einige Aspekte dieser Frage möchte ich im folgenden Kapitel kurz ansprechen.

## 3. Bemerkungen zum Verhältnis zwischen den systemartigen Repräsentationssprachen des tanzsprachlichen Mediums und den ihnen entsprechenden Manifestationen

Ich werde zunächst einige Beispiele für die verschiedenen systemartigen Repräsentationen bringen, und danach werde ich einige Aspekte der Transformation dieser Repräsentationen zu Manifestationen analysieren.

**3.1** Die *tanz-sprachliche Inskription* [=T-Isyst] ist, wie wir es oben bereits gesehen haben, *ein* Typ der systemartigen Repräsentationen. Eine solche Inskription ist in Abb. 5 enthalten. Diese Abbildung zeigt die Tanzpartitur des „Brautführertanzes" („Vöfélytánc"), entnommen aus der *Magyar Népzene Tára* [*Sammlung der Ungarischen Volksmusik*], Band III/B, S.613, die von unten nach oben zu lesen ist, worauf die Anordnung der Notenreihe, die als erste Kolumne vor der Tanzpartitur steht, hinweist. Diese Tanzpartitur, deren „Takte" parallel zu den Takten der Musikpartitur verlaufen, ist unter Verwendung der Laban'schen Tanznotation er-

Abb. 5

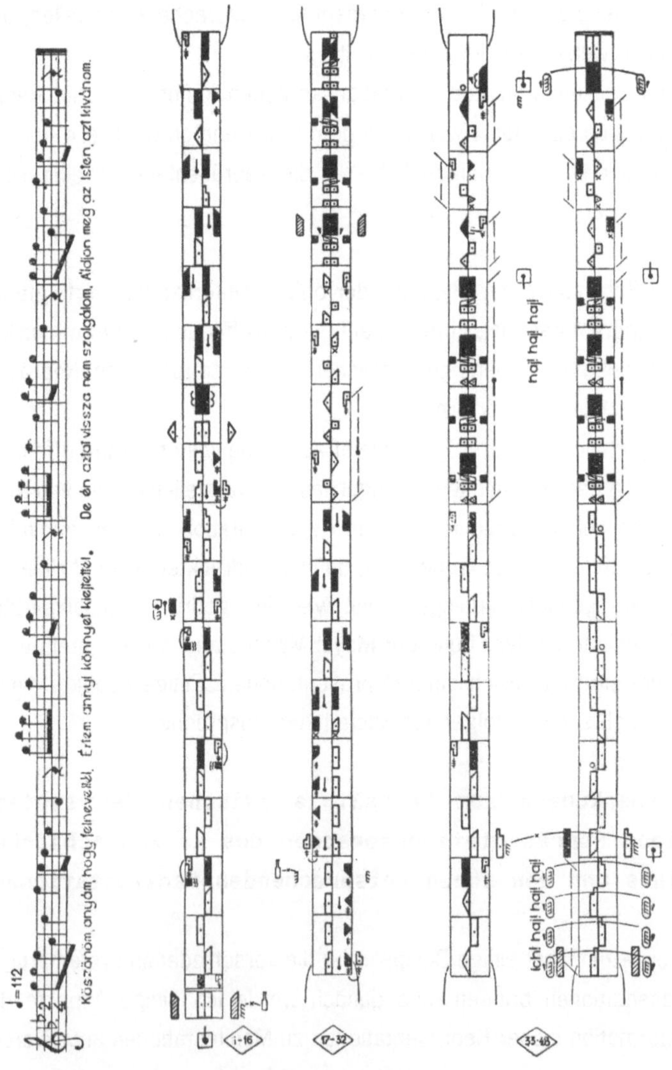

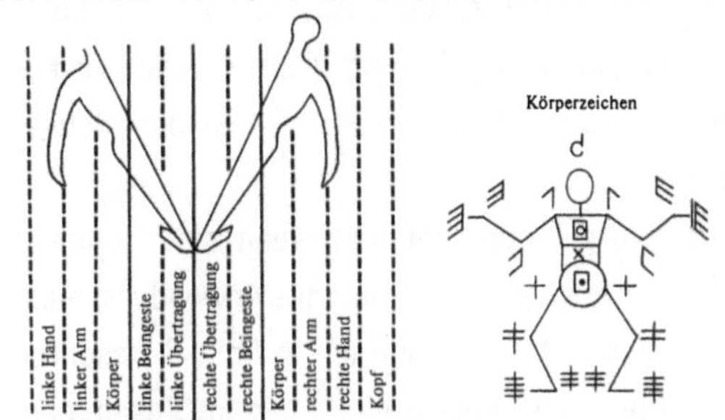


In der Übertragungsspalte werden sämtliche Bewegungen mit Körpergewicht notiert, gleichgültig, von welchem Körperteil sie ausgeführt werden. Rechts und links daneben folgt eine Spalte mit Beingesten. Die Bewegungen des Rumpfes können beliebig rechts oder links von der Beingestenspalte eingetragen werden. Es folgen die Spalten für die Arm- und Handbewegungen. Wie der Rumpf so kann auch der Kopf rechts oder links im Linienraster notiert werden. Wird eine Spalte einmal vorübergehend nicht benötigt, wird sie dennoch beibehalten. Nur wenn sich während eines größeren Bewegungsablaufes ein Körperteil überhaupt nicht bewegt, entfällt die entsprechende Spalte ganz.

Detailliertere Beschreibungen von Arm- und Beingbewegungen können das Schriftbild um eventuelle Spalten für Ober- und Unterarm, Hand und Finger, bzw. Ober- und Unterschenkel, Fuß- und Zehenzeichen erweitern. Zur Bezeichnung dieser Körperteile sind die sog. 'Körperzeichen' vorgesehen, die dann als Vorzeichen in das erweiterte Spaltensystem eingetragen werden.

*2. Darstellung der Richtung*
In der *Kinetographie Laban/Labanotation* wird die Richtung durch die Form des Richtungszeichens angegeben. Das Grundzeichen ist ein Rechteck, genannt 'Platzzeichen', es repräsentiert den Bezugspunkt für jede

Richtungsbestimmung. Die Umrißform der übrigen Richtungssymbole sind aus dem Rechteck des Platzzeichens abgeleitet.

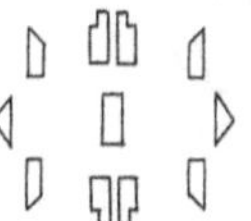

Durch Veränderung in der Ausgestaltung der Richtungszeichen (ihre Fläche wird in unterschiedlicher Weise ausgefüllt) ist der Höhengrad einer Bewegung gekennzeichnet. Schraffierung bedeutet hoch, Punkt bedeutet mittlerer Höhengrad, schwarz ausgefüllt bedeutet tief.



Jeder dieser Höhengrade kann auf jedes Richtungszeichen übertragen werden.



*3. Darstellung der Zeit*
Zeitdauer wird durch Veränderung der Richtungszeichen in ihrer vertikalen Ausdehnung dargestellt. Ein langes Symbol meint eine lange Zeitdauer, eine langsame oder verhaltene Bewegung; ein kurzes Symbol kennzeichnet eine kurze Dauer, eine schnelle oder plötzliche Bewegung.

Wird die Bewegungsdauer durch ein Taktmaß oder ein reales Zeitmaß bestimmt, so wird die Maßeinheit des Bewegungszeichens festgelegt, die vertikale Mittellinie dementsprechend unterteilt.

stellt worden. Was die Darstellung der Grundzüge der Laban'schen Tanznotation betrifft, die eine *inskriptionelle Repräsentationssprache* (T-𝕽Lsyst) ist und dazu dient, systemartige Tanzpartituren zu erstellen, soll hier der Auszug in Abb.6 (aus Jeschke, 1983) genügen.

Abb. 6

Den *zweiten* Typ der systemartigen Repräsentationen stellt die tanzmetasprachliche Repräsentation [=T-m𝕽syst] dar: im Band III/B der *Magyar Népzene Tára* [*Sammlung der Ungarischen Volksmusik*] finden wir auch hierfür ein Beispiel, indem auf S.515 der Ablauf/die Schritte des Brautführertanzes auch verbal beschrieben werden. (Auf die Darstellung dieses Textteiles werde ich hier verzichten, unter anderem deswegen, weil im Unterkapitel 3.2 auch für eine solche metasprachliche Beschreibung ein Beispiel gebracht wird). Der *dritte* Typ der systemartigen Repräsentationen ist die ikonische Repräsentation [=T-i𝕽syst]; die erwähnte tanz-metasprachliche Repräsentation erscheint im Band III/B der *Magyar Népzene Tára* [*Sammlung der Ungarischen Volksmusik*] kombiniert mit einer ikonischen Repräsentation. Zu dieser ikonischen Repräsentation siehe Abb. 7.

Abb. 7

Abb. 8

**3.2** Die *Magyar Népzene Tára [Sammlung der Ungarischen Volksmusik]* ist eine thematisch geordnete Sammlung der ungarischen Volksmusik – und auch des Volkstanzes –, wobei die Repräsentationen der fachgerechten Aufzeichnung dienen.

Die oben beschriebenen drei Repräsentationstypen sind übrigens auch in tanzpädagogischen Werken zu finden. Um ihre Anwendung auch in Werken dieser Art zu veranschaulichen, habe ich in Abb. 8 Beschreibung, Tanzpartitur und die ikonischen Repräsentationen im Zusammenhang mit einer Übung aus David (1990) collagenartig zusammengestellt.

---

# NEUN: LANGSAME ZWEIER- UND SCHNELLE DREIER-TAKTE

TAKT: langsame Zweier: 2/4; schnelle Dreier: 3/4

TEMPO: langsame Zweier: langsam, schnelle Dreier: mittel

PHRASIERUNG: langsame Zweier: 1 2 / 2 2 / 3 2 / 4 2 / 5 2 / 6 2 schnelle Dreier: 1 2 3 / 2 2 3 / 3 2 3 / 4 2 3 / 5 2 3 / 6 2 3

### AUSGANGSPOSITION
Fünfte Position. Rechter Fuß vorn, Arme an beiden Seiten herunter (Abb. 1).

### VORÜBUNG (ALLE STUFEN)
Diese Vorbereitung ist der Teil der Übung, den ich »langsame Zweier« nenne.

**Auf Zählzeit 1 2:** Aus der Ausgangsposition mit rechtem Fuß tendu nach vorn. Arme seitwärts bis leicht über Schulterhöhe anheben, Fingerspitzen voraus (Abb. 2). Dabei Opposition zwischen Händen und Scheitel spüren! Man sollte sich vorstellen, daß ein Energiestrang von den Innenflächen beider Hände durch beide Arme zur Wirbelsäule hinauf und schließlich zum Scheitel hinausgeht. Die Energie bewegt sich auf dieser Bahn. Sie reicht über die Handinnenflächen und über den Scheitel hinaus.

**Auf Zählzeit 2 2:** Plié in vierter Position, Gewicht gleichmäßig auf beide Füße verteilt. Die Arme schwingen rasch herunter und überkreuzen vor

dem Körper an den Handgelenken (Abb. 3).

**Auf Zählzeit 3 2:** Aufrichten ins relevé. Beide Arme wieder seitwärts heben wie auf Zählzeit 1 (Abb. 4). Opposition zwischen Scheitel und beiden Händen spüren.

**Auf Zählzeit 4 2:** Wieder plié in vierter Position und Arme vor dem Körper an den Handgelenken überkreuzen (Abb. 3).

**Auf Zählzeit 5 2:** Tendu nach vorn mit dem rechten Fuß. Weiter aufrichten, um das Standbein zu strecken. Die Arme gehen wieder auf beiden Seiten hoch, und das Gewicht sollte nun wie auf Zählzeit 1 (Abb. 2) auf dem Standbein sein.

**Auf Zählzeit 6 2:** Zurück in fünfte Position und ins plié. Die Arme überkreuzen vor dem Körper an den Handgelenken.

Wiederholen: diesmal tendu rechter Fuß nach rechts (1 und 5). Plié (2 und 4) und relevé (3) statt in vierter in zweiter Position machen. Mit rechtem Fuß zurück in fünfte schließen. Arme bleiben gleich.

Wiederholen: diesmal tendu rechter Fuß nach rückwärts (1 und 5). Plié (2 und 4) und relevé (3) wieder in vierter Position. Mit rechtem Fuß wieder zurückschließen in fünfte, Arme bleiben gleich.

Nach rechts wiederholen und wieder in fünfte Position schließen.

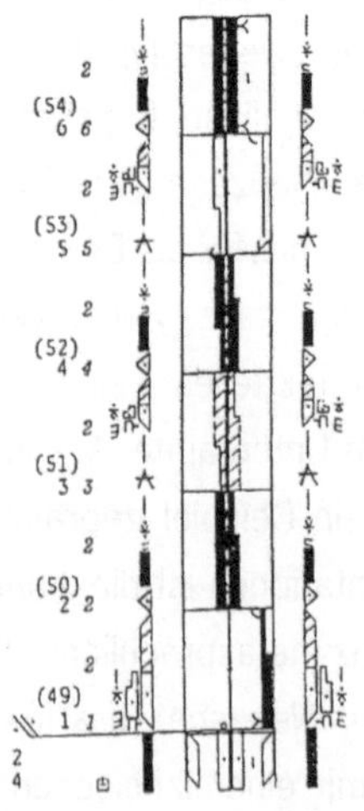

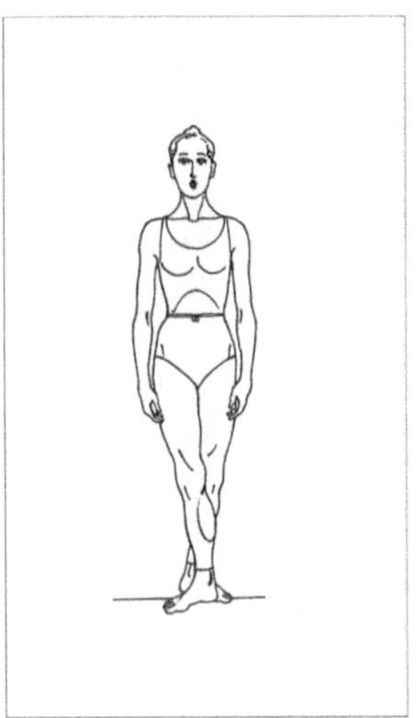
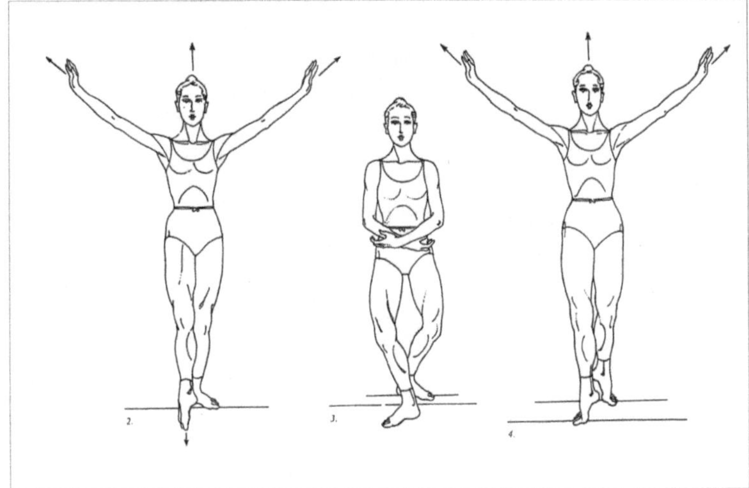

**3.3** Jede der erwähnten Repräsentationen ist statischer Natur, und zwar in zwei Hinsichten: einerseits deswegen, weil die ikonischen Repräsentationen ausschließlich aus Gruppen von „statischen Bildern" bestehen, andererseits deswegen, weil die Inskriptionen, ikonischen und/oder metasprachlichen Repräsentationen ausschließlich durch verbale Verweise miteinander verknüpft sind.

Abb. 8.1 und 8.2

Was die ikonischen Repräsentationen betrifft, so hat bereits Daniel (1990) versucht, den ersten Schritt in die Richtung der dynamischen Repräsentation von Bewegungen zu tun, indem er Bewegungssequenzen in einem Bild statisch zusammengefaßt darstellt. (Drei Repräsentationen in Abb. 8 veranschaulichen diesen Versuch).

Abb. 9

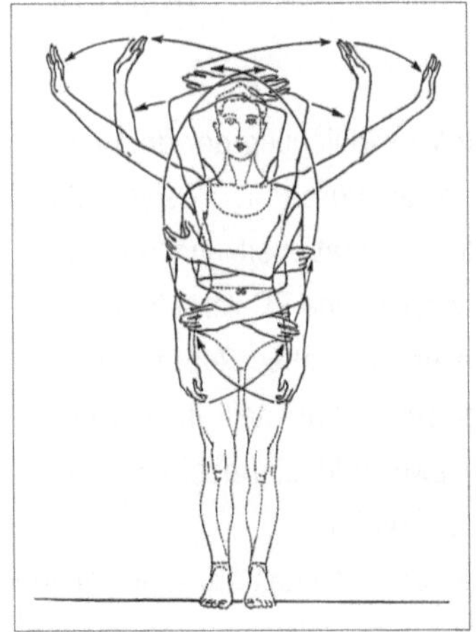
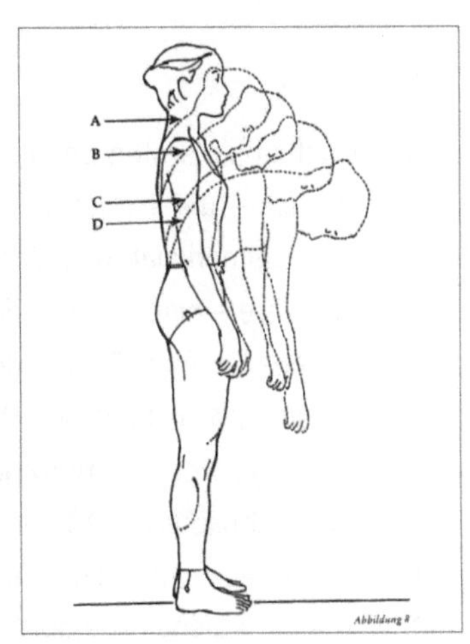
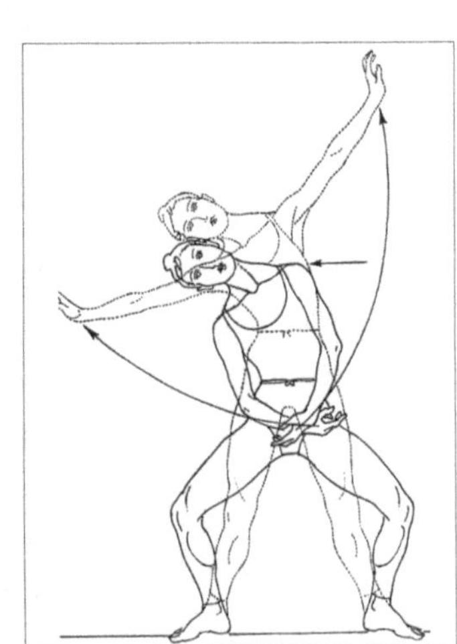

Abb. 10 oben und 11 unten

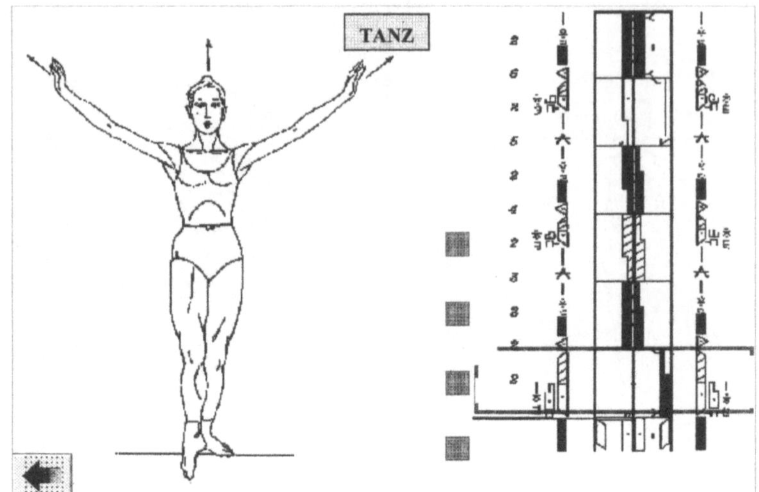


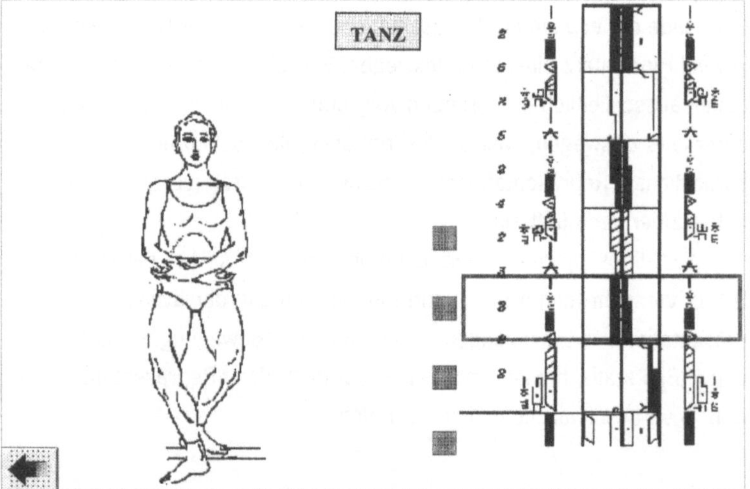


**3.4** Gewissermaßen als ersten Schritt zur Verwirklichung der doppelten Dynamizität habe ich – unter Ausschöpfung der durch die PCs gegebenen Möglichkeit multimedialer digitaler Repräsentationen und mit Hilfe der Toolbook Software – eine miteinander verbundene PC-Version der Laban'schen Inskription (in Abb. 8) und der vier ikonischen Repräsentationen erstellt (Bei der Erarbeitung des Programms hat mein italienischer Kollege Pier Giuseppe Rossi mitgewirkt). Zwei Bildschirmseiten dieser Version sind in den Abbildungen 10 und 11 zu sehen.

• Das schwarze Viereck unten links in der Laban'schen Tanzpartitur in Abb. 10 ist der „Bedienungsknopf" der Grundstellung: wenn dieser

Knopf angeklickt wird, verschiebt sich das „Leserparallelogramm" (das große, liegende Rechteck in der Abbildung) über die Zeile dieses untersten schwarzen Vierecks, und auf der linken Seite erscheint das Bild mit der Überschrift „Abb. 8.1" der Abb. 8 (nämlich die ikonische Repräsentation der Grundstellung).

- Wenn wir nun das schwarze Viereck über dem untersten schwarzen Viereck anklicken, verschiebt sich das Leserparallelogramm um einen Takt weiter nach oben, und es erscheint das Bild der ersten Tanzbewegung: die Bildschirmseite in Abb. 10.
- Wenn jetzt das dritte schwarze Viereck von unten angeklickt wird, erscheint das Bild der zweiten Tanzbewegung: die Bildschirmseite in Abb. 11.

Im Gegensatz zu dieser Schrittfolge, wobei die einzelnen Schritte durch beliebig lange Pausen voneinander trennbar sind (diese Schrittfolge könnte sogar als „Lernprogramm" der Laban'schen Tanzschrift dienen!), erhalten wir die vier Schritte als einen Vorgang, wenn wir das schwarze Viereck mit der Überschrift „Tanz" anklicken.

Diese Bildschirmseiten haben vorläufig Versuchscharakter, und sie zeigen – wenn man so will – dieselbe Inkonsequenz, die auch das zugrundegelegte Buch auszeichnet: während die Laban'sche Tanzschrift den Tänzer in der „Hinteransicht" betrachtet, stellt die ikonische Repräsentation den Tänzer in der „Vorderansicht" dar. Diese beiden „Ansichten" können jedoch – wenn notwendig – programmtechnisch leicht kongruent gemacht werden. In ähnlicher Weise kann auch die Bildreihe derselben Tanzbewegungsfolge in der „Seitenansicht" erstellt werden.

## 4. Zusammenfassung

Diesen kurzen Aufsatz könnte man gewissermaßen als ein *Forschungsprogramm* verstehen:
- in *sprachphilosophischer Hinsicht*: als Programm für die Erforschung der betreffenden Repräsentationssprachen, bzw. des Verhältnisses zwischen den verschiedenen Manifestationen und den ihnen entsprechenden Repräsentationen;
- in *allgemein-technischer Hinsicht*: als Programm für die Erforschung der Möglichkeiten, verschiedene Repräsentationen in entsprechende Manifestationen zu transformieren (und eventuell umgekehrt!);
- in *visuell-technischer Hinsicht*:

- einerseits als Programm für die der Erarbeitung einer „Leser-software", die es ermöglicht, die Takte der Tanzpartitur so in ikonische Repräsentationen zu transformieren, daß sie nicht einfach mit eingespeicherten, fertigen ikonischen Repräsentationen verknüpft werden, sondern diese Repräsentationen aus den Elementen eines eingespeicherten „Körperhaltungs-Wörterbuches" erstellt werden können;
- andererseits als ein Programm, das ermöglicht, eine Tanzpartitur als Bewegung von dreidimensionalen Figuren darzustellen.


## Literatur

**Daniel, Lewis:** Illustrierte Tanztechnik von José Limoon (Texte im Zusammenarbeit mit Lesleay Farlow. Labannotation von Mary Corey. Zeichnungen von Edward C. Scattergood. Aus dem Amerikanischen übertragen von Barbara Kaelber). Wilhelmshaven, Florian Noetzel Verlag, 1990.
**Dtv-Atlas zur Musik.** Tafeln und Texte. Bd 1. & 2. München: Deutscher Taschenbuch Verlag GmbH & Co. Kg., 1977.
**Georgiades, Thrasybulos:** Musik und Rhythmus bei den Griechen. Zum Ursprung der abendländischen Musik. Hamburg, Rowohlt, 1958.
**Goodman, Nelson:** Languages of Art. Indianapolis and Cambridge, Hackettt Publishing Company, Inc., 1968.
**Haarmann, Harald:** Universalgeschichte der Schrift. Frankfurt – New York, Campus Verlag, 1990.
**Jeschke, Claudia:** Tanzschriften. Ihre Geschichte und Methode. Die illustrierte Darstellung eines Phänomens von den Anfängen bis zur Gegenwart. Bad Reichenhall, Comes Verlag, 1983.
**von Laban, Rudolf:** Choreutik.Grundlagen der Raumharmonielehre des Tanzes (Aus dem Englischen übertragen von Claude Perrottet). Wilhelmshaven, Florian Noetzel Verlag, 1991.

# Der Voronator —
# eine Übung in Morphographie

Georg Nees

## 1. Einleitung: Regentenbilder im morphographischen Laboratorium

*„Doch das von uns durch Nebel der Unendlichkeit weit entfernte Kunstwerk wird vielleicht auch durch Errechnung geschaffen, wobei die genaue Errechnung nur dem ‚Talent' sich eröffnen wird, wie z. B. in der Astronomie."* Wassily Kandinsky[1]

Um zwei miteinander verknüpfte Dinge geht es: Zuerst die Beschäftigung mit einer Mannigfaltigkeit von visuellen Darstellungen, die man aus historischen Gründen als *verallgemeinerte Voronoidiagramme* bezeichnen kann, die wir jedoch *Regentengraphiken* oder einfach *Regentenbilder* nennen. Auch die Beschäftigung mit diesen Objekten heiße *Regentengraphik*. Zum zweiten grenzen wir die Morphographie, d. h. die begriffliche Umgebung in der wir Regentenbilder studieren, bewußt gegen das Gebiet der Kunst ab[2]. Denn wir wollen mit Regentenbildern lediglich als Experimentatoren im Feld der Ästhetik umgehen. Diese Haltung schließt freilich Situationen nicht aus, in denen ein Betrachter, vielleicht der am Bilde Schaffende selber, das Objekt durch seinen Blick zum Kunstwerk erhebt[3].

Methodisch gehen wir noch einen Schritt weiter und richten ein besonderes Laboratorium ein, in dem wir Regentenbilder und Systeme aus ihnen, als *Morphogramme* untersuchen, d. h. als Exemplare der *morphé*, der Form und Gestalt im ursprünglichen Sinn. Diese Position entspricht, so meinen wir, am unmittelbarsten der Wurzel des Ästhetischen, nämlich der *aisthesis* als reiner Wahrnehmung. Auch sehen wir von den andersartigen Wertvariablen des Kunstmarkts ab. Gerade diese Enthaltungen werden zum Schluß ein *Kostenparadoxon* sichtbar werden lassen.

Bevor wir in Abschnitt 3 die morphographische Denkweise bestimmen, wagen wir einen weiten Gedankensprung und fragen abrupt: „Wo ist das nächste Postamt?" Denn die Abstrahierung dieses Problems führt auf eine von dem russischen Mathematiker Voronoi entdeckte Aufteilung der euklidischen Ebene in getrennte Gebiete, durch n Punkte R(1) bis R(n): Ist P irgendein Punkt, dann liegt P definitionsgemäß in der *Satrapie* (im Postzustellbezirk) des *Regentenpunkts* (des Postamts) R(i), wenn die Entfernung zwischen P und R(i) kleiner oder mindestens nicht größer ist als die

---

[1] *Aus einem von Max Bill im Vorwort zu Kandinsky 52 zitierten Kandinsky-Text aus „Rückblicke" (Sturmverlag, Berlin 1913).*

[2] *Zur Regentengraphik Nees 90, 95 Kap. 7. Die später erwähnte Postamt-Metapher findet man in Meier 86. Zur Morphographie Nees 91, 92.*

[3] *Die Verantwortung des Betrachters für den Status des ästhetischen Objekts hat besonders D. Mahlow hervorgehoben: „Er ist genau so wichtig, wenn nicht überhaupt er es ist, der die Kunst erst macht", s. Rave 89, S. 25, vgl. Mahlow 89, ferner die Analyse in Nees 91.*

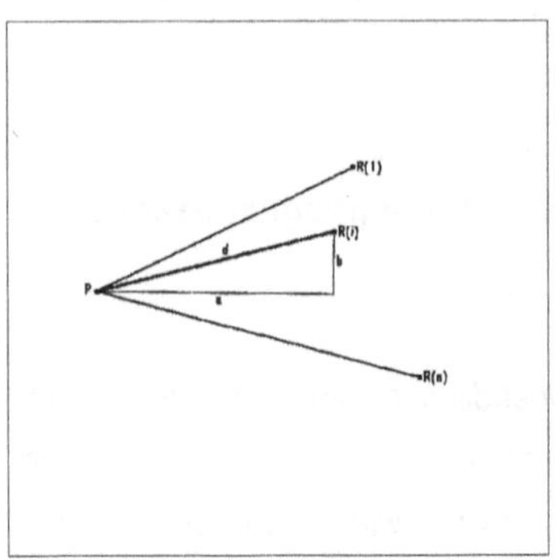

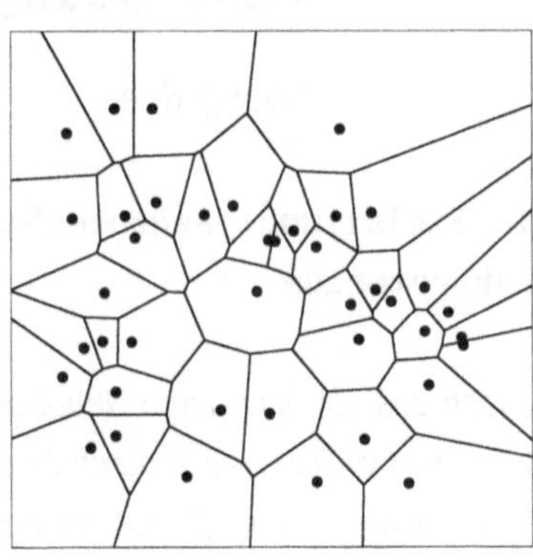

Entfernung zwischen P und allen übrigen *Regentenpunkten* R(k); siehe Abb. 1. Wir nennen P einen *Vasall* des Regenten R(i). Diese Ausdrucksweise betont schon die informelle Bedeutungsgleichheit zwischen den Begriffen des Regenten und des Regentenpunkts. Man bezeichnet derartige Partitionen der Ebene oder eines ihrer Teilgebiete als *Voronoidiagramme*. Abb. 2 zeigt ein Voronoidiagramm, in dem schwarze Punkte die Lage der Regenten markieren. Gerät nun P in die Gefahr, Vasall von zwei verschiedenen Regenten zu werden, dann setzen wir die Existenz eines Richters voraus, der P eindeutig unterordnet. Später werden wir mit dem Programm *Voronator* Voronoidiagramme bzw. Regentengraphiken berechnen und dabei auch die Eindeutigkeit der Regentenbestimmung gewährleisten.

Freilich deutet der Sprachgebrauch von den Regenten, ihren Satrapien und Vasallen, auf universellere Zusammenhänge, denn Wesen und Dinge scharen sich um mancherlei: z. B. Abwehrzellen im Körper um Angreifer, Termiten um ihre Königin, ja Sonnen um die Zentren von Galaxien. So bildet das Voronoidiagramm einen Ansatz zur Visualisierung eines weiten Gebiets von Fragen aus der reinen und angewandten Mathematik. Doch auch die Ästhetik selbst meldet Ansprüche an, was aus dem Beispiel des Ritters hervorgeht, der die *Farbe* seiner Dame trägt, gleichzeitig nicht aus ihrer Nähe weicht. Denn alle Ritter, so geschart um einen Hof von edlen Frauen, schüfen spontan eine bunte Regentengraphik. In diesem Aufsatz geben wir uns allerdings mit Schwarzweißmustern anstatt der Buntfarben zufrieden. Betrachtet man dann Abb. 4, so erkennt man gleichsam ein Ballett, in dem jede Dame ihren eigenen Hof regiert. Im Gegensatz zu den Abbildungen 4 und 5 zeigen 2 und 3 den Effekt nichtsymmetrischer Anordnung der Regenten. Man ersieht an diesen Beispielen, daß die gezielte Konstellierung von Regenten Strukturen hervor-

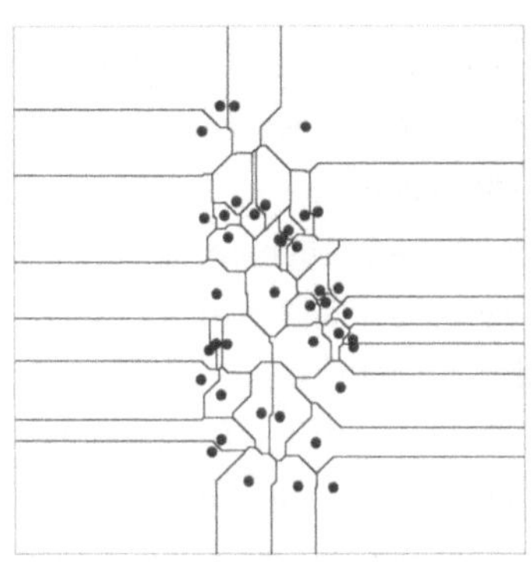 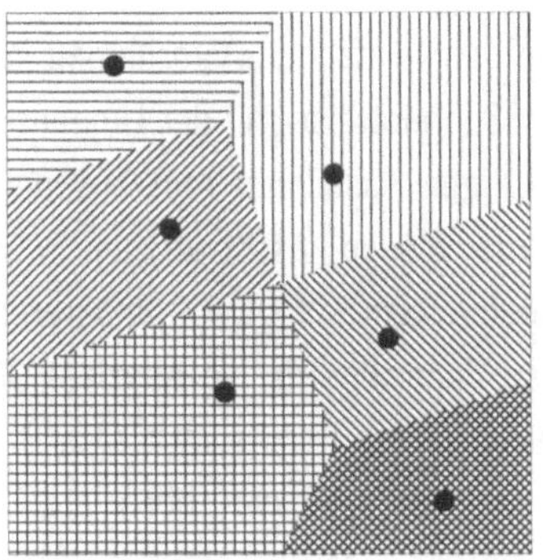 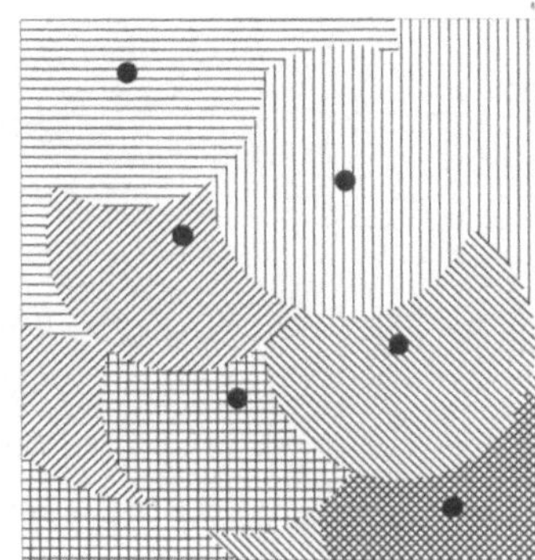

ruft, deren Wirkungsort immer der gesamte gewählte Ausschnitt der Ebene ist. Wir bezeichnen die Regentenkonfigurationen künftig als *Regimente*.

Allein mit diesem Begriffsapparat könnte man fesselnde geometrisch-ästhetische Studien treiben. Regentengraphik strebt allerdings nach mehr, denn sie geht mit der folgenden Fragestellung wesentlich über das klassische Voronoidiagramm hinaus: Welche Formen erhält man, wenn man die gewohnte euklidische Entfernung durch andere *Distanzbegriffe* ersetzt, d. h. wenn man bewußt in einem sehr allgemeinen Sinn *nichteuklidisch* operiert? Zur Erläuterung kehren wir zu Abb. 1 zurück. Mißt z. B. jeder Vasall zum Zweck der Wahl seines Regenten die Entfernung nicht durch die Strahllänge d, sondern durch die Summe der als absolute Zahlen genommenen Komponenten a und b von d, dann entsteht eine Regentengraphik von stark verändertem Typus. Dies beweist Abb. 3: Jetzt verlaufen die Grenzlinien zwischen den Satrapien nicht mehr in alle möglichen Richtungen, sondern nur noch in 8 verschiedene, nämlich waagrecht und dann mit einem Zuwachs von jeweils 45 Winkelgrad. In Abb. 5 wirkt eine dritte Distanzart, die wir noch besprechen werden, auf dasselbe symmetrische Regiment wie in Abb. 4.

Man beachte schließlich die durch die Abbildungen 2 bis 5 demonstrierte Experimentiertechnik: Durch überlegtes Verknüpfen eines Regiments mit einem Distanzbegriff gestaltet man eine Regentengraphik! Dabei sind wir auf den prägenden Einfluß der jeweils gewählten *Musterung* noch gar nicht eingegangen.

Abb. 3 *Regentengraphik mit markierten Regentenpunkten. Distanzbestimmung mit Hilfe der Tchebychevdistanz.*

Abb. 4 *Regentengraphik mit symmetrischem Regiment. Musterauswahl anhand der Regentennummer. Logische Musterung.*

Abb. 5 *Regentengraphik mit symmetrischem Regiment. Wirkung eines sehr rauhen Zerhackers auf die euklidische Entfernungsfindung.*

## 2. Der Voronator und der Limitator

Bevor wir die morphographische Methode erläutern, erklären wir die Programme, die man zur Herstellung von Regentenbildern braucht. Wir notieren die sehr einfachen Algorithmen in einer Mischung aus einer BASIC-artigen Schreibweise mit der Umgangssprache. Zuerst wählen wir einen rechteckigen Ausschnitt rect aus der euklidischen Ebene. Gewöhnlich bringt man diesen Ausschnitt zum Zweck des Experimentierens in ein Koordinatensystem auf dem Computerbildschirm. Ist dann P ein Punkt in rect, so bezeichne Px die Abszisse, Py die Ordinate von P; in gleicher Weise für andere Punktsymbole, z. B. für einen ermittelten Regenten R. Ferner speichern wir die Koordinaten von Regentenpunkten R(1) bis R(n) im Computer. Dadurch steht in Berechnungen die Abszisse des i-ten Regenten R(i) durch das Symbol Rx(i), die Ordinate durch Ry(i) zur Verfügung. Natürlich wird die Gestalt des erzeugten Regentenbildes entscheidend von der Wahl der Koordinatenwerte abhängen. Zum Schluß führen wir noch einige nützliche Zahlengrößen ein, die im gesamten Programm gelten, denen also jeweils beliebige Werte zugewiesen werden dürfen. Nach allen diesen Vorbereitungen ist dies ein Grundschema für den Voronator:

[1]   Voronator(rect)
     n = 6; i = 0; k = 0; d = 0; e = 0; winz = 0.0000001; c = 6;
     An bestimmten Punkten P von rect tue:
        DerRegent;
        Muster

Hier ermittelt das Unterprogramm DerRegent nicht nur den Regenten R(i) gleich R des Punkts P, sondern auch dessen Index i unter den möglichen Indizes 1 bis n bei z. B. n gleich 6 gespeicherten Regenten. Außerdem bestimmt DerRegent mit Hilfe einer euklidischen oder nichteuklidischen *Distanzfunktion* d = dist(P, R) auch die Distanz d zwischen P und R. Schließlich setzt die Operation Muster eine Marke, d. h. in unserem Fall ein weißes oder schwarzes Zeichen, an die Stelle P. Die Rahmenanweisung „An bestimmten Punkten P von rect tue: "versteht man sofort anhand der Abbildungen 2 bis 5: Hier ist diese Anweisung nämlich in die eindeutige Instruktion übersetzbar: „Gehe das Punktraster von rect von oben nach unten Zeile für Zeile durch, und an jedem Punkt P tue:" Man bedenke jedoch, daß es viele andere Möglichkeiten der Abtastung von rect gibt, z. B. „Auf einer in rect zufällig gewählten Menge von Punkten P tue:"! Man kann den Abtastpunkt auch einen Irrweg beschreiten oder einer bestimmten Kurve folgen lassen, z. B. einer Spirale. Außerdem darf die bei P erscheinende Marke so groß wie ein Rasterpunkt sein, oder auch größer. Die nächste Aufgabe ist die Auffindung des Regenten von P, wobei die Distanzfunktion als Unterprogramm des Unterprogramms auftritt:

[2]  DerRegent
    d = 1000000;
    für k von 1 bis n tue:
        e = dist(P, R(k));
        wenn e nicht größer ist als d-winz
        dann Regent R = R(k) und i = k und d = e

Das Unterprogramm DerRegent testet also Regent für Regent als möglichen Regenten-Kandidaten für den Punkt P. Dabei erniedrigt es den anfänglich übermäßig großen Wert der Distanz d nur dann, wenn ein Kandidat den Momentanwert mindestens um die winzige Konstante winz unterbietet. Auf diese Weise wird eindeutig ein Regent von P gefunden. Am Ende eines Ablaufs des Unterprogramms DerRegent kennt man nicht nur den Regenten R von P sondern auch die Distanz zwischen beiden. Diese Größen, jedenfalls einige von ihnen, werden schließlich in der letzten Zeile des Programms Voronator(rect) s. [1] zur Bildmusterung benötigt.

Weil die vorstehenden Ausführungen reichlich abstrakt erscheinen mögen, versuchen wir uns jetzt an der Programmierung des Regentenbildes in Abb. 4. Ganz einfach ist die Ermittlung der euklidischen Entfernung mit Hilfe des pythagoräischen Lehrsatzes durch Nutzung der Punktkoordinaten. Wir verwenden jedoch den Namen diste anstatt der Variable dist, um die Individualität dieser Entfernungsmessung herauszuheben:

[3]  diste(P, R) = Quadratwurzel((Rx-Px)*(Rx-Px) + (Ry-Py)*(Ry-Py))

Als Ergänzung zu [3] geben wir noch die Distanzfunktion für Abb. 3 an:

[4]  distt(P, R) = abs(Rx-Px) + abs(Ry-Py)

In [4] ist abs(a) der absolute Betrag der Zahl a. Der durch [4] definierte Begriff ist in der Mathematik als *Tchebychevdistanz* bekannt; diese macht sich dort vor allem als Abschätzungswert bei Konvergenzproblemen nützlich. Ein wenig trickreicher gestaltet sich die *Bildmusterung*, d. h. die besondere Spezifikation des Unterprogramms Muster. Deutlich dürfte sein, daß die Kenntnis der Regentennummer i die Auswahlmöglichkeit eines i-ten Musters aus einem Vorrat von n nicht notwendig verschiedenen Mustern einschließt. Tatsächlich benötigen wir für Abb. 4 sechs verschiedene Muster. Wir erläutern ausführlich jedoch nur die Musterung der ersten Satrapie ganz links oben in Abb. 4 und überlassen die Bearbeitung der übrigen fünf dem Leser zur Übung. Ein allgemeiner Ansatz für *logische Musterung* sieht so aus:

[5]  Muster
    Wähle Fall i:
        Fall 1: ... ;

        ...

        Fall i:     Wenn ($Py$ modulo c) gleich 0 ist
                    dann setze einen schwarzen Punkt an die Stelle P;

        ...

        Fall n: ...

Musterbestimmend in diesem Unterprogramm sind die logischen Bedingungen, z. B. die Gleichung ($Py$ modulo c) gleich 0, wobei c eine geeignete Konstante ist, deren Wert man am leichtesten durch Experimentieren am Bildschirm ermittelt. Die Punktsetzung ist in diesem speziellen Fall weder von der Abszisse $Px$ von P noch von der Distanz zwischen P und dem Regenten, sondern allein von der Ordinate $Py$ und der Regentennummer i abhängig; es sollen ja auch nur horizontale Striche entstehen. Ein mit dem ersten verwandtes Musterungsverfahren, die Bitfolgenmusterung, veranschaulicht Abb. 9: Es sei die ganze Zahl m z. B. gleich 100. Dann speichert man n Bitfolgen B(1,z) bis B(n,z) mit jeweils z gleich 0 bis m Bits im Computer. Ist nun i die Regentennumer, dann führt die logische Oder-Bedingung

[6]  Wenn (((i modulo 2 gleich 0) und gleichzeitig (B(i, $Px$ modulo m) gleich 0))
         oder
      ((i modulo 2 gleich 1) und gleichzeitig (B(i, $Py$ modulo m) gleich 0))) ist

zu einem Schraffurmuster. Die *Grauskalenmusterung* beruht auf einer Grauskala (Abb. 10): Mit Hilfe eines Generators rand von gleichverteilten Zufallszahlen lädt man ein Zahlenfeld GrauS mit Gleitkommazahlen zwi-

schen 0 und 1. Die logische Bedingung für die Setzung eines schwarzen
Punkts an der Stelle P mit der Regentennummer i lautet dann

[7]   Wenn rand nicht größer ist als GrauS(i)

Ist z. B. GrauS(4) gleich 1/3 dann wird rand in [7] in der gesamten Satrapie des Regenten mit der Nummer 4 bei einem Drittel der Punkte P zur
Schwärzung führen, d. h. es wird ein verhältnismäßig helles Grau erzeugt.
Im Vergleich mit dem ersten Musterungsverfahren haben die anderen beiden den Vorteil einer gewissen Automatik, denn auch die Bitfolgen der
zweiten Methode kann man mit dem Zufallsgenerator erzeugen.

Schließlich ist die *Modulo-2-Musterung* nicht nur recht kurz formulierbar, sondern auch theoretisch-ästhetisch, außerdem bei umfangreichen
morphographischen Experimenten methodisch ziemlich wichtig (s. Abschnitt 4). Ihre logische Bedingung lautet einfach

[8]   Wenn (i modulo 2) gleich 0 ist

Ist eine Musterung der Satrapien gar nicht erwünscht, wie offenbar bei
den Bildern 2 und 3, auf welche Weise ermittelt man dann wenigstens exakt die Satrapiegrenzen? Wir haben das Programm Limitator zur Lösung
dieses Problems bis jetzt zurückgestellt, weil es logisch geringfügig
komplizierter ist als der Voronator selber. Der Limitator tastet das Rah-
menechteck zeilenweise ab. Dabei setzt er schwarze Punkte an die Stellen, wo unterschiedliche Regenten unmittelbar neben- oder übereinander
regieren, wo m.a.W. ein Grenzübertritt stattfindet. Dieses Abtastschema
verlangt natürlich die Zwischenspeicherung von Regenten bzw. Regen-
tennummern: Wir speichern deshalb grundsätzlich den Regenten des gerade bearbeiteten Punkt P als Regent linksR, außerdem als Regent ober-
halbR(x) in einem Regentenspeicher, der gerade soviele Punkte aufnimmt
wie die Zeile Abszissen besitzt. Man beachte, daß die Speicherung der
Hilfsregenten linksR und oberhalbR(x) jeweils vor ihrer Benutzung geschehen muß. Dies hat zur Folge, daß die Satrapiengrenzen der obersten
Punktezeile und der ganz links unsichtbar bleiben, was jedoch anschaulich nicht viel schadet. Wenn wir dann noch annehmen, daß der erste Abtastpunkt die Abszisse 0 und die Ordinate 0 besitzt, so können wir wie
folgt verfahren:

[9]  Limitator(rect)

n = 6; i = 0; k = 0; d = 0; e = 0; winz = 0.0000001;

Das Rechteck rect zeilenweise von oben nach unten durchgehend,
mit jeder Punktezeile tue:

Die Punktezeile punktweise von links nach rechts durchgehend,
mit jedem Punkt P tue:

DerRegent;

Wenn Px > 0

und wenn außerdem linksR ungleich Regent R ist

dann setze schwarzen Punkt an die Stelle P;

Wenn Py > 0

und wenn außerdem oberhalbR(x) ungleich Regent R ist

dann setze schwarzen Punkt an die Stelle P;

Setze linksR = R; setze oberhalbR(x) = R

Jetzt besitzen wir die wesentlichen Teile der Maschinerie zur Produktion von Regentenbildern, werden jedoch weitere Werkzeuge nach Bedarf hinzufügen.

## 3. Was ist Morphographie?

„Die Freimachung der Elemente, ihre Gruppierung zu zusammengesetzen Unterabteilungen, die Zergliederung und der Wiederaufbau zum Ganzen auf mehreren Seiten zugleich, die bildnerische Polyphonie, die Herstellung der Ruhe durch Bewegungsausgleich, all dies sind hohe Formfragen, ausschlaggebend für die formale Weisheit, aber noch nicht Kunst im obersten Kreis. Im obersten Kreis steht hinter der Vieldeutigkeit ein letztes Geheimnis, und das Licht des Intellekts erlischt kläglich." Paul Klee[4]

Die Arbeitsgebiete Ästhetik und Kunstwissenschaft unterscheiden wir nicht eigens voneinander[5]. Wer sich mit der Reflexion von Kunst in der gegenwärtigen Literatur beschäftigt, entdeckt eine Strategie: Die Künstler machen ästhetische Objekte, sprechen aber verhältnismäßig sparsam darüber, während die Ästhetiker sich des Machens enthalten, die Objekte und ihr Umfeld jedoch intensiv bereden[6]. Es hat allerdings immer Kunstschaffende gegeben, die eine strenge Revieraufteilung vermieden. Herausragende Praktiker dieser Alternative sind in der neuen Zeit Wassily Kandinsky und Paul Klee[7]. Kandinskys „Punkt und Linie zu Fläche" und Klees „Bauhausvorlesungen" gehören zu den Quellen, aus

---

[4] *Zitiert in Wick 82, S. 224.*

[5] *Wir verfahren wie z. B. Kultermann 87, Vorwort.*

[6] *Man blättere durch die Hefte z. B. von ZYMA ART TODAY Stuttgart. Viele Bücher über Ästhetik enthalten Abbildungen der besprochenen Objekte. Es gibt natürlich genug umfangreiche Ästhetikabhandlungen, die überhaupt kein Bild enthalten, z. B. Kutschera 88.*

[7] *In der dem Apparativen nahestehenden Ästhetik pflegten viele Kunstschaffende von Anfang die theoretische Reflexion: Alsleben 62, Franke 57, Franke/Jäger 73, Nake 74, Nees 69, Pfeiffer 72. Zu den Problemen der Kommunikationsästhetik s. das Werk von Max Bense, insbesondere Bense 65, 69. Weitere Literaturangaben z. B. in Nees 95. Zur gegenwärtigen Diskussion Frank 95, Frank/Franke 97, Nees 97a.*

denen unsere Auffassung vom ästhetischen Denken und Gestalten so sehr schöpft, daß wir sie zu morphographischen Prototyp-Texten erklären[8].

Paul Klee legt im Motto über diesem Abschnitt den Finger auf die unglatte Schweißnaht zwischen einem substanziellen und dem anderen existenziellen Block im Wesen des Ästhetischen: Hier der verfügbare Formenschatz des Ver-Wertbaren, dort das Erlebnis, wenn vor der erhöhten Struktur „das Licht des Intellekts erlischt". Wer Morphographie übt, bewegt sich wohl über lange Strecken diesseits des Hochästhetischen, muß freilich immer der In-Dienstnahme durch die andere Seite gewärtig sein. Die meisten Kunstwissenschaftler wird die morphographische Arbeitsumgebung überhaupt ungewohnt anmuten. Sollen doch auch sie sich plötzlich des Bildes, mit dem sie argumentieren, nicht nur bedienen, sondern es im morphographischen Laboratorium selber herstellen[9].

Freilich steht der Morphograph diesen vielfältigen Anforderungen keineswegs ungerüstet gegenüber, denn er bedient sich des Instruments Computer, dessen Bedeutung man höchstens durch den Vergleich mit dem Fernrohr und dem Mikroskop gerecht wird[10]. Fast versagt auch diese Gegenüberstellung, weil beide Geräte längst selbst in den Bann der Rechenmaschine geraten sind. Tatsächlich ist die zu einem bestimmten Zeitpunkt erwartbare Umstrukturierung und Erweiterung der wahrnehmbaren Welt durch den Kalkül in der Maschine so schwer vorhersehbar, daß schon der Satz niedergeschrieben worden ist: „Computer sind Computer und nicht etwas anderes."[11] Dabei steigert allerdings die Notwendigkeit der ständigen, ja *fliegenden* Umkonstruierung des ästhetischen Laboratoriums eher die Chancen kreativen Gestaltens, weil jede Erstarrung durch zu lange während Konstanz der Arbeitsmittel vermieden wird.

Morphographie beschäftigt sich mit Morphogrammen. Weil jedoch Regentenbilder nichts anderes als besondere Morphogramme sind, muß die morphographische Denk- und Arbeitsweise anhand solcher Bilder erklärt werden. Dabei kann man durchaus von Gestaltungshandlungen ausgehen, wie sie Paul Klee selbst aufführt: „Gruppierung zu zusammengesetzten Unterabteilungen, die Zergliederung und der Wiederaufbau zum Ganzen auf mehreren Seiten zugleich." Vergleicht man z. B. die Abbildungen 2 und 3, miteinander, dann hat das Zusammenrücken der Regenten in der Fläche den Charakter einer Gruppierung; gleichzeitig führt der Wechsel von der euklidischen zur Tchebychevdistanz zum veränder-

[8] *Kandinsky 52, Klee 64, Wick 82.*

[9] *Positiv fällt einem Rudolf Arnheim auf, der sich immer wieder der vermutlich selbst gezeichneten oder von ihm unmittelbar beeinflußten Figuren bedient: Arnheim 82.*

[10] *Nees 97.*

[11] *Nake/Wilkens 94, These 8.*

ten Wiederaufbau. Nun ist es sicher nicht im Sinn des großen Didaktikers Klee, wenn man sich an seine Wortwahl klammert, deshalb müssen wir auf seinem Weg selbständig weitergehen. Uns steht zunächst die endlose Kombinierbarkeit von Regimentendesigns mit Distanzkonstruktionen zu Verfügung. Die folgenden Bildbeispiele zeigen aber auch, wie umsichtig man vorgehen muß, will man wirklich interessante Beute erhaschen. Wir ändern Formel [3] für die euklidische Entfernung so ab:

[10]   disted(P, R) = (1.0/d)*(int(d*Quadratwurzel((Rx-Px)*(Rx-Px) + (Ry-Py)*(Ry-Py))))

Zum Verständnis von [10] benötigt man die technische Information, daß alle Abbildungen in diesem Aufsatz Vergrößerungen von quadratischen Bildern mit der Kantenlänge 1 sind. Diese Konvention für die Urbilder unserer Bilder ermöglicht Entwurf und Nutzung von Distanzfunktionen mit bequem kleinen Werten, z. B. im Fall der euklidischen Entfernung mit Abständen zwischen 0 und der Quadratwurzel aus 2. In [10] ist int eine Funktion, die von einer Zahl die Stellen hinter dem Komma abschneidet, mit anderen Worten eine *Integer*-Zahl erzeugt. Gibt man nun der Hilfszahl d in [10] z. B. den Wert 4.0, dann erkennt man sofort, daß die Distanzfunktion disted nur noch wenige diskrete Werte annimmt. Die Funktion disted wirkt also wie ein Zerhacker. Eine Wirkung dieses Zerhackers sieht man in dem Ballett von Abb. 5, in dem sich Tänzer im Kreis um die Solisten zu scharen suchen, wobei sie offenbar Prioritätsregeln einhalten.

Wie kommt die Gestalt in Abb. 5 zustande? Um das herauszufinden, ändern wir die Hilfszahl d ab. Wenn wir d z. B. verzehnfachen, dann müßte der Zerhacker disted wesentlich kleinere Stücke hervorbringen. Diese Vermutung wird durch das Ergebnis in Abb. 6 bestätigt, wobei wir uns auf die Satrapiegrenzen konzentriert haben. Man kann sich jetzt vorstellen, wie die Gestalt in Abb. 4 metamorphierend in eine Serie von Gestalten übergeht, deren Satrapiegrenzen glatt beginnen, dann jedoch immer unruhiger werden, bis das Merkmal der Rauhheit in die neue Qualität von Abb. 5 umschlägt, wo sich die Kreisform durchsetzt. An dieser Stelle stoßen wir auf ein fundamentales ästhetisches Phänomen, nämlich den *Qualitätsbruch*. Wendet man nämlich den Begriff der *Redundanz* oder Weitschweifigkeit auf die Wahrnehmung visueller Formen an, dann ist die Aussage „Ein Bild oder eine Form oder Gestalt zeigt eine bestimmte Redundanz" schlicht äquivalent mit: „Im Bild kehrt ein bestimmtes Formmerkmal wieder"[12]. Genese von Redundanz rettet wahrhaftig die Welt vor

*[12] Die ästhetische Redundanz wurde zuerst unabhängig von A. A. Moles und Max Bense untersucht, wobei sich die Forscher auf eine grundlegende Arbeit von G. D. Birkhoff stützen konnten: Birkhoff 33. Im Grunde gelten alle systematischen ästhetischen Untersuchungen in der Nachfolge von Max Bense, natürlich auch die Morphographie, dem Redundanzphänomen; s. z. B. Frank, Gunzenhäuser, Nake, Nees 97a.*

dem totalen Chaos; Hand in Hand jedoch mit der Form-Aussendung gehend, ist die aufgeschlossene Erkennung von Merkmalwiederkehr die *kreative* Fähigkeit der Sehwahrnehmung[13]. Der Redundanzbegriff erweist sich so als eine Verallgemeinerung der Idee der Symmetrie, denn schon jede Spiegelung ist durch Formenwiederkehr ausgezeichnet, ja eigentlich definiert. Der Qualitätsbruch in Abb. 5 ist deshalb nichts anderes als ein Redundanzbruch, d. h. ein verallgemeinerter Symmetriebruch[14], der ausserdem antagonistische Züge zeigt: Wo nämlich der Qualitätsbruch das eine ästhetische Phänomen verschließt, erschließt er ein neues.

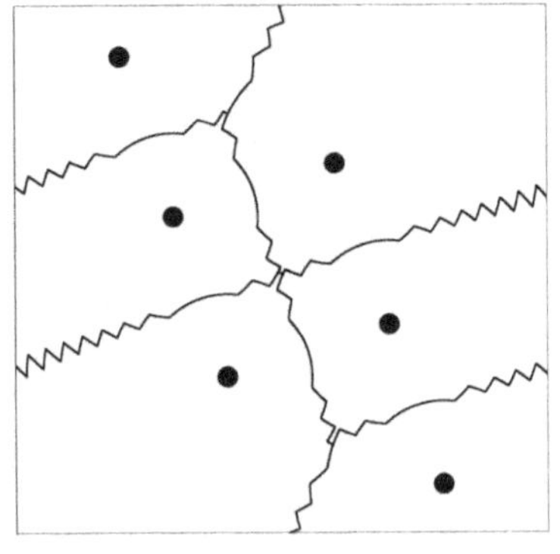

Abb. 6 *Regentengraphik mit symmetrischem Regiment. Aufrauhung der Satrapiengrenzen durch einen wenig rauhen Zerhacker.*

## 4 Kategorielles Denken in der Morphographie

*„Wo das Denken tiefer atmet*
*und der Weitblick nun durchs Fenster fällt*
*und wo Hadamards Vergiß-Funktoren*
*unsrer Höhlen Schattenmale preist ..."* Max Bense[15].

Das Problem mit der Ästhetik ist, daß sie Ästhetik ist, d. h. nicht Mathematik. Die Objekte der Mathematik sind ideal: Universalien und wahre Sätze über solche. Ästhetik und Morphographie dagegen zählen zu den Wissenschaften und Techniken, die sich der Mathematik bedienen, jedoch deren strikte Haltung vermeiden. Wird doch z. B. der geometrische Kreis für die Ästhetik erst interessant, wenn er sich „mit dem Staub der Erde vermischt", denn kein Sterblicher hat jemals den Kreis gesehen, von dem der Mathematiker spricht. Will man die wissenschaftstheoretische Position der Morphographie graphisch kennzeichnen, dann kann man sie auf die Mittelachse einer Raute setzen, wie Abb. 7 links veranschaulicht: Die Morphographie darf sich praktizierend zur Kunst hin bewegen, jedoch ebenso gut in der Nähe der Ästhetik theoretische Fundamente ausmachen. Links von der Morphographie grenzt die Mathematik an, rechts die Physik, denn mit diesen Regionen teilt die Morphographie unentbehrliche Randgebiete[16]. Die Analyse der Abbildungsserie 4 bis 6 im letzten Abschnitt sollte auch unterstreichen, wie sehr den Morphograph das Inter-

[13] *Man denke an die Fähigkeit des Zebrafohlens, seine Mutter durch ihr Streifenmuster zu identifizieren.*

[14] *Vermutlich hat Bense das Phänomen des Redundanzbruchs zuerst gesehen; er hat es anhand von Zeichnungen des Künstlers Diet Sayler sogar mit dem mathematischen Begriff der Katastrophe in Verbindung gebracht, Bense 79a. Zum Symmetriebruch vgl. Stewart/Golubitsky 92.*

[15] *Bense 88, Seite 18.*

[16] *Ästhetik, Physik und Technik machen z. B. unterschiedliche und doch miteinander sachlich zusammenhängende Aussagen über die Farbe: Nees 95 Kap. 3, Hall 88.*

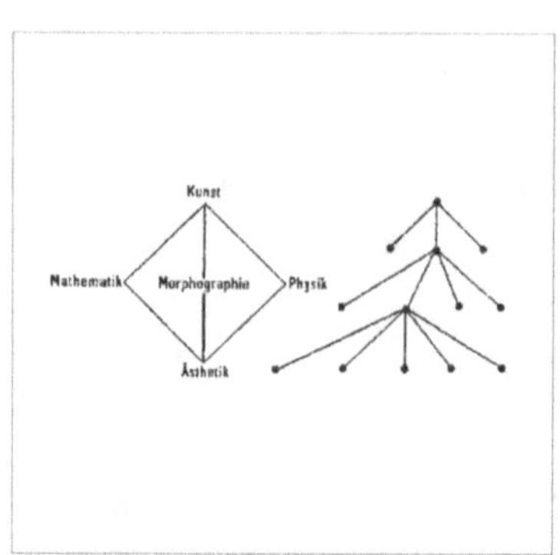



Abb. 7 *Die Morphographie inmitten ihrer Nachbarwissenschaften. Rechts: Schema des baumförmigen Objekttyps der Morphographie.*

esse am *sinnlichen Allgemeinen* auszeichnen muß. Diese normative Tendenz wird sich eher noch verstärken, denn der erfolgreiche Künstler wird künftig viel öfter als früher mit komplexen Systemen umzugehen haben[17]. Das Diagramm in Abb. 7 rechts zeigt den Objekttyp, auf den sich die Intentionen konzentrieren müssen: Im einfachsten Fall ein Baumschema, häufiger vermutlich Netzwerke. Im Baumobjekt, dessen Höhe in Abb. 7 natürlich als begrenzt erscheint, gilt ein Prinzip der relativen Abstraktion: Versuchte man z. B. die Bilder 4 bis 6 auf das Baumschema zu projizieren, dann fände man oben die reine *Bildidee*, der sich die Regentenwahl unterordnet, darunter das verhältnismäßig abstrakte Bild 6, an der Basis eine die Bilder 4 und 5 interpolierende und detaillierende *Bildserie*. Wir sagen deshalb, ein Bild sei relativ abstrakte Form eines anderen, dieses jedoch konkretisierte Gestalt jener Form, wenn das erste Bild höher in der Baumhierarchie steht.

Kann die Mathematik mehr für die Morphographie tun, als geometrische Formen zur Verfügung stellen? Gibt es vielleicht eine mathematische Hilfstheorie, die sich als fruchtbar in der Morphographie erweisen würde? Tatsächlich bieten sich die *Kategorien* an, insbesondere durch die Begriffe des *Objekts*, des *Morphismus* und des *Funktors*[18]. Max Bense ist bei Untersuchungen der Korrespondenz zwischen der fotografierten und der gemalten Repräsentation eines Objekts auf Funktoren gestoßen; wie er mit ihnen umgeht, erweist sich durchaus als verallgemeinerungsfähig[19]. Die auch als *Pfeile* bezeichneten Morphismen einer Kategorie verbinden Objekte derart miteinander, daß mehrere Morphismen zu einem einzigen neuen verknüpft werden können. Nehmen wir z. B. die Existenz einer bruchfreien Serie von Bildern B1, ..., B4, B5, B6, ... Bn an! Dann ist anschaulich plausibel, daß Bild B6 mit Bild B4 etwas zu tun hat, wenn man vorher einen engen Zusammenhang zwischen den Bildern B4 und B5 und dann zwischen B5 und B6 festgestellt hat. Die transitive Formel [10] drückt dasselbe kürzer aus:

[10] Wenn B4 —> B5 und B5 —> B6, dann auch B4 —> B6

[17] *Als klassisches Beispiel für die Bearbeitung eines komplexen ästhetischen Systems kann man die gemeinsame Kreierung des Kubismus durch Braque und Picasso auffassen, vgl. Huffington 88.*

[18] *Mac Lane 72.*

Allerdings kann eine wesentliche morphographische Handlung gerade in der gezielten Setzung eines ersten *initialen* und eines letzten *terminalen* Objekts bestehen, jenseits derer die Verknüpfungsbedingung für die Morphismen nicht anerkannt werden. Das System der Objekte und Morphismen zwischen dem initialen und dem terminalen Element, diese beiden eingeschlossen, ist dann als eine *ästhetisch lokale* Kategorie versteh- und unterscheidbar, schematisch ausgedrückt z. B. durch die Pfeil- und Bildersammlung

[11]  B2 –> B3, B2 –> B4, ... , B2 –> B8, B2 –> B4, B2 –> B5, ..., B7 –> B8

Konkret am Beispiel kann man anhand einer mit Abb. 4 startenden, dann schrittweise beliebig fein interpolierenden Serie von Bildern mit zunehmender Grenzenrauhigkeit eine anschauliche Beispielkategorie gewinnen, wobei man allerdings die redundanzbrechende Abb. 5 durch ein rechtzeitig gesetztes terminales Objekt auszuschließen hat. Übrigens beweist die in der einen Abbildung 8 zusammengefaßte sechsteilige Serie, daß Objektsetzungen das morphographische Handeln keineswegs methodisch einschränken, sondern umgekehrt den Aufstieg zu übergeordneten Prinzipien erlauben: Erstens kann jedes Einzelbild in dieser Serie zur Konstruktion einer neuen Kategorie herangezogen werden, in der z. B. die Linien im Einzelbild schrittweise verfeinert oder deren Abstand vergrößert werden. Jedoch auch die Serie insgesamt ist als Kategorie auffaßbar, allerdings mit einer veränderten Pfeilbedeutung, die jetzt in der Zunahme der Regentenanzahl besteht. Selbstverständlich kann man auch Bildkategorien aufbauen, die über Brüche und und andere Phänomene hinwegreichen. Universell gesehen, strebt das kategoriell-morphographische Konstruktionsprinizp reiche Bauwerke aus vielen untereinander anschaulich und begrifflich zusammenhängenden Kategorien an. Der durch Abb. 8 visualisierten *Serialität* von Bildern steht ein Prinzip der *Parallelität* gegenüber, das z. B. Bilder auf der Basis von wenig variierten Regimenten, jedoch deutlich verschiedenen Distanzbildungen und Musterungen zusammenfaßt. Zur besseren Unterscheidung des parallelen vom seriellen Prinzip führen wir diese Definition ein: Folgt in einer Serie Bild B auf Bild A, dann nennen wir B einen *Sequent* von A. Bewertet man jedoch in einer Parallelmannigfaltigkeit von Bildern Bild B als deutliche Umkonstruktion von Bild A, dann heiße B *Derivat* von A. Dabei ist nicht zwingend gefordert, daß das Regiment des Sequenten oder des De-

[19] *Bense 79b, Seite 36, anschließend an einen Vergleich von Photographie und Bild: „In jedem Fall ist in diesen ‚Correspondenzen' die Lage so, daß die fotografische Repräsentation (eines Systems von Objekten und deren Relationen) in eine wiederum repräsentierende Beziehung zu einer gemalten Repräsentation (eines mindestens partiell analogen Systems von Objekten und deren Relationen) tritt. Man bezeichnet heute solche Analogiesysteme (im Rahmen der dafür zuständigen sogenannten mathematischen ‚Kategorientheorie', bei denen sowohl die repräsentierten Objekte als auch deren repräsentierte (in unserem Fall nicht nur syntaktische, sondern auch semantische und ästhetische) Relationen auf beiden Seiten im umfassenden Repräsentationsschema respektiert bleiben, als Funktor."*

Abb. 8 *Parallelserie von Regentengraphiken. Schrittweise Zunahme der Regentenanzahl und der Grobheit der Modulo-2-Musterung.*

rivats mit der des Ausgangsbilds übereinstimmt. Durch das gemeinsame Merkmal der Regentenlage in einem vertikalen Band in Bildmitte, definieren die Abbildungen 9 bis 12 eine parallele Mannigfaltigkeit. In ihr ragt eindeutig der Morphismus zwischen den Abbildungen 11 und 12 heraus, die beide auf der neuen Distanzfunktion

[12] distdiv(P, R) = abs(Rx-Px)/(0.0001 + abs(Ry-Py))

 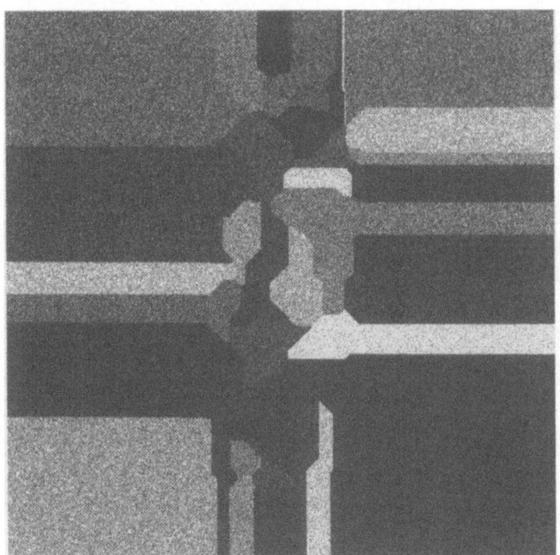

beruhen. Die Funktion distdiv wirkt vor allem durch die Operation der Zahlendivision formbestimmend. Außerdem zerlegt distiv jede Satrapie in unzusammenhängende Teilregionen. Noch etwas fällt auf: Zwar stimmen die Regimente in den vier Abbildungen nicht streng überein, man sieht jedoch deutlich, daß – kontrastierend zur Musterung von Abb. 11 – durch die Modulo-2-Musterung des Derivats Abb. 12 etwas vernichtet oder vergessen wird, nämlich eine differenzierte Grauwertskala. Ein vergessende Derivierung dieser Art wird in der Kategorientheorie als *Vergißfunktor* bezeichnet. Grundsätzlich kann man jeden Zusammenhang zwischen dem abstrakten Regiment a eines Bildes und seiner sichtbaren Gestalt G als bildkonstruierenden Funktor auffassen. Mit Hilfe einer zweiten auf a beruhenden Gestalt H kann man dann z. B. eine Bild-Doppelserie wie in Abb. 13 aufbauen. Den Zusammenhang G —> H zwischen den einzelnen Sequenten und Derivaten in einem solchen Gebilde zeigt differenziert Abb. 14. Diese Konstruktion ist allerdings zunächst nicht mehr als ein nützliches Ordnungsprinzip, das unabhängig von der Regentengraphik für jede Bilddarstellung gilt. Wir betrachten drei aufeinanderfolgende Regimente a, b und c, z. B. wie in Abb. 13 links dargestellt. Sind s, t und u die Morphismen, d. h.im Fall der Regentengraphik die Übergänge, die a in b, b in c, mithin a in c überführen, so ist symbolisch

[13] a –s–> b und b –t–> c, also a –u–> c

Abb. 9 *Regentengraphik mit horizontal konzentriertem Regiment. Distanzbestimmung mit Hilfe der euklidischen Entfernung. Bitfolgenmusterung.*

Abb. 10 *Regentengraphik mit horizontal konzentriertem Regiment. Distanzbestimmung mit Hilfe der Tchebychevdistanz. Grauskalenmusterung.*

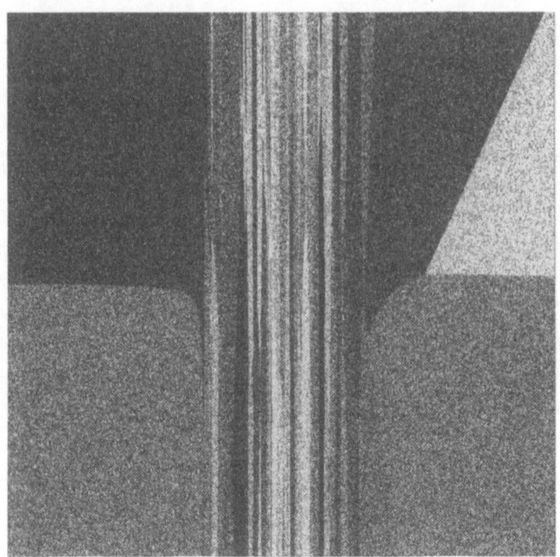 

Abb. 11 *Regentengraphik mit horizontal konzentriertem Regiment. Distanzfunktion benutzt die Division. Grauskalenmusterung.*

Abb. 12 *Regentengraphik mit horizontal konzentriertem Regiment. Distanzfunktion benutzt die Division. Modulo-2-Musterung.*

[20] *Anmerkung 19 ist in dem Sinn zu ergänzen, daß die von Bense entdeckte „wiederum repräsentierende Beziehung zu einer gemalten Repräsentation" eher eine natürliche Transformation darstellt.*

Hier haben wir die Namen der Morphismen der Einfachheit halber in die Pfeile hineingeschrieben. In Abb. 14 links sieht man nun Zeile [13] in der Weise graphisch dargestellt, die von den Kategorientheoretikern als ein Diagramm bezeichnet wird. Das Diagramm zeigt auch anschaulich, daß sich der Pfeil a —> c aus den anderen beiden Pfeilen vektoriell zusammensetzt. Sind dann g und h die beiden Funktoren, die z. B. aus Regiment a das linke Teilbild g(a) bzw. das rechte h(a) erzeugen, so kann man, wie in Abb. 14 rechts gezeigt, zwei weitere dreieckförmige Diagramme aufbauen, nämlich eines für die linken Teilbilder von Abb. 13, eins für die rechten. Die Notation z. B. g(a) oder h(s) weist darauf hin, daß Funktoren nichts anderes als mathematische Funktionen sind. Wenn man jetzt die rechte Bildspalte in Abb. 13 als abhängig von der linken versteht, dann fehlt noch ein kategorieller Begriff für das gesamte komplexe Bildsystem, d. h.für die Derivation G —> H. Tatsächlich spricht man hier von einer natürlichen Transformation[20]. Bezeichnet man diese neue mathematische Funktion willkürlich mit HderivG, dann kann man alle Bestandstücke unserer Bild-Doppelserie durch das prismatische Diagramm in Abb. 14 rechts darstellen.

Auch in jedem der Parallelogramme des Prismas Abb. 14 darf man je zwei aufeinanderfolgende Pfeile zur selben Diagonale addieren. Diese Eigenschaft von Diagrammen wird als *Kommutativität* bezeichnet. Allerdings ist die Kommutativität in Abb. 14 schon durch die sechs Eckpunkte oder Bilder g(a) bis h(c) gewährleistet. Vom betrachtenden Auge, wenn es gleichzeitig sowohl auf Abb. 13 als auch auf Abb. 14 achtet, wird die

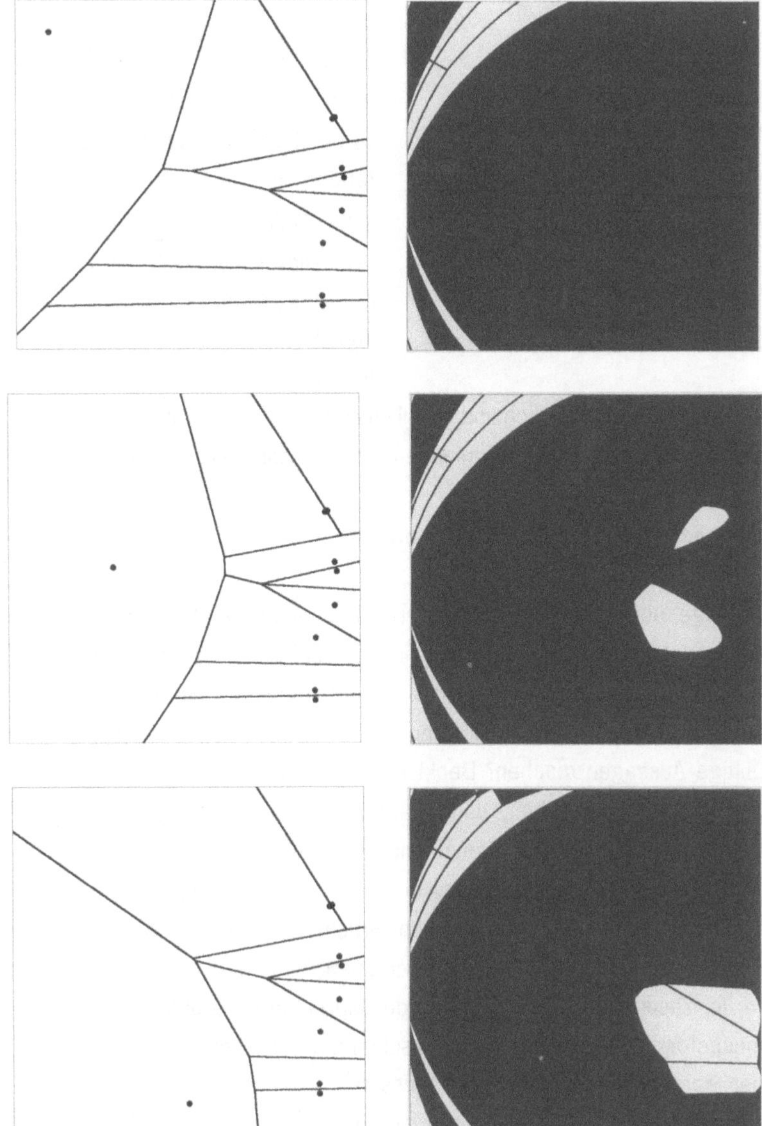

Abb. 13 *Doppelserie von Regentengraphiken. Das Regiment ändert sich von Bildpaar zu Bildpaar. Die zweite Serie geht aus der ersten durch eine natürliche Transformation G —> H hervor.*

eine Pfeil- bzw. Bildfolge ohnehin ebenso leicht durchlaufen wie die andere. Man kann geradezu folgenden Theorieansatz aussprechen: Die Eigenschaften kommutativer Diagramme und ihrer Bedeutungen gründen alle in den Eigenschaften der menschlichen Wahrnehmung. Neue sowohl inhaltliche als auch formale Probleme brächten allerdings Konstruktionen G —> H mit sich, bei denen die Derivation nicht mit Hilfe des Voronators, sondern z. B. durch Bildverarbeitung vollzogen wird[21]. Zu einem morphographisch grundsätzlich erweiterten, gleichwohl faszinierenden Pro-

[21] *S. z. B. die Fischenaugen-abbildung in Nees 95 Kap. 7.*

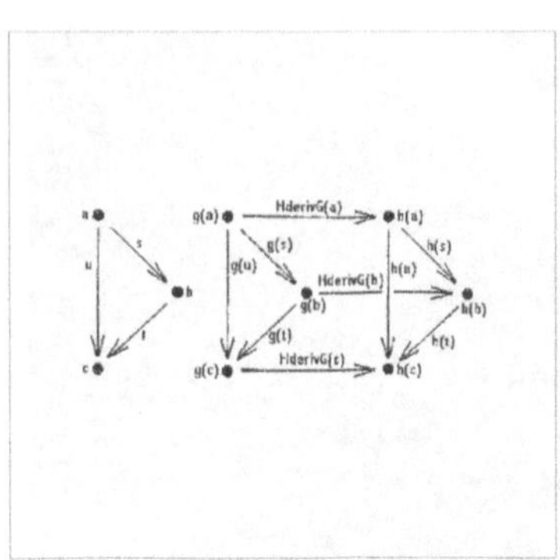

Abb. 14 *Prismendiagramm der natürlichen Transformation von Bildern.*

blembestand führen Serien von Sequenten, wie sie in den Formeln [10] und [11], jedoch auch in Abb. 14 erscheinen, durch ihre Interpretation als Animationen. Sicher kann man Paul Klees Forderung der „Herstellung der Ruhe durch Bewegungsausgleich" in eine solche Doppeldeutung einordnen. Filme erhält man aus vielen Sequenten, wenn man sie zeitlich und räumlich eng aufeinander folgen läßt. Auch das Werkzeug der Bildinterpolation kann man dabei einsetzen.

## 5. Epilog: Ein Kostenparadoxon

Wichtige morphographische Schwerpunkte konnten wir hier gar nicht diskutieren. Immerhin berührt haben wir die Trickfilmproduktion mit Hilfe des Voronators. Unbeantwortet, doch theoretisch sehr bedeutsam bleibt auch die Fragen nach Theoremen: Kann die Morphographie allgemeingültige Aussagen machen? Denkt man dabei zunächst an das morphographische Binnengebiet, dann wären z. B. Gesetzmäßigkeiten in der Verteilung von Qualitätsbrüchen innerhalb kontinuierlicher Form- und Gestaltserien zu untersuchen. Ganz sicher trifft man dabei immer wieder auf Redundanzphänomene, denn auch Bruchtypen können wiederkehren. Ebenso fesselnd sind jedoch fachlich übergreifende Fragen, insbesondere die Zusammenhänge zwischen der Morphographie und der Wahrnehmungsforschung, wo die physikalischen mit den ästhetischen Probleme der Morphographie an ein Joch müssen[22].

Ganz neue Perspektiven eröffnen die Anwendungen der Morphographie auf die Probleme der virtuellen Räume[23]. Sollen attraktive, bewohnbare, ja universell hochgeschätzte oder doch mindestens weit respektierte virtuelle Welten Wirklichkeit werden, dann muß der personelle wie instrumentelle Umfang morphographischer Forschung und Entwicklung gegenüber den heutigen Aktivitäten vervielfacht werden. Die folgende Frage nagelt das Kostenparadoxon der Morphographie fest: Wieviel Geld wird zur Zeit für die Entwicklung der Hard- und Software für Flugsimulatoren ausgegeben, und wieviel für Einrichtung und Betrieb morphographischer Laboratorien?

[22] *Vgl. Nees 95 Kap. 1, auch die dortigen Literaturangaben. S. a. eine universelle hier einschlägige Definition des Konstruktivismus in Mahlow 89.*

[23] *Nees 95a, 97.*

## Literatur


**Alsleben K.:** Ästhetische Redundanz. Quickborn bei Hamburg 1962.

**Arnheim R.:** Die Macht der Mitte: eine Kompositionslehre für die bildenden Künste. Köln 1982.

**Bense M.:** Aesthetica. Baden-Baden 1965.

**Bense M.:** Einführung in die informationstheoretische Ästhetik. Reinbek 1969.

**Bense M.:** Das Auge Epikurs: Indirektes über Malerei. Stuttgart 1979.

**Bense M. (79a):** Diet Saylers „Zeichnungen". In: Bense 79, 76–80.

**Bense M. (79b):** Paul Wunderlichs theoretischer Stil: Zur Ästhetik seiner Malerei. In: Bense 79, 36–49.

**Bense M.:** Nacht-Euklidische Verstecke: Poetische Texte. Baden-Baden 1988.

**Birkhoff G. D.:** Aesthetic Measure. Cambridge Mass. 1933.

**Frank H.:** Informationsästhetik – Kybernetische Ästhetik. (San Marino) Sibiu 1995.

**Frank H., Franke H. W.:** Ästhetische Information Estetica informacio. Berlin & Paderborn 1997.

**Franke H. W.:** Kunst und Konstruktion: Physik und Mathematik als fotografisches Experiment. München 1957.

**Franke H. W., Jäger G.:** Apparative Kunst. Köln 1973.

**Gunzenhäuser R.:** Maß und Information als ästhetische Kategorien. Baden-Baden 1968.

**Hall R.:** Illumination and Color in Computer Generated Imagery. New York 1988.

**Huffington A. S.:** Picasso: Creator and Destroyer. London 1988.

**Kandinsky W.:** Über das Geistige in der Kunst (1912). Bern-Bümpliz 1952.

**Kandinsky W.:** Punkt und Linie zu Fläche (1926). Bern-Bümpliz 1964.

**Klee P.:** Das bildnerische Denken: Schriften zur Form- und Gestaltungslehre, herausgegeben von Jürg Spiller. 2. Aufl. Basel/Stuttgart 1964.

**Kultermann U.:** Kleine Geschichte der Kunsttheorie. Darmstadt 1987.

**Kutschera, von F.:** Ästhetik. Berlin 1988.

**Mac Lane S.:** Kategorien. Berlin 1972.

**Mahlow D.:** Konstruktivismus. In: Rave 89, 51–52.

**Meier A.:** Methoden der grafischen und geometrischen Datenverarbeitung. Stuttgart 1986.

**Moles A. A.:** Informationstheorie und ästhetische Wahrnehmung.

Köln 1971.

**Nake F.:** Ästhetik als Informationsverarbeitung. Wien 1974.

**Nake F., Wilkens U.:** Die Welt als Zeichen. In: F. Nake (Hrsg.): Zeichen und Gebrauchswert: Beiträge zur Maschinisierung von Kopfarbeit. Bericht Nr. 67. Universität Bremen Fachbereich Mathematik und Informatik. Bremen 1994, 109–113.

**Nees G.:** Generative Computergrafik. München 1969.

**Nees G.:** Regency Grafics and the Esthetics Laboratory: Picture Generation by Point-Distinction and Pseudodistance Minimizing. LEONARDO 23, No. 4, 1990, 335–361.

**Nees G.:** Was ist Morphographie? Semiosis 63/64, 1991, 9–31.

**Nees G.:** MetaMorphosen – Eine Übung in Morphografie. Sonderausgabe SEMIOSIS 65 bis 68, Heft 1–4, 1992, Festschrift für Elisabeth Walther-Bense, 258–268.

**Nees G.:** Formel, Farbe, Form. Berlin 1995.

**Nees G. (95a):** Der nackte und der modulare Mensch – Virtualität intra Realität. In: Virtualität contra Realität. 16. Designwissenschaftliches Kolloquium Burg Giebichenstein. Hochschule für Kunst und Design Halle. 19 bis 21 Oktober 1995, 131–150.

**Nees G.:** Zeichenevolution, Zeichenkonvolution, Virtualisation. In: Flessner B. (Hrsg.): Die Welt im Bild – Wirklichkeit im Zeitalter der Virtualität. Freiburg i. Br. 1997.

**Nees G. (97a):** Die Blindschleiche, das Eisenerz und die Zeichen: Semiotisch/kybernetische Erinnerungen und Vorahnungen. In: Bayer U., Gfesser K., Hansen J. (Hrsg.): signum um signum: elisabeth walther-bense zu ehren. Sonderausgabe SEMIOSIS 85–90, Heft 1–4, 1997 und Heft 1–2, 1998: Festschrift für Elisabeth Walther-Bense. Baden-Baden 1997.

**Pfeiffer G.:** Kunst und Kommunikation. Köln 1972.

**Rave H.** (Redakteur): Die Explosion des Schwarzen Quadrats: Realität und Utopie der rationalen Kunst. Bonner Kunstwoche 1989. Gesellschaft für Kunst und Gestaltung e.V. Bonn 1989.

**Stewart J., Golubitsky M.:** Fearful Symmetry: Is God a Geometer? Oxford UK 1992.

**Wick R.:** Bauhaus-Pädagogik. Köln 1982.

# Von Bildern und neuen Ingenieuren.
## Aspekte eines Studiengangs
## Computervisualistik

Jörg R. J. Schirra und Thomas Strothotte

*„ ‚Systeme beherrschen' – damit verbinden wir Informatiker meist das Bestreben, Systeme korrekt zu konstruieren und ihr Verhalten zu verstehen und zu kontrollieren. Nun sind nicht nur ‚Herrscher' am Umgang mit Systemen beteiligt, sondern in der Mehrzahl Männer und Frauen ohne Informatik-Ausbildung. Es muß unser Ziel sein, daß auch diese Personen ihre Systeme beherrschen und nicht von ihnen beherrscht werden."*
W. Stucky, 97

„Das Geistesleben ist in zwei Kulturen zerfallen", so lautet der anhaltend diskutierte Befund, den *C. P. Snow* in der bereits 1959 veröffentlichten *Rede Lecture* den westlichen Gesellschaften mit deutlich kritischem Unterton ausgestellt hat [Snow 59]: Die Vertreter dieser beiden Kulturen würden einander, sehr zum Schaden der allgemeinen Entwicklung, nicht mehr verstehen, sich teilweise sogar wechselseitig der Unredlichkeit beschuldigen. Die eine Partei werde hierbei von den um die Literatur und Philosophie gruppierten hermeneutischen Fächern einschließlich der Künste gebildet, die andere von den vor allem empirisch operierenden technischen und naturwissenschaftlichen Gebieten. Beide verhielten sich so, als formten sie eigenständige Kulturen, die höchstens hin und wieder miteinander in Berührung kommen, ansonsten aber ihren je eigenen Regeln und Argumentationsweisen verpflichtet blieben. Gänzlich von der Hand wird man diesen Gedanken nicht weisen wollen, selbst wenn Teile der stark pointierten Betrachtung *Snow's* fragwürdig bleiben, cf. [Kreuzer 87]. Auch die Kritik an einer solchen Situation kann man als berechtigt empfinden: Lösungen zentraler Probleme der modernen Gesellschaft, nicht zuletzt im Zusammenhang mit dem Einsatz neuer Technologien, deren Folgen und Risiken, werden sich auf zufriedenstellende Weise wohl nur mit Hilfe von Argumentationen erarbeiten lassen, die beide „Kulturen" eng miteinander verketten.

Auch die neuen technischen Möglichkeiten der Bilderzeugung und -manipulation sollten unter dieser Perspektive betrachtet werden, vor allem wenn es um neue universitäre Ausbildungen für diesen Bereich geht. Ein unreflektierter Machbarkeitsglaube im technischen Elfenbeinturm bleibt gesellschaftlich im Umgang mit der durch die neuen Medien ausgelösten Bilderflut ebenso unbefriedigend, wie eine die technische

Entwicklung ignorierende Gestaltungsverliebtheit in der Ateliermansarde oder ein phantasierter Maschinensturm in der hermeneutischen Einsiedelei. Um das Erbe der „zwei Kulturen" antreten zu können, ist es sinnvoll, die anscheinend so unvereinbaren Herzstücke von Ingenieur- und Naturwissenschaft auf der einen, von Kunst und Geisteswissenschaft auf der anderen Seite zunächst einmal ein wenig näher zu bestimmen.

## 1. Das Erbe der „Zwei Kulturen"

*„Vielleicht ist die Trennung dieser beiden Bereiche das Zeichen einer primitiven Phase unserer Entwicklung: hier eine Kunst um der Kunst willen, die damit zufrieden ist, sich mit ihren Ergebnissen in Galerien und Museen zu verschanzen, dort eine Technik um der Technik willen, die nichts anderes im Sinn hat, als die klaglose Funktion maschineller Systeme. Wahrscheinlich kann es zu einer fruchtbaren Kooperation nur dann kommen, wenn sich beide Seiten zu einer Revision ihrer Standpunkte bereitfinden. Das wäre aber ein geringer Preis dafür, die kreativen Kräfte zur gemeinsamen Lösung der anfallenden Probleme zu gewinnen."* H.W. Franke, 78

Kurz gefaßt bezeichnet „Ingenieurwissenschaft" das Unternehmen, methodisch materielle Artefakte – Maschinen – zu konstruieren, die durch einen vorgegebenen Zweck bestimmt sind: Wenn sie diesem Zweck dienen, dann „funktionieren" sie, andernfalls sind sie „kaputt". Stellt man Ingenieurwissenschaften den Naturwissenschaften gegenüber, so fällt vor allem ein anderer Blickwinkel bei gleicher allgemeinen Einstellung auf; mit den Worten von *Brooks*: „The scientist builds in order to study; the engineer studies in order to build" [Brooks 96, S. 62]. Man kann diese Art intellektueller Aktivität verstehen als eine der Folgen einer bestimmten Verschiebung der Argumentationsweise im Spätmittelalter, die von *F. Bacon* vorbereitet, von *G. Galilei* ausdrücklich vertreten und von *R. Descartes* ideologisch untermauert wurde (cf. [Ros 89/90, Vol II, S. 8ff]), einer Verschiebung, die letztlich die enorme Beschleunigung der technischen Entwicklung in den folgenden vierhundert Jahren ermöglicht hat: Die Aufmerksamkeit begann sich darauf zu konzentrieren, wie Natur *für unsere Zwecke benutzt* werden könne. Die Rationalität von Argumentationen sollte allein an dieser Richtschnur gemessen werden. Die technische und naturwissenschaftliche Argumentationsweise kommt sozusagen als späte Konsequenz des biblischen „Macht Euch die Erde untertan!" daher, in deutlicher Abwendung vom Verständnis der antiken (und mittelalterlichen) Naturphilosophen, die Natur und ihre Teile ganz aus deren eigenem Wesen heraus (bzw. nur bezogen auf die Ziele Gottes) zu verstehen versuchten, also ohne die eigenen Ziele darauf zu projizieren, cf. [Ros 89/90, Vol II, S. 246ff]. Diese Abkehr hatte nicht zuletzt damit zu tun, daß sich ein Zugang zum „Wesen" der Dinge, wie sie an sich sind, argumentativ nicht verteidigen ließ. Naturverständnis schien nur als Mittel von Naturbeherrschung überhaupt sinnvoll.

Geisteswissenschaftliche Tätigkeit wird für gewöhnlich als eine Unternehmung begriffen, bei der die Menschen sich über ihr eigenes „Wesen" klar zu werden, ihr Leben und Tun zu deuten versuchen; eine Beschäftigung ohne absehbares Ende, die dem alten Delphi'schen Motto „gnothi seauton" folgt: „Erkenne Dich selbst!" Die Wurzeln der auf systematische Weise durchgeführten Beschäftigung mit dem Fragenkomplex „Selbsterkenntnis", der auch die ethische Komponente „Wie *wollen* wir leben?" umfaßt, reichen über zweieinhalb Jahrtausende zurück in das antike Griechenland. Menschen, als der zentrale Untersuchungsgegenstand, werden begriffen als Wesen, die – anders als Maschinen – ihre je *eigenen* Ziele und Zwecke setzen und verändern. Eine Person, die den Zielen von jemand anderem nicht folgt, ist daher nicht „kaputt"; sie verfolgt ihre eigenen Ziele. Ihre Handlungen sind vor allem an diesen von ihr selbst artikulierten Zielsetzungen zu beurteilen. Obwohl klar wurde, daß auch in diesem Bereich stets ein bestimmter Untersuchungszweck, eine bestimmte Perspektive vorgegeben ist, wird jeder solche Zweck als „instrumentell" gesehen: Sie können jederzeit selbst Gegenstand der hermeneutischen Untersuchung – und dadurch verändert – werden und dürfen deshalb keine „absolute Geltung" beanspruchen. Vielmehr muß die Perspektive des Forschers stets mit der seines Untersuchungsgegenstands harmonisiert werden – ein Problem, das bei naturwissenschaftlich-technischen Argumentationen nicht auftritt. Insbesondere fällt die Betrachtung von Argumentation selbst, das Festlegen ihrer korrekten (rationalen) Form und Verwendung wie auch die Begründungen dafür, in den Gegenstandsbereich dieser „Kultur". Offensichtlich erfordert die reflexive Natur eines solchen „hermeneutischen" Unternehmens ganz andere Argumentationsverfahren als die auf einen bestimmten vorgegebenen Nutzen ausgerichtete Methode der empirischen und konstruktiven Wissenschaften. Nicht zuletzt spielt dabei auch persönliche Integrität eine deutlichere Rolle, insofern sie sich darin äußert, daß die geisteswissenschaftliche Tätigkeit selbst und die dabei eingesetzten Argumentationsformen mit den selbstgesetzten Zielen übereinstimmen können oder auch nicht.

Die beiden *Snow*'schen Kulturen folgen, nach dieser höchst skizzenhaften Betrachtung, recht verschiedenen Imperativen: hier „Macht Euch die Erde untertan!", dort „Erkenne Dich selbst!" – hier vorgegebener Zweck, dort selbstbestimmter Sinn. Der Erfolg der ausschließlich auf Nutzen ausgerichteten naturwissenschaftlich-technischen Argumentationsweise spricht sicher für sich. Allerdings ist das zugrunde liegende Programm des „Macht Euch die Erde untertan!" nicht unwidersprochen geblieben: Wer setzt etwa die dort verfolgten Ziele, wer gibt die Zwecke vor, die bei der Entwicklung und dem Einsatz von Technologie zum Tragen kommen? Darf, um ein weiteres Beispiel zu nennen, über Natur, auch unsere eigene, beliebig verfügt werden? Die Kritik gegen eine rein technokratische, von Sachzwängen geprägte Vorgehensweise ist spätestens seit den späten 1960'ern immer lauter zu vernehmen. Eine Integration beider Argumentationsweisen wird zunehmend deutlich zur Notwendigkeit, sollen die Probleme, die der Einsatz von Technik und Technologie auslöst, bewältigt werden.[1] Eine allgemeine Lösung, wie diese Integration zu leisten wäre, kann hier sicher nicht vorgestellt werden. Doch wurden in jüngster Zeit Ansätze in der akademischen Ausbildung vorgeschlagen, deren Curricula ausdrücklich mit dem Ziel entworfen wurden, von den beiden Seiten aus zumindest Brückenschläge zwischen den *Snow*'schen „Kulturkreisen" zu versuchen. Von der hermeneutisch-künstlerischen Seite aus stellt etwa die Konzeption des Kunstingenieurs/der Kunstingenieurin, wie sie zur Zeit im kooperativen Studiengang „Mediengestaltung" (Bielefeld) angestrebt wird, einen solchen Versuch dar: *„Kann man den Absolventen einer solchen Ausbildung, den Repräsentanten eines solchen Berufs, noch als Künstler oder Designer bezeichnen? Als Antwort darauf wird die Bezeichnung „Kunst-Ingenieur" vorgeschlagen. Diese Bezeichnung nimmt voraus, was bisher noch nicht stattgefunden hat, nämlich den Zusammenschluß der künstlerischen und der technischen Intelligenz zu einem unteilbaren Ganzen."* Franke, 78

## 2. Neue Ingenieure für die Flut der Bilder

Ingenieurwissenschaftlich bietet der computerisierte Umgang mit Bildmaterial ein derzeit besonders aufschlußreiches Gebiet im Überlappungsbereich der zwei „Kulturen": Das Medium „Bild" wird in unserer Gesellschaft zunehmend als Darstellungs-, wie auch als Argumentations- oder Überzeugungsmittel benutzt. Besonders in den letzten Jahren hat der technische Fortschritt – nicht nur unter dem Schlagwort „Multimedia" – geradezu eine Explosion der Verfügbarkeit von bildlich dargestelltem Datenmaterial bewirkt. Erinnert sei hier nur beispielsweise an die riesige Menge von Bilddaten aus der erdnahen Fernerkundung. Daß diese Daten in der Regel in digitaler Form vorliegen, zieht allerdings auch ihre (fast) unbegrenzte Manipulierbarkeit nach sich. Solche „Bearbeitungen", die in der Unterhaltungsindustrie auch in ihrer extremsten Form als virtuelle Realität durchaus erwünscht sein mögen, können im politischen und ökonomischen Bereich leicht katastrophale Folgen zeitigen.

Auch die Ingenieure sind sich immer deutlicher bewußt geworden, daß es nicht genügt, einfach gemäß den eigenen, d. h. fach-internen Kriterien gute Lösungen für entsprechende technische Probleme vorzulegen. Da Ingenieure sich vor allem mit Problemen beschäftigen, die von fach-fremden Klienten aufgeworfen werden, in deren Sprache abgefaßt sind, von deren Rahmenbedingungen abhängen, und dem Ingenieur zur Bearbeitung im Sinne einer Dienstleistung übergeben werden, hängen die Kriterien für die Güte einer Lösung auch von fach-externen Faktoren wesentlich ab. Um diese in die eigene Arbeit zu integrieren, bedarf der Ingenieur einer gut entwickelten Kompetenz im Bereich der hermeneutischen „Kultur", die frühzeitig vermittelt und eingeübt werden muß. International ist vor allem *D. Denning* als Befürworter einer entsprechenden Revision der Ingenieurausbildung hervorgetreten: „*[A] curriculum capable of preparing students for the shifting world must incorporate new elements emphasizing design, demonstrated proficiency, effective interaction with others, and greater sensitivity toward the historical and cultural spaces in which we all live and work.*" Denning 92, S. 83.

Ein konkretes Beispiel für das Zusammenwirken von digitaler Bilderflut und dem Versuch einer Adaption der Ingenieurausbildung gibt der Diplomstudiengang Computervisualistik, wie er seit 1996 an der Fakultät für Informatik der Otto-von-Guericke-Universität Magdeburg angeboten wird. Er führt in 10 Semestern zum Abschluß „Diplomingenieurin" bzw. „Diplomingenieur", kreist thematisch um all die Verfahren zum Erzeugen, Bearbeiten, Archivieren oder Übertragen von Bildmaterial mit Hilfe des Computers und darf als Versuch angesehen werden, von der ingenieurwissenschaftlichen Seite aus eine Brücke zwischen den „zwei Kulturen" zu schlagen. Folgt man modernen erziehungswissenschaftlichen Analy-

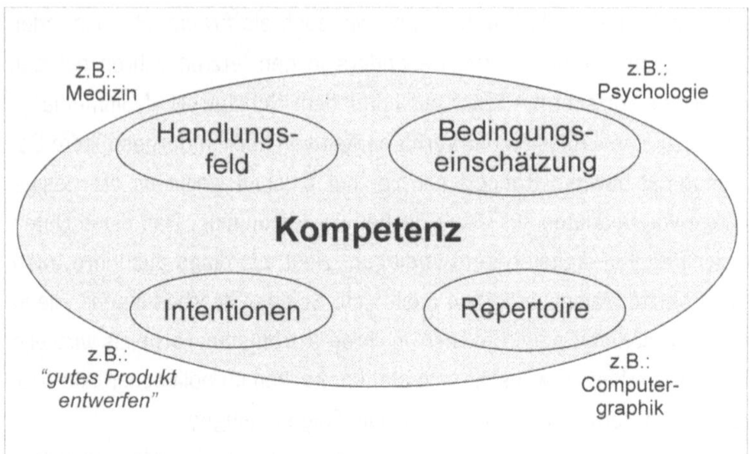



Abb. 1 *Die vier Aspekte von Kompetenz (mit Beispielen aus dem Bereich der Computervisualistik*

sen (cf. ewa [Girmes 97]), so ergibt sich die Medienkompetenz, die das primäre Ausbildungsziel des Studiengangs Computervisualistik darstellt, nicht allein aus dem Erwerb bestimmter Techniken und Methoden – also eines bestimmten Handlungsrepertoires, das den Lernenden bei Erfolg zusätzlich zur Verfügung stehen soll (Abb. 1): Handlungen kommen stets in bestimmten Anwendungskontexten vor, deren Eigenheiten bei der jeweiligen Tätigkeit berücksichtigt werden müssen. Deshalb gehören die spezifischen Strukturen des Handlungsfeldes ebenfalls notwendig zu dem, was vermittelt werden muß. Dasselbe gilt auch für die daran anknüpfende reflexive Fähigkeit zur Einschätzung der Bedingungen dafür, daß die Handlung erfolgreich ausgeführt, die Technik mit Erfolg angewandt werden kann. Schließlich ist es nötig, daß jeder, der eine Kompetenz erwerben soll, auch über entsprechende Intentionen verfügt, die sein berufliches Handeln motivieren und an denen letztlich die Qualität einer zugehörigen Handlungsausführung (und damit auch des Kompetenzerwerbs insgesamt) zu messen ist.

Mit einer dreigliedrigen Konzeption nimmt die Magdeburger Computervisualistik diese Analyse auf. Die drei Säulen sind:

- **Methodik:** die algorithmische Behandlung bildhafter Datenstrukturen in der Informatik
- **Allgemeine Visualistik:** geisteswissenschaftliche und künstlerische Aspekte des Umgehens mit Bildern
- **Anwendungsfach:** eine exemplarische Anwendungsdomäne, z. B. Multimedia in der Pädagogik

Die Veranstaltungen der zweiten Säule „Allgemeine Visualistik" beschäftigen sich mit der hermeneutischen „Kultur" und dienen vor allem dazu, die Bedingungseinschätzungen für das gelernte Repertoire zu vermitteln. Letzteres wird offenbar durch die Techniken und Methoden der Informatik gebildet, der ersten Säule also, die tatsächlich auch zeitlich die umfangreichste ist. Zum Einüben in die praktische Umsetzung der informatischen Techniken und der Integration der Bedingungseinschätzungen wählt jeder Studierende zu Beginn des Studiums schließlich mit der dritten Säule, dem Anwendungsfach, ein konkretes Handlungsfeld. Die in dieser Konzeption forciert vermittelte kommunikative Kompetenz, der Fundus an Methoden und die Allgemeinheit der geisteswissenschaftlichen Betrachtungen zum Umgang mit Bildern sollen es den Absolventen ermöglichen, im späteren Berufsleben ohne extremen Aufwand die Grenzen der gewählten Beispieldomäne zu überschreiten und sich leicht auf andere Anwendungsgebiete einzulassen.[2]

Diese funktionale Segmentierung des Studiengangs ist letztlich das Instrumentarium, das den Studierenden im Zusammenspiel eine produktive Integration der zwei *Snow*'schen „Kulturen" ermöglichen soll. Die Inhalte der drei Säulen sind in gewissen Grenzen variabel; im folgenden werden einige der Kernstücke vorgestellt.

## 3. Die drei Säulen der Computervisualistik

Die **Informatik** mit ihren Subdisziplinen liefert sozusagen das „Handwerkszeug" der Computervisualistik: Insbesondere stehen hier neben den Grundlagen spezifische bildthematische Inhalte im Vordergrund. Beispielsweise geht es im Bereich Computergraphik vor allem um das Erzeugen von realistisch wirkenden Bildern meist fiktiver Gegenstände. Diese Bilder können naturalistisch sein, d. h. so, als würde es sich um eine photographische Reproduktion einer wirklichen Ansicht handeln. Aber auch andere gestalterische Mittel können eingesetzt werden, so daß Graphiken etwa im Stil von Kohlezeichnungen oder Kupferstichen entstehen (cf. [Strothotte 98]).

Ein zweiter, für die Computervisualistik bedeutsamer Bereich der Informatik ist das Fach „Mensch-Computer-Interaktion", in dem auch Überlegungen zur „Interpretierbarkeit" einer Graphik eine wichtige Rolle spielen. Neben ergonomisch ausgerichteten Untersuchungen zur Verwendung von Fenstern, Graphiken, Menüs, Piktogrammen und anderen Dar-

*2 Der erwähnte Kompetenzaspekt „Intention" ist nicht einem einzelnen Bereich zugeordnet, sondern wird in vielen der Veranstaltungen angesprochen; letztlich müssen sich die Intentionen individuell mit dem jeweiligen Studierenden entwickeln und können nicht zentralisiert in einer Veranstaltung behandelt werden.*

Abb. 2 *Magdeburger Kaiserpfalz: naturalistische interaktive Computergraphik für eine hoch-immersive Museumspädagogik.*

stellungen auf dem Bildschirm gehört hierher die Forschung zu immersiven Systemen, populärer auch als „virtual reality" bezeichnet (Abb. 2). Das Interesse des Computervisualisten richtet sich dabei vor allem auf Auswirkungen und Anforderungen an graphische Benutzungsoberflächen, die sich aus dem Einsatz besonderer Techniken zur Bedienung von Computern – etwa *head-mounted display* oder Datenhandschuhe – oder durch spezielle Einschränkungen – wie kleine, niedrig auflösende Bildschirme – ergeben (cf. etwa auch [Strothotte[2] 97]).

Diese beiden Gebiete mögen hier als ausführlichere Beispiele genügen. Erwähnt seien aber als weitere, spezifisch computervisualistische Themen der Informatik noch Bildverarbeitung (Methoden der Bildverbesserung, auch Bilddatenkompression), Mustererkennung und Bildverstehen (Verfahren zur automatischen Extraktion von bedeutungstragenden Aspekten), algorithmische Geometrie (Effizienzbetrachtungen) und Multimedia-Datenbanken. Wahlobligatorisch runden informatische Standardfächer ohne Bezug zu Bildern das Methodensegment des Studiengangs ab.

Mit der **Allgemeinen Visualistik** kommt im Studiengang Computervisualistik die hermeneutische „Kultur" zum Tragen: Diese Säule hat die Funktion, die Studierenden einerseits mit den theoretischen und praktischen Grundlagen des (nicht-informatischen) Umgehens mit Bildern und den entsprechenden Handlungskontexten aus verschiedenen Perspektiven vertraut zu machen; dazu zählen sowohl analytische Gesichtspunkte, wie sie beispielsweise in Erziehungs- oder Politikwissenschaft behandelt werden, als auch konstruktive Aspekte, wie im Fach Industriedesign. Andererseits soll zugleich die Kommunikationskompetenz der Studierenden durch den intensiven argumentativen Umgang mit Nicht-Ingenieuren gefördert werden. Beides zusammen erlaubt den Absolventen, neben informatischen auch eine Fülle anderer Faktoren bei der Beurteilung der eigenen Arbeit zu berücksichtigen.

Um die Spannbreite der Inhalte anzudeuten, die im Rahmen der Allgemeinen Visualistik betrachtet werden, sei hier nur kurz auf die komplexen philosophischen und psychologischen Argumente hingewiesen, die sich mit dem Status und der Funktion von bildhaften Vorstellungen auseinandersetzen: Diese Diskussionen spielen nicht nur beim Verstehen von Bildern und damit bei ihrer potentiellen Funktion in Argumentationszusammenhängen eine wichtige Rolle. Auf mentale Bilder wird in Theorien des Gestaltens in Kunst und Design ebenso verwiesen, wie in erziehungs- und politikwissenschaftlichen Betrachtungen. Abb. 3 veranschaulicht einige der komplexen philosophischen Argumentationszusammenhänge (cf. [Schirra 94]). Zugleich macht es deutlich, daß Bilder zur Darstellung solch komplexer Strukturen durchaus geeignet sind.

Abb. 3 *Skizzen zur Verdeutlichung einer philosophischen Position zur Funktion mentaler Bilder (entnommen aus [Schirra 94, S. 99]).*

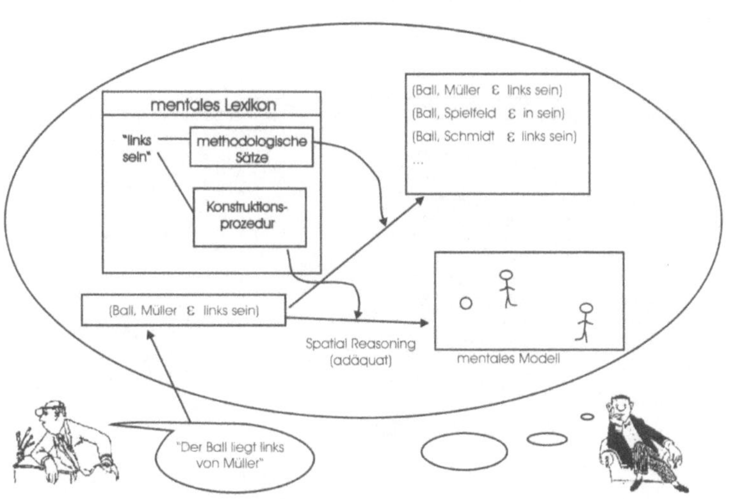


Abbildung 33: Illustration zum Hörer bei Erweiterter Prozeduraler Theorie (Kants erste Stufe)

Es ist angestrebt, daß Computervisualisten in der Lage sind, bei ihren späteren Tätigkeiten schnell zu erkennen, welche Aspekte der Allgemeinen Visualistik jeweils relevant sind und wo entsprechendes Vertiefungsmaterial zu finden ist. Durch die vermittelten Grundlagen sollen sie sich jenes Material ohne extremen Aufwand aneignen und auf die aktuelle Situation anwenden können. Das Studium im Gebiet Allgemeine Visualistik soll Appetit machen, diese Vertiefung tatsächlich durchzuführen und sich nicht im Elfenbeinturm des Ingenieurtechnokraten zu verbarrikadieren: Auch Ingenieure dürfen durchaus Literatur zitieren, die älter als fünf Jahre ist.

Das **Anwendungsfach** ergänzt das Studium, indem von Beginn an die Kooperationsproblematik im späteren Tätigkeitsfeld der Computervisualisten beispielhaft behandelt wird. Die Absolventen des Diplomstudiengangs sollen in ihrer Tätigkeit als kommunikativ kompetente Experten für das informatische Bearbeiten von bildhaftem Material auftreten. Sie werden im Sinne einer Dienstleistung engagiert von Experten anderer Gebiete mit entsprechenden Aufgabenstellungen, um diese angemessen zu lösen. Damit dient das Anwendungsfach insbesondere auch als eine „Probebühne" für die Integration von technischer und hermeneutischer Argumentationsweise, die Computervisualisten als „Erben der Zwei Kulturen" beherrschen sollen; denn nur im kreativen Zusammenspiel beider Kompetenzen ist eine befriedigende Lösung ihrer Aufgaben zu erreichen.

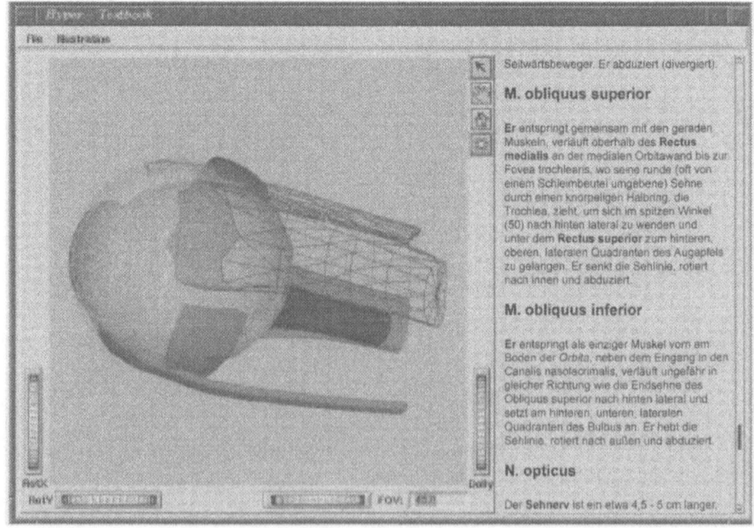

Abb. 4 *Bildschirmabzug eines interaktiven Anatomieatlasses. Die (eigentlich farbige) Graphik wird online aus einem geometrischen Modell generiert und ist entsprechend dreh- und skalierbar; durch verschiedene Darstellungstechniken können, wie gezeigt, unterschiedliche Durchsichten in Abhängigkeit vom jeweiligen Interesse erzeugt werden; darüber hinaus wird durch Anklicken in der Graphik der zugehörige Textteil ausgewählt und angezeigt. Schließlich werden alle im aktuell dargestellten Textausschnitt erwähnten Gegenstände im Bild automatisch optisch hervorgehoben.*

Aus dem Bereich der Medizin sei hier als Beispiel ein interaktiver elektronischer Anatomieatlas angeführt, der dem Nutzer (etwa einer Medizinstudentin oder einem Arzt, der etwas nachschlagen möchte) besser an ihr jeweiliges Interesse angepaßte Bilder präsentiert (Abb. 4). Entwurf und Konstruktion eines solchen Systems, unter Verwendung von klinischem Material (Röntgenaufnahmen, Tomographiesequenzen etc.) und den vielfältigen Optionen computergraphischer Erzeugung naturalistischer wie auch abstrakter Darstellung ist eine der möglichen Aufgaben eines Computervisualisten/einer Computervisualistin im Anwendungsfach Medizin. Die Kommunikation zwischen den beiden Expertengruppen mit ihren recht unterschiedlichen Begrifflichkeiten, Ausbildungswegen, wissenschaftlichen Erfahrungen, Sichtweisen auf Probleme und vor allem auch Vorstellungen über das jeweils andere Gebiet bildet dabei bekanntlich einen besonders komplexen „Flaschenhals", der effektive Lösungen erschwert. Nicht zuletzt muß ein Computervisualist dazu in der Lage sein, seinen Auftraggebern gegenüber darzustellen, warum seine Vorschläge die aufgeworfenen Probleme tatsächlich und auf sinnvolle Weise lösen. Dazu gehört etwa, welche der abgebildeten Entitäten graphisch abstrahiert werden dürfen und bei welchen Aspekten realistischere Darstellungen notwendig sind (cf. [Schirra/Scholz 98]).

Ein typisches Anwendungsgebiet ist auch die Werkstoffwissenschaft mit ihrem reichen Arsenal an modernen bildgebenden Verfahren von der Röntgendiffraktometrie (REM) bis zur Konfokalen Laserrastermikroskopie (CLSM). Neben den physikalischen Grundlagen dieser bildgebenden Verfahren bilden Einführungen in die Theorie von Struktur und Gefüge von Werkstoffen die Basis, auf der dann spezielle computervisualistische Fragestellungen, etwa zum Einsatz von Fraktalen bei der Modellierung und Analyse von Werkstoffoberflächen, behandelt werden können.

## 4. Der Studienablauf im Überblick

Die Prüfungsordnung fordert von den Studierenden bei einer Regelstudienzeit von 10 Semestern die Teilnahme an Veranstaltungen im Umfang von 168 Semesterwochenstunden. Der äußere Rahmen entspricht dem des Diplomstudiengangs Informatik an der Otto-von-Guericke-Universität Magdeburg, die Veranstaltungen zur Mathematik und zur Einführung in die Informatik sind sogar identisch. Im Rahmen des Hauptstudiums ist ein Berufspraktikum von 20 Wochen Dauer abzulegen, das mit einer öffent-

Abb. 5 *Zeitanteile der „Säulen" am Diplomstudiengang Computervisualistik*

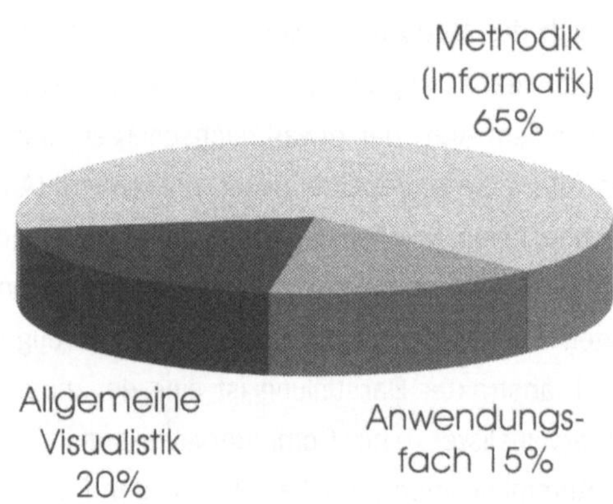


lich zu verteidigenden Studienarbeit dokumentiert wird. Abgeschlossen wird das Studium mit der Verteidigung der Diplomarbeit, zu deren Erstellung fünf Monate in der Regelstudienzeit vorgesehen sind. Verliehen wird dann der akademische Grad „Diplomingenieurin" bzw. „Diplomingenieur".

Das Angebot in Allgemeiner Visualistik umfaßt derzeit die Fächer Industriedesign, Philosophie, Psychologie, Politikwissenschaft und Erziehungswissenschaft. Von diesen sind im Grundstudium vier auszuwählen und mit jeweils vier Semesterwochenstunden zu belegen. Im Hauptstudium folgt eine weitere Konzentration auf drei Fächer, von denen zwei als Schwerpunkte gelten mit je acht Semesterwochenstunden. Das dritte Fach schlägt mit der Hälfte zu Buche.[3]

Die Wahl des Anwendungsfachs, für das 20 Semesterwochenstunden erforderlich sind, erfolgt zu Beginn des Studiums. Medizin, Werkstoffwissenschaft und Bildinformationstechnik sind derzeit in Magdeburg als Anwendungsfächer installiert; weitere, z. B. „Konstruktion und Fertigung", sind in Vorbereitung. Damit ergibt sich insgesamt die in Abb. 5 gezeigte zeitliche Verteilung der Veranstaltungen auf die drei Säulen des Studiengangs.

Ausländische Akademiker können seit dem Herbst 97 ihre Kenntnisse im Bereich der Computervisualistik vertiefen. Die Magdeburger Universität bietet einen Aufbaustudiengang an, der mit dem Titel „Master of Science" abschließt. Die Regelstudienzeit beträgt drei Semester, inklusive eines Berufspraktikums.[4] Studierende nehmen an etwa acht Lehrveranstaltungen zu je vier Stunden pro Woche teil, die über zwei Semester verteilt sind. Davon gehören 16 zu dem Fach *Computational Visualistics*

[3] *Das angegebene Fächerspektrum folgt den lokalen Gegebenheiten und stellt eine Auswahl, keine Einschränkung des Umfangs der Allgemeinen Visualistik dar. Kunstgeschichte etwa, andere Bereiche des Designs oder auch rechtliche Aspekte von Bildverwendungen sind prinzipiell ebenfalls denkbar. Für das dritte Fach werden übrigens mehr Fächer angeboten. Hier können beispielsweise bildthematische Veranstaltungen aus den Bereichen Germanistik, Musik- und Kunsterziehung oder Sportwissenschaft belegt werden.*

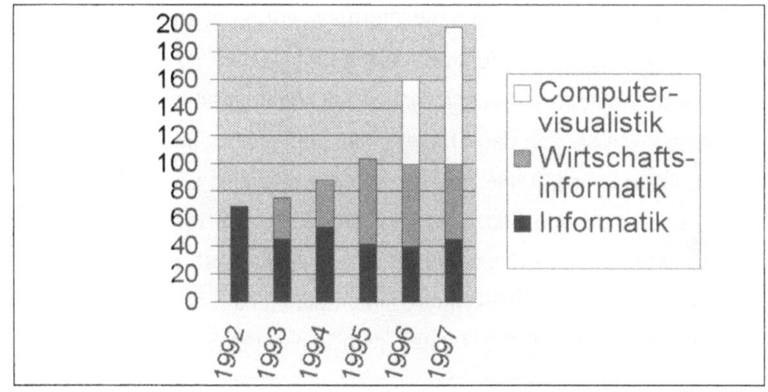



Tabelle 1 *Entwicklung der Immatrikulationszahlen an der Fakulktät für Informatik der Otto-von-Guericke-Universität Magdeburg. Aufgeführt sind die drei Diplomstudiengänge der FIN.*

(aufgeteilt in die Bereiche *grafics, vision, geometry* und *medical imaging*); acht Stunden kommen ergänzend aus der übrigen Informatik; acht weitere sind der Allgemeinen Visualistik zugeordnet. In den vorlesungsfreien Zeiten wird an einer Master's Thesis (kleine Diplomarbeit) gearbeitet; insgesamt sind drei Monate dafür vorgesehen. Gegebenenfalls wird das fünfmonatige Berufspraktikum absolviert. Bewerbung setzt einen ersten Hochschulabschluß voraus. Das ist bei Bewerbern aus deutschsprachigen Ländern generell das Diplom (FH oder Universität), während bei allen anderen allgemein der *Bachelor's degree* zählt.

## 5. Erste Erfahrungen

Der Diplomstudiengang wurde im März 1996 genehmigt und zum folgenden Wintersemester erstmals angeboten. War die Universität bei ihren Kapazitätsplanungen von maximal 30 Anfängern ausgegangen, so wurde sie bereits im Laufe des August 1996 eines Besseren belehrt: Tatsächlich hatten sich im Oktober über 60 Frauen und Männer zum Diplomstudiengang Computervisualistik eingeschrieben. Besonders erfreulich war dabei, daß der Frauenanteil für ein ingenieurwissenschaftliches Studium recht hoch war: Mit fast 25% lag der Studiengang an der Spitze der Ingenieurwissenschaften der Universitätsstatistik. Das große Interesse hielt auch im zweiten Jahr mit einer Steigerung auf rund 150% an; die Computervisualistik stellt im Jahrgang 1997 damit nicht nur die Hälfte der Neuimmatrikulationen in Diplomstudiengängen an der Fakultät für Informatik, sondern hat insgesamt diese Anfängerzahl gegenüber der recht stabilen Zahl in den anderen Studiengängen verdoppelt (Tab. 1.). Für den ersten Jahrgang liegen bereits erste Abschätzungen zur Abbruchquote

[4] *Das Praktikum ist nicht obligatorisch, wenn über einschlägige Arbeitserfahrung verfügt wird. Ab dem Wintersemester 1998/99 wird Englisch die Lehrsprache sein, wobei Studierende natürlich auch in deutscher Sprache gehaltene Lehrveranstaltungen belegen können. Die Prüfungen können auf Deutsch oder Englisch abgelegt werden.*

vor. Sie bewegen sich im durch die Informatik vorgegebenen Bereich (etwa 40–50%). Tatsächlich stellt die geistige Integration so verschiedener Fachgebiete mit ihren unterschiedlichen Blickrichtungen und Argumentationsweisen, wie sie von den Studierenden dieses hoch-interdisziplinären Fachs gefordert wird, keine geringe Anforderung dar: Es ist schließlich kein Zufall, daß die von *Snow* vor 30 Jahren konstatierte Spaltung in die zwei „Kulturen" im allgemeinen nach wie vor wirksam ist. Erleichtert wird den Studierenden diese Integration, indem die fachübergreifenden Anteile in den einzelnen Veranstaltungen dem konkreten Bedarf folgend zunehmend ausgebaut werden. So ist beispielsweise in die Einführungsveranstaltung zur Erziehungswissenschaft für Computervisualisten ein Video-Grundkurs eingefügt: Der entsprechende Leistungsnachweis kann (außer auf die traditionelle Weise durch Klausur oder Hausarbeit) erlangt werden, indem in der vorlesungsfreien Zeit in kleinen Gruppen kurze Videofilme über in der Vorlesung behandelte erziehungswissenschaftliche Themen erstellt werden.[5] Darüber hinaus wird im Hauptstudium ein abgestimmter Doppelschwerpunkt in Philosophie und Erziehungswissenschaft zum Thema „Film" aufgebaut. Auch die Politikwissenschaft plant innovative Formen des Leistungsnachweises: Zukünftig soll eine der Teilnehmergruppen die in Proseminaren verhandelten Inhalte multimedial aufbereiten und als WWW-fähige Hypertexte dokumentieren. Genaues statistisches Material darüber, wie die Studierenden sich auf die angebotenen Fächer der Allgemeinen Visualistik aufteilen, liegt zur Zeit noch nicht vor. Einen deutlichen Interessenschwerpunkt bildet aber in beiden Jahrgängen der Bereich Industriedesign (größer als 60%), wo neben einer Einführung zur Zeit insbesondere die Themen „Gestaltungslehre/Zeichnen" und „Bildgestaltung/Photographie" angeboten werden. Ein Ausbau dieses Angebots wird angestrebt.

## 6. Die Zukunft der Computervisualisten und der Computervisualistik

Zur Arbeitsmarktsituation können gegenwärtig offensichtlich noch keine Erfahrungswerte vorliegen. Doch erlauben allgemeine Prognosen aus Politik und Wirtschaft es zumindest, eine grobe Tendenz anzugeben: Der am 7. Februar 1996 vom Deutschen Bundestag verabschiedete Bericht „Info 2000: Deutschlands Weg in die Informationsgesellschaft" (cf. [Info 2000]) konstatiert beispielsweise, daß bis zum Jahr 2010 in Europa im

[5] *Mit der öffentlichen Verleihung eines Preises für die besten Arbeiten – des „Goldenen, Silbernen und Bronzenen Känguruhs" – wird zugleich ein gut angenommener Beitrag zum kulturellen Leben von Universität und Stadt geleistet.*

Bereich der Informations- und Kommunikationstechniken rund sechs Millionen zusätzliche Arbeitsplätze geschaffen werden könnten. Davon würden unter optimalen Bedingungen rund 1,5 Millionen in Deutschland entstehen. Zu deren Besetzung wäre aber insbesondere eine entsprechend hohe Qualifikation erforderlich, eine Qualifikation, wie sie der Studiengang Computervisualistik anstrebt.

Die Zukunft des Faches kann zur Zeit durchaus als gut bezeichnet werden. Reaktionen bei zukünftigen potentiellen Arbeitgebern sind durchweg positiv. Das Volumen an Anfragen von Interessenten für einen Studienbeginn im Herbst 1998 entspricht in etwa dem des Vorjahres. Zudem hat die Universität Koblenz-Landau im März 1998 als zweite bundesdeutsche Universität den Entschluß gefaßt, einen Diplomstudiengang Computervisualistik zu installieren, der sich an die Magdeburger Konzeption anlehnt. Der Anteil der Allgemeinen Visualistik ist dabei, allerdings auf Kosten des Anwendungsfachs, deutlich aufgewertet. Das geplante Curriculum umfaßt je 80 Semesterwochenstunden im Grund- und Hauptstudium und führt in neun Semestern zum Abschluß Diplom-Informatiker(in) (cf. [Kob/Lan]). Eine intensive Zusammenarbeit ist von beiden Seiten ausdrücklich beabsichtigt: Studienleistungen und Vordiplome werden wechselseitig anerkannt, um die Computervisualistik an allen Standorten mit einem einheitlichen und charakteristischen Profil – und nicht zuletzt auch als Brücke zwischen den „Zwei Kulturen" – erkennbar zu machen.

Wenn es, um mit *J. Habermas* zu sprechen, bei diesem Profil letztlich auch darum gehen soll, wie die Gewalt technischer Verfügung in den Konsensus handelnder und verhandelnder Bürger zurückgeholt werden kann [Habermas 66, S. 320], dann müssen Ingenieure und Geisteswissenschaftler, Naturwissenschaftler und Künstler, Designer und Politiker in ihrem Selbstverständnis die Kluft zwischen den zwei „Kulturen" überwinden. Sie müssen lernen, einander zuzuhören, und ebenso, ihre Argumente in verständlicher Form vorzutragen und zur fachübergreifenden Diskussion zu stellen. Dies gilt vorzüglich im sensiblen Bereich der hochtechnisierten Kommunikation mit Hilfe von Bildern. Die Computervisualistik begreift sich als ein Versuch, vor diesem Hintergrund einen neuen Typus von Ingenieurin oder Ingenieur mit der gewünschten starken sozialen Kompetenz auszubilden. Die Kooperation und Koordination der Computervisualistik mit den Ansätzen, die von der künstlerischen und geisteswissenschaftlichen Seite aus eine ähnliche Brücke in der Ausbildung schlagen – etwa die oben erwähnte Vision *Frankes* vom Kunstingenieur – dürfte beiden Seiten weitere Impulse liefern für das gemeinsame Unternehmen, die alten Widersprüche von „Macht Euch die Erde untertan!" und „Erkenne Dich selbst!" zu überwinden: eine durchaus attraktive Herausforderung für die Zukunft.


## Literatur

**Brooks 96:** F. P. Brooks, Jr.: The computer scientist as a toolsmith (II), Acceptance lecture of the first recipient of the ACM Allen Newell Award, CACM 39/3, 1996, S. 61–68.

**Denning 92:** P. J. Denning: Educating a New Engineer. CACM 35/12, 1992, p. 83–97.

**Franke 78:** H. W. Franke:
Kunst kontra Technik. Wechselwirkungen zwischen Kunst, Naturwissenschaft und Technik. Frankfurt/M.: Fischer, 1978.

**Girmes 97:** R. Girmes (Hg.): Studium – Berufsentwicklung – Persönlichkeitsbildung: Ansätze zu einem biografieorientierten Hochschulstudium. Münster: Waxmann, 1997.

**Habermas 66:** J. Habermas: Technischer Fortschritt und soziale Lebenswelt. Zuerst in: Praxis. Filosofische Zeitschrift. 1/2 (1966), S. 217–228; zitiert nach dem Wiederabdruck in [Kreuzer 87, S. 313–327].

**Info 2000:** Deutschlands Weg in die Informationsgesellschaft, Bonn, Bundesministerium für Wirtschaft, 1996
(siehe auch: http://www.kp.dlr.de/BMWi/gip/programme/info2000/).

**Kob/Lan:** Materialien zum geplanten Studiengang Computervisualistik an der Universität Koblenz-Landau siehe unter: http://www.uni-koblenz.de/~lb/visualistik/vis/vis.html.

**Kreuzer 87:** H. Kreuzer (Hg.): Die zwei Kulturen – Literarische und naturwissenschaftliche Intelligenz – C.P. Snows These in der Diskussion. München: DTV, 1987.

**Ros 89/90:** A. Ros: Begründung und Begriff – Wandlungen des Verständnisses begrifflicher Argumentationen. (3 Bd.e), Hamburg: Meiner, 1989/90.

**Schirra 94:** J.R.J. Schirra: Bildbeschreibung als Verbindung von visuellem und sprachlichem Raum – Eine interdisziplinäre Untersuchung von Bildvorstellungen in einem Hörermodell. St. Augustin: infix, 1994.

**Schirra/Scholz 98:** J.R.J. Schirra, M. Scholz: Abstraction versus realism: not the real question. In: [Strothotte98, Kap. 22].

**Snow 59:** C.P. Snow: Die zwei Kulturen. Rede Lecture, 1959. Zitiert nach dem Wiederabdruck in [Kreuzer 87, S.19–58].

**Strothotte 97:** C. Strothotte, Th. Strothotte: Seeing between the pixels, Berlin: Springer, 1997.

**Strothotte 98:** Th. Strothotte (Hg.): Abstraction in interactive computational visualization. Berlin: Springer, 1998, in Vorbereitung.

**Stucky 97:** W. Stucky, Editorial, Informatik-Spektrum 20:1–2, 1997.

Zur Magdeburger Computervisualistik siehe auch:
http://isgnw.cs.uni-magdeburg.de/joerg/compvis/compvis.html

# Apparat

Abbild 1

Absorption 73

Abstraktion 136, 139

Advanced Technologies Testing
    Aircraft System – ATTAS 59f.

Ähnlichkeit 137, 140

Ähnlichkeitsrelation 57

Äquipotentiallinien 100

Äquivalenz 140

Aerodynamik 53

Ästhetik 5, 21, 169f., 176, 179, 187f.

Ästhetische Qualität 14

Ästhetische Strukturen 3

Ästhetische Wirkung 9

Ästhetisches Labor 129

aisthesis 169

Algebraic Surfaces 48

Algebraische Funktion 15, 17f.

Algorithmische Realität 130

Ambient Light 76

Analoge Fotografie 146, 150

Analytische Fotografie 142

ANALYZE Programmpaket 64

Anatomie 63, 67, 71, 79

Anfluggeschwindigkeit 58

Anflugstrecke 58

Angiografie 73

Angiografieverfahren 84f.

Animation 9, 11, 17, 114f.

Apparative Kunst 187

Approximation 95, 104

Arteria lienalis 94

Arteria mesenterica superior 94

Artificial Intelligence 126

ATTAS – Advanced Technologies
    Testing Aircraft System 59f.

Auflösung 111

Aufmaß 109

Augennetzhaut 82

Automaten 11

Autonomes Bild 123

Autonomie der Maschine 125

Autopoietische Fotografie 142

Autorenfotografie 140


Bedeutung 1, 122

Beleuchtungsmodell 78

Benotungsysteme 9

Berandung 81

Berechenbares Bild 122

Berechnen 119, 120

Bernoulli'sche Gleichung 54

Bernstein-Bézier basis functions 26

Bewußtsein 5

Bézier-Effekt 34, 39, 41

Bifurkation 96

Bild 1, 4f., 13, 20, 117, 112, 121, 136, 193

Bildanalyse 6, 18

Bildaquisition 63

Bildbeschreibung 9

Bilddeformation 112

Bildentzerrung 110

Bilderzeugung 13

Bildfrequenz 8

Bildgebungsverfahren 64, 66

Bildgenerierung 3

Bildidee 180

Bildkodierung 9

Bildkontrastmanipulation 67

Bildmessung 110

Bildmusterung 173

Bildregistration 82

Bildserie 180

Bildverarbeitung 7

Binäre Logik 16

Bitmaps 112

Blutgefäße 84

Bolus-Injektion 87

Bool'sche Operation 31, 109

Brustkrebsdiagnose 91

CAGD – Computer Aided Geometric
    Design 23ff., 48f.
CeVis – Centrum für Complexe Systeme
    und Visualisierung 91, 107
CFD – Computational Fluid Dynamics 61
Chaos 9, 179
Chirurgische Simulatoren 88
Choreutik 168
Chronofotografie 139f.
Codierung 9, 123
COMPASS-System 59
Computational Fluid Dynamics – CFD 61
Computer 1, 4, 6, 11, 20, 119, 177
Computer Aided Geometric Design –
    CAGD 23ff., 48f.
Computer-Tomografie – CT 65ff.
Computergenerierte Grafik 9
Computergenerierte Musik 20
Computergrafik 3, 9, 11, 72, 75, 122
Computerkunst 131, 145
Computerunterstützte Grafik 3f.
Computerunterstützte Radiologie 91
Computervisualistik 193f.
Couinaud-Äste 100
Crashtest 60
CT – Computer-Tomografie 65ff.
Cubicoids 35, 43, 45, 48

Datenanalyse 5, 82, 87, 90
Datenexplorationsverfahren 83
Datenhandschuh 88, 196
Datenreduktion 9
Datenverarbeitung 5
Datenvisualisierung 90
Demonstrative Fotografie 142
Denken 119f.
Derivat 181, 183
DESIRE – Design by Simulation
    and Rendering on Parallel
    Architecture 47
Diagnose 85
Diagnoseparameter 58

Dialektische Logik 148
Dielectric Breakdown 101
Differentialdiagnose 91
Differentialgeometrie 4
Diffusion Limited Aggregation – DLA 100
Digital Imaging 148f.
Digitale Fotografie 146, 149f.
Digitale Kamera 111
Digitaler Schatten 120
Digitaler Schein 146
Digitales Modell 52
Digitalisierung 112
Distanzfunktion 172f., 178, 182, 184
Divisibility 128
DLA – Diffusion Limited Aggregation 100
Dokumentarfotografie 149
Doppler-Effekt 66
Drip-Painting 123
Dynamisches System 91

Echtzeit 60, 79
Einbildentzerrung 111
Enhanced Reality 89
Erzeugungsfotografie 145
ESPRIT Project 47
Experiment 55ff., 123
Experimentelle Fotografie 7, 142
Expertensystem 135
Expotentialfunktion 15

Falschfarbendarstellung 83f.
Falschfarbeneffekt 51
Farbe 8, 123
Farbskala 8
Feldlinien 100
Filmscanning 112
Flat Shading 114
Flügelprofil 55
Flugbetriebskosten 61
Flugführungssystem 58
Flugsicherheit 61
Flugsimulator 88

Flugsteuerungssystem 60
Flußgeschwindigkeits-Vektor 85
Formale Logik 148
Formenbewußtsein 12
Fotografie 7, 142, 150
    analoge 150
    analytische 142
    demonstrative 142
    digitale 150
    experimentelle 142
    gegenständliche 142
    generative 142, 145
    virtuelle 150
    visualistische 142
Fotogramm 139, 142
Fotogrammetrie 110ff.
Fotorealismus 131
Fotorealistische Darstellung 3, 11, 109, 114f.
Fotorealistisches Rendering 113
Fotoreportage 149
Fourier-Synthese 13
Fournier-Transformation 7, 18ff.
Frakale 4ff., 12f., 91, 100, 199,
Fraktale Codierung 9, 13
Fraktale Logik 16
Funktor 180, 181

Gefäßanatomie 73, 96
Gefäßextraktion 103
Gefäßsysteme 86, 93
Gegenständliche Fotografie 142
Generative Computergrafik 188
Generative Fotografie 142, 145
Generative Regeln 11
Generative Semiotik 123
Generatives Prinzip 10
Geodätische Vermessung 110
Geometric Modeling Application 48
Geometrie 3f., 10, 23
Geometrische Datenverarbeitung 48
Geometrische Modellierung 109

Gestaltbildungsprozesse 5
Gestaltungslehre 187
Glasgitterplatte 112
Grafiksysteme 8
Grafische Darstellung 4
Grafische Notenschrift 11
Grafischer Reiz 13
Grafisches Beschreibungssystem 10
Graphenstruktur 86

Head-Mounted Display 79, 82, 88, 196
Hermes-Raumtransporter 56
Hermite Interpolation Problem 34
Hidden-Line-Drawing 110
High-Quality Visualization 23, 48
Hirnaterien 97
Hirnrinde 77
Hirntumor 84f., 89
Histogramm 69
HIV-infizierte Zellen 80, 82
Hounsfield-Werte 67f.
Hydrodynamisches Ähnlichkeitsgesetz 54
Hyperschall 57
Hyperwürfel 127ff.

Ikon 137, 143, 144
Illusion 136
Illustrationen 4
Image Processing 148
Immatierielle Reproduzierbarkeit 117f.
Implicit Algebraic Surfaces 48
Implicit Patches 38
Implicit Surfaces 30
In-vitro-/In-vivo-Methode 99
Indeterminiertheit 130
Individuelle Segmentmarkierung 99
Informatik 134, 194f., 199
Informationsästhetik 187
Informationsaggregat 6
Informationsgesellschaft 202
Informationspsychologie 6
Informationstheorie 188

Infrarotstrahlung 142
Initiales Objekt 181
Innovation 10
Inskriptionssysteme 151, 153
Interface Design 24, 121
Interferenzmuster 15f.
Interlacing 80
Interpretant 121
Interpretation 5
Irrationalzahlen 1
Isotrope Magnetresonanz-
    Volumenaufnahme 66
Iteration 4, 60

Kalkuliertes Bild 120
Kalte Logik 17
Kameralose Fotografie 139
Kartesisches Koordinatensystem 109
Kinetische Komponente 8
Knochentumor 91
Kodierungssystem 5
Kombinatorik 16
Kommutativität 184
Komplexität 10
Komposition 125
Konkrete Fotografie 142
Konkrete Kunst 129
Konkretion 136, 139
Konstrukt 150, 152
Konstruktivismus 187
Kontext 120
Kontinuitätsmethoden 95ff.
Kontra-Vision 137
Kontrastmittel 87, 94f.
Konturinformationen 81
Konturmodelle 100
Konzeptfotografie 143
Koordinatensystem 1, 7
Kraniotomie 88, 90
Kryo-Kanal 56
Künstliche Intelligenz 131, 134
Kunst 12,179

Kunst-Ingenieur 192, 203
Kunstfotografie 139
Kunsttheorie 6, 187
Kunstwerk 13, 117, 124, 136
Kunstwissenschaft 176
Kybernetische Ästhetik 6, 187

Laban'sche Tanznotation 160, 162f., 167
Läsionen 96ff.
Lambert'sches Gesetz 76
Laplace Approximation der Segment
Anatomie – LASA 100
Laserrastermikroskopie 199
Leberparenchym 96, 98
Lebersegmentanalyse 94
Limitator 171, 175f.
Logik 148
Logische Funktionen 17, 18
Luminogramm 142

Mach-Zahl 56
Magnetresonanz-Angiografie 74f., 85f.
Magnetresonanz-Tomografie – MRI 65f., 77
Makrofotografie 142
Malerei 11
Malmaschine 131f.
Mammografie 91
Manipulatoren 88
Map Art 12
Mapping-Funktion 113
Mathematikunterricht 20
Mathematische Transformation 7
Matrix 6, 9, 16
Matrizenaddition 7
Maximum Intensity Projection – MIP 74
Medianfilterung 98
Mediengestaltung 192
Medienkompetenz 194
Medienreflexion 143
Medium 119, 151
Medizinische Bildverarbeitung 91
Medizinische Diagnostik 64

Mehrbildfotogrammetrie 112, 115
Mehrfachbelichtung 139
Metabolismusprozesse 66
Metamorphosen 20
Metastasen 92, 94, 103
MeVis – Centrum für Medizinische
    Diagnosesysteme und
    Visualisierung 91, 107
Mikrofotografie 142
Mikroskop 12
MIP – Maximum Intensity Projection 74
Modeling 24, 46
Modellierung 51, 102
Modulografik 14f.
Moirémuster 14
Morphismus 180, 183
Morphogramm 169, 177
Morphograph 177
Morphographie 176
Mosaiking 113
MRI – Magnetresonanz-
    Tomografie 65f., 77
Multimedia 193f.
Multiplanare Rekonstruktions-
    verfahren – MPR 71
Museumspädagogik 196
Musik 152
musikè 152f.

Nächste-Nachbarn-Modell 102ff.
Navier-Stokes-Gleichung 53ff.
Negativkopie 142
Nervenzellen 77
Neurochirurgie 88ff.
Newton'sche Bewegungsgleichung 54
Notenschrift 10
Nucleoli 82, 84
Nuklearmedizin 66
Numerik 53
Numerische Auswertung 4
Nusselt-Zahl 56

objects trouvés 13
Objekt 121, 180f.
Ordnung 10
Organellen 82, 84
Original 118
Ornament 3, 7
Ornamentik 16
Orthopädie 90

Paint-System 6, 11
Paradoxe Logik 148
Paralaxenmessung 111
Parallelität 181
Parametric Representations 23, 25
Parametric Surface 28
Parametric Triangulation 29
Parenchymgebiet 93
Parenchymsegmente 98ff.
Pathologie 63
Patientenmodell 88
Perspektive 3f.
PET – Positiron-Emission-Tomografie 66
Pfortader 94ff., 103ff.
Photorealistic Computer Images 23
Photorealistic Display 27
Photorealistic Rendering 46
Physiologie 63
Picture Processing 7, 148
Pikturalismus 139
Pixel 65, 121
Plastische Chirurgie 88
Polarisierte Brille 80
Polarkoordinatensystem 7
Polygon 109, 114
Polygonal Representations 46
Polygonale Approximation 97
Polyhedral Hull 34ff.
Polyphonie 176
Portographie 95
Positron-Emission-Tomografie – PET 66
Potential-Modell 100, 103
Prägnanz 6

Präoperative Risikoabschätzung 102
Präoperative Segmentmarkierung 102
Pragmatik 121
Prandl-Zahl 56
Produktion 117ff.
Programm 118
Programmiersprachen 4, 10
Programmierte Grafik 11f.
Programmierter Zufall 126
Projektionsverfahren 71
Prosa 152
Pseuderelief 7
Pseudozufall 10

Quantisierung 111

Radiologie 65, 71, 91
Radiologische Datenerfassung 90f.
Radiosity 24, 48
Rationale Ästhetik 10
Ray-Tracing 24ff., 46ff., 72, 76, 78, 109, 113ff.
Reale Welt 51, 52, 60, 89
Realistic Image Synthesis 48
Rechnen 119
Redundanz 10, 178f.
Referenzsegment 104
Reflexionsmodell 76
Regenbogenfarben 8
Regentengraphik 169ff. 179, 182ff.
Regimentdesign 178
Regimente 171
Reibungswiderstand 53
Reizmuster 5
Rekonstruktion 91, 97
Reliefkonfiguration 7
Rendering 25, 109
Rendering Technique 23f.
RenderMan 24
Repräsentamen 121, 130
Repräsentation 130, 181
Repräsentationssprache 151

Reproduktion 117ff.
Reproduzierbarkeit 117
Resampling 113
Réseau 112
Resektion 93f.
Restklassenarithmetik 15, 17
Reynolds-Zahl 53, 57
Röntgenaufnahme 64ff., 199
Röntgenbildsimulation 76
Röntgendiffraktometrie199
Röntgenstrahlen 64, 73
Rollmanagementsystem 59
Rotation 79, 109
RSNA – Radiological Society of
        North America in Chicago 91
Rücktransformation 19

Sampling 113
Satrapie 169, 175, 179, 183
Scannen 111, 147
Schädelöffnung 88
Schattenwurf 115
Schichtdarstellung 70
Schichtdatensatz 65
Schnellzeit-Simulationen 58
Schönheit 6, 10, 13
Schriftsystem 153
Schubspannung 54
Segmentapproximation 100
Segmentektomie 93
Segmentierung 78, 82, 85, 91ff., 105
Segmentorientierte Leberchirurgie 92
Segmentrekonstruktion 103
Segmentresektion 91
Segmentvolumetrie 94
Selbstreferentielle Fotografie 142
Semantik 121
Semiotic Implications 121
Semiotische Realität 130
Semiotisierung 121
Sequent 181, 183, 186
Serie 181

# Sachregister

Spiegelreflexion 76
Signal 121
Simpliziale Topologie 97
Simulation 6, 23, 51f. 63, 86ff., 109, 114, 187
Simulationsmodell – SIMMOD 58
Sinneswahrnehmung 5
Smooth Shading 114
Snakes 81, 100
Snow'sche Kulturen 192
Solarisation 142
Spacelabs 52
Specular Light 76
Speichertiefe 111
Spiegelung 115
Sprache 151
Sprachsystem 151
Stanton-Zahl 56
Stereo Bildpaar 63, 78, 80
Stereofotogrammetrische Auswertung 110
Strahlenbelastung 99
Strahlenverfolgung 77f.
Strahlenverfolgungsverfahren 73
Strömung 54f.
Strukturbildungsprozesse 1, 100
Strukturierung 6
Subjektive Fotografie 140
Summationsprojektion 74
Superzeichen 125, 135
Surface Design 46, 48
Symbol 143, 145
Symbolische Beschreibung 85f.
Symbolische Maschinen 121
Symbolischer 3D-Baum 98
Symmetrie 3, 10
Symptom 143f.
Syntaktik 121

Tanzpartitur 151ff., 168
TARMAC – Taxi and Ramp Management and Control 58
Tautologie 5
Tchebychevdistanz 171ff., 177, 183
Technische Semiotik 123
Terminales Objekt 181
Therapie-Planung 85
Tiefeninformation 75, 79
TIPS – Transjugular Intrahepatic Porto- systemic Shunts bei Zirrhose 92
Tomografiesequenzen 199
Towersimulator 59
Tracking-Systeme 89
Tragflügel 54
Trangulation Sequence 36
Transformation 184
Transformationsmethoden 7
Translation 109
Transmissions-Elektronenmikroskop 80
Transparenz 115
Triangulation 28
Trigonometrische Funktion 15
Tumorbehandlung 87ff.
Tumorpatient 91
Tumorresektion 92f.
Tumortherapie 102
Turing-Berechenbarkeit 119

Überblendung 7
Überwachungssystem 59
Ultraschallsonde 93
Ultraviolettstrahlung 142
Unfallforschung 60
Unordnung 10

Vaskularisierung 91, 98
Vergißfunktor 183
Verkehrsstaus 59f.
Verzweigungsdetektion 95
Virtuelle Fotografie 149f.
Virtuelle Realität 21, 80ff.,194ff.
Virtuelle Röntgen-Untersuchung 72
Virtuelle Welten 1, 51, 60, 89, 186
Virtueller Patient 77
Virtueller Raum 186
Virtueller Schein 146
Virtuelles Modell 89
Virtuelles Zellenmodell 80
Viscous Fingering 100
Visualistische Fotografie 142
Visuelle Auslese 5
Visuelle Gestaltung 11
Visuelle Repräsentation 130
Visuelle Täuschung 63
visuelles System 64
Volume Rendering 78f.
Volumendaten 69
Volumetrie 91
Volumetrische Information 80
Voronator 171, 175
Voronoidiagramm 169ff.
Voxel 65, 74, 84, 96

Wahrnehmungspsychologe 5
Wedge Construction 37
Wetterdaten 59
Widerstandsbeiwert 57
Wie-gebaut-Zustand 109f.
Windkanal 53ff.
Windkanaltechnologie 61
Window-Viewport Transformation 114
Wirklichkeit 1
Wissensbasis 134
Wort 121
Würfel 127

Zahl 117, 121f., 136
Zeichen 121f., 126, 136, 188
Zeichenwelt 129
Zeit 8
Zeitdehnung, -raffung 142
Zelle 82
Zellkern 80ff.
Zellkernmembran 83, 84
Zellmorphologie 80ff.
Zentralprojektion 112
Zufall 10, 126, 130
Zufallsgenerator 10ff.
Zwei Kulturen 189ff., 203
Zykloiden 7

Aharony, A. 107
Allgower, E. L. 106
Alsleben, Kurd  187
Appel, A. 47
Arago, François J. D. 137
Arnheim, Rudolf 177, 187
Arvo, J. 47

Bachem, Achim 222, 228
Bacon, Francis 190
Baier, Wolfgang 137
Bajaj, C. 33, 35, 47
Bammé, 124
Barr, A. H. 47
Bayer, U. 188
Benjamin, Walter 117-119
Bense, Max 121, 126, 130, 176, 178,
     181, 184, 187
Bill, Max 123, 124, 169
Birkhoff, Georg David 178, 187
Bismuth 92
Blinn, J. F. 47
Boole, George 109
Bragaglia, Anton Giulio 139
Braque, Georges 180
Brooks, Frederick P. (Jr.) 190, 204
Bunde, A. 107

Chen, J. 47
Cline, H. 33, 48
Coburn, Alvin Langdon 142, 143
Cohen, Harold 126, 130, 132–136
Cohen, M. F. 47, 48
Corey, Mary 168
Couinaud, L. 92, 106
Coy, Wolfgang 121
Criuckshank, Douglas 21

Daguerre, Louis Jaques Mandé 137
Dahmen, Wolfgang 48, 222, 228
Daniel, Lewis 165, 168
David 164
Denning, D. 193
Denning, Peter J. 204
Descartes, René Renatus 1, 190

Dress, Andreas VII, 149, 228
Duff, T. 48

Ehrli, Viviane 136
Elger, Dietmar 150
Engelhard, Hans A. 141
Evertsz, Carl J. G. 106, 107, 225, 226

Fadell, E. 106
Farin, G. 48
Farlow, Lesleay 168
Fasel, Jean H. D. 94, 225, 226, 228
Feder, J. 107
Feigenbaum, Edward 131
Fermat, Piere de 1
Feuerstein 124
Flessner, B. 188
Flusser, Vilém 119, 122, 146
Fontcuberta, Joan 138
Fournier, G. 106
Frank, Helmar 178, 187
Franke, Herbert W. 21, 145, 176, 187,
     190, 192, 204, 221, 228
Freeman, W. H. 130, 136

Galilei, Galileo 1, 190
Genth 124
Georgiades, Thrasybulos 152, 153, 168
Gercke, Hans 142
Gfesser, K. 188
Girmes, Renate 204
Göbel, M. 106
Golubitsky, Martin 179, 188
Goodman, Nelson 152, 161, 168
Greenberg, D. P. 47
Grotefendt, Claudia 2
Gunzenhäuser, Rul  178, 187

Haarmann, Harald 153, 168
Habermas, Jürgen 192, 203, 204
Hajek-Halke, Heinz 142
Hall, Roy 179, 187
Hanrahan, P. 48
Hansen, J. 188
Hartson, H. R. 121

Havlin, S. 107
Helbig, Horst 14, 17, 20
Herken, R. 48
Hernandez, Antonio 142
Heyder, J. 107
Hix, D. 121
Hockney, David 140, 141
Hödike, R. 48
Höhne, K.-H. 106
Holling 124
Holzhäuser, Karl Martin VII, 145, 149
Homer 153
Honnef, Klaus 140, 142
Hoschek, J. 48
Huffington, Arianna Stassinopoulos
    180, 187

Iglhaut, Stefan 146
Ihm, I. 33, 48

Jäger, Gottfried VII, 123, 138, 142,
    145, 146, 187, 228
Jeschke, Claudia 153, 163, 168
Jürgens, Hartmut 106, 225f.

Kaelber, Barbara 168
Kandinsky, Wassily 169, 176f., 187
Kaufhold, Enno 139
Keiner, Marion 127, 136
Kemp, Wolfgang 138
Kempin 124
Kingsley, Gershon 20
Kirk, D. 47
Klee, Paul 176, 177, 178, 186, 187
Klimt, Gustav 123
Klose, Klaus-Jochen 94, 106, 225f., 229
Klotter, H. J. 92
Koch, Robert 150
Kracauer, Siegfried 137
Krämer, Sybille 121
Krauss, Rolf H. 140
Kreuzer, Helmut 189, 204
Kriezis, G. 33, 48
Kulterman, Udo 187
Kurtz, Thomas 127, 136

Lasser, D. 48
Leppek, R. 106
Leray, J. 95, 106
Limoon, José 168
Longo, J. 61
Lorensen, W. 33, 48
Lynche, T. 48

Mac Lane, Saunders 180, 187
Mach, Ernst 55
Mahlow, Dietrich 169, 186f.
Mandelbrot, Benoit 5, 106f.
Marey, Jules-Etienne 140
McCorduck, Pamela 130, 136
Meier, Andreas 169, 188
Miró, Joan 131
Moholy-Nagy, László VII, 142f., 149
Mohr, Manfred 126ff., 132, 134ff.
Moles, Abraham A. 178, 188
Molnar, Vera 126
Mondrian, Piet 123f.
Moore, D. 33, 48
Morris, Charles 121
Müller, H. 106
Muybridge, Eadweard 139

Nadin, Mihai 121, 127, 136
Nake, Frieder 10, 119, 176, 177, 178, 188
Naundorf, W. 137
Nees, Georg 10, 127, 176ff., 185, 186,
    188, 227, 229
Nessim, Barbara 125
Neusüss, Floris Michael 139
Newton, Isaak 53
Nielson, G. 48
Niépce Joseph Nicéphore 137
Noll, A. Michael 10, 123, 127
Normant, F. 107

Orchard, Karin 150

Patrikalakis, N. 33, 48
Peirce, Charles Sanders 121
Peitgen, Heinz-Otto 5, 12, 106, 107,
    225f., 229

Perrottet, Claude 168
Peters, J. 48
Petöfi. János S. 229
Pfeiffer, Günter 176, 188
Picasso, Pablo 180
Pixius, Kay 222
Pollock, Jackson 123, 124
Pomaska, Günter 115, 116, 226, 229
Powell, M. J. D. 33, 49

Raab, Bernd 222
Radespiel, R. 61
Rave, Horst 169, 188
Reynolds, Osborne 53
Röntgen, Wilhelm Conrad 64, 71
Rötzer, Florian 146
Roh, Juliane 13
Ros, Arno 204
Rudnik, R. 61

Sabin, M. 33, 49
Sand, Gabriele 150
Sayler, Diet 179, 187
Scattergood, Edward C. 168
Schauder, J. 95, 106
Schelhove, H. 119
Schirra, Jörg R. J. 197, 204
Schlich, Th. 150
Schmalriede, Manfred 140
Schneider, Helge 119
Scholz, Martin 199, 204
Schubert, Sigrid 129
Schulz, A. 107
Schumaker, L. L. 48
Schwarz, Michael 140
Sederberg, T. 33, 34, 49
Seigberg, H. W. 106
Selle, Dirk 226f.
Serocka, Peter VII, 2, 149

Snow, Charles P. 189, 202
Steinert, Otto 140
Stewart, Ian 179, 188
Strothotte, Thomas 195, 196, 204, 230
Stucky, Wolffried 189, 204
Székely, Gabor 223, 230

Takenaka, S. 107
Thamm-Schaar, T.-M. 48, 222

Urban, B. 106

van Lamsweerde, Inez 149
Vasarely, Victor 123, 124
Virilio, Paul 148
von Amelunxen, Hubertus 146
von Kutschera, Franz 176, 187
von Laban, Rudolf 168
Voronoi, Georgi Feodosjewitsch 169
Voss, R. F. 107

Wallace, J. R. 48
Walther-Bense, Elisabeth 121, 188
Warren, J. 33, 48
Wegner, Peter 119
Weidmüller-Stiftung Detmold 2
Weski, Thomas 150
West, Thomas G. 21
Whitted, T. 49
Wick, Rainer 177, 188
Wilkens, Ulrike 129, 177f., 188
Wittwer, Christian 148
Wunderlichs, Paul 187

Xu, G. 47

Yost, J. 48

Zahlten, C. 106

# Farbtafeln

219

# Farbtafeln

Herbert W. Franke

Abb. 1c *Seite 16*  Abb. 1c *Seite 16*  Abb. 1c *Seite 16*

Abb. 2b *Seite 18*  Abb. 2b *Seite 18*  Abb. 3a *Seite 19*

Abb. 3b *Seite 19*  Abb. 3b *Seite 19*  Abb. 3c *Seite 19*

Abb. 3d *Seite 19*  Abb. 3e *Seite 19*

Wolfgang Dahmen,
Bernd Raabe,
Tom-Michael Thamm

 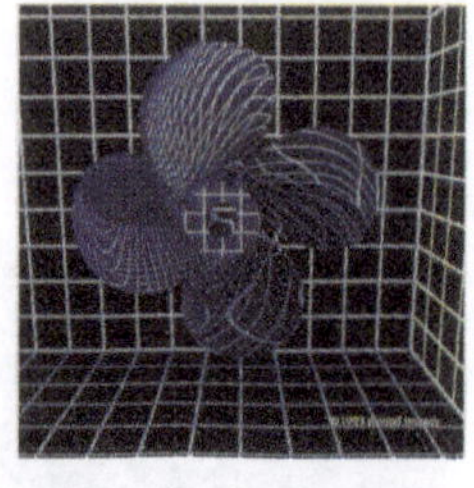 

Abb. 1 *Seite 30*    Abb. 2 *Seite 30*    Abb. 3 *Seite 38*

Abb. 4 *Seite 38*    Abb. 5 *Seite 45*    Abb. 6 *Seite 45*

Achim Bachem,
Kay Pixius

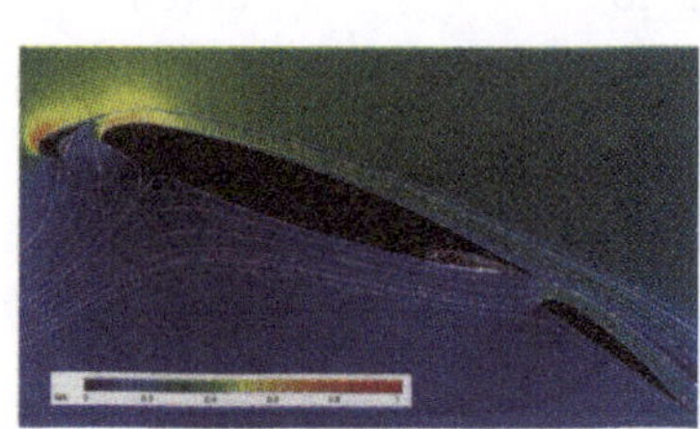 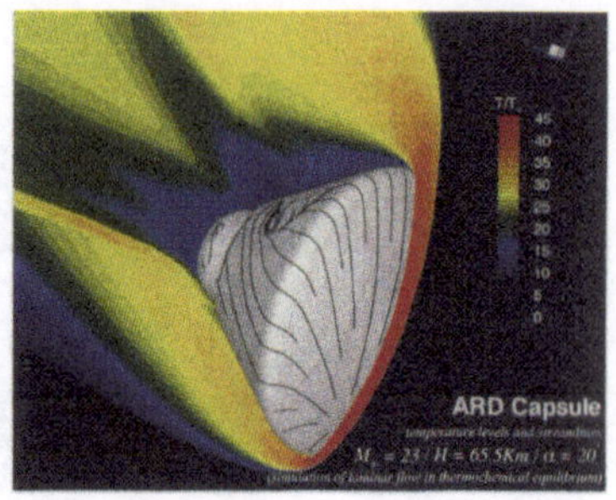

Abb. 1.1 *Seite 55*    Abb. 1.2 *Seite 56*

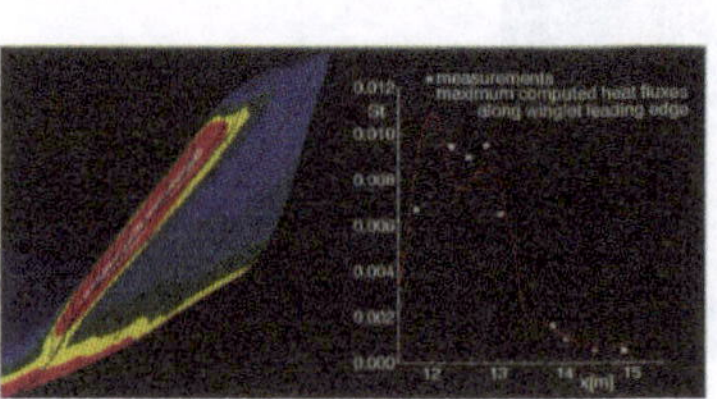 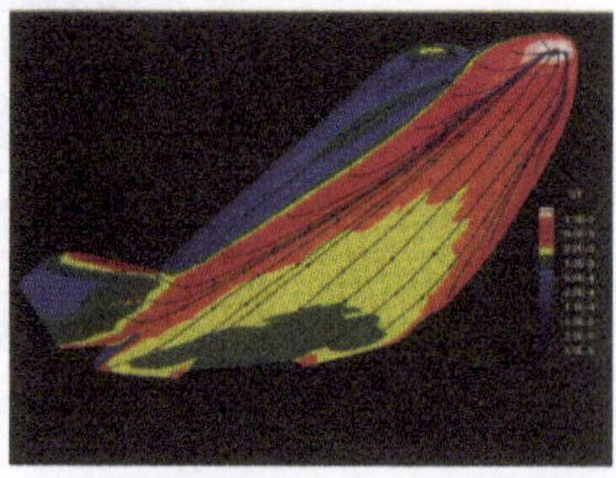

Abb. 1.2 *Seite 57*    Abb. 1.3 *Seite 57*

Gabor Székely

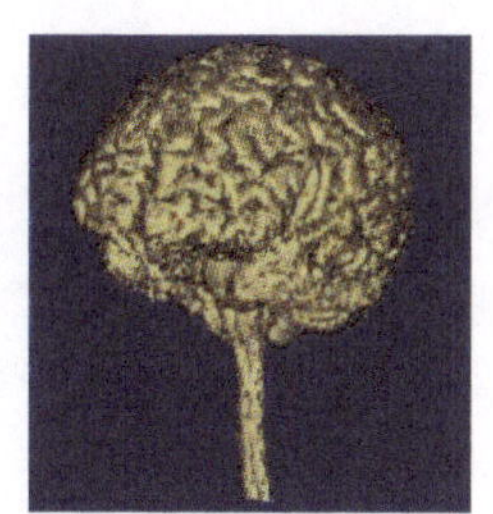

Abb. 17 *Seite 76*

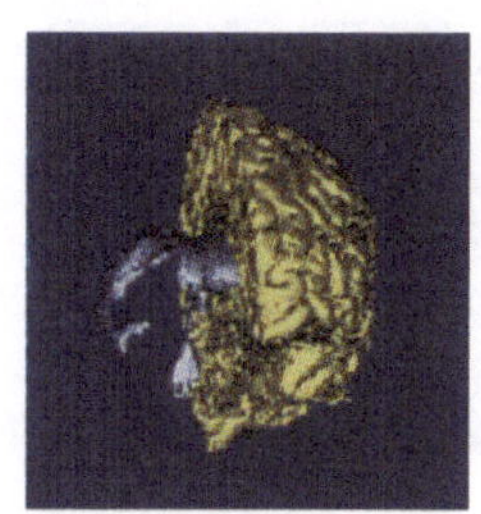

Abb. 17 *Seite 76*

Abb. 17 *Seite 76*

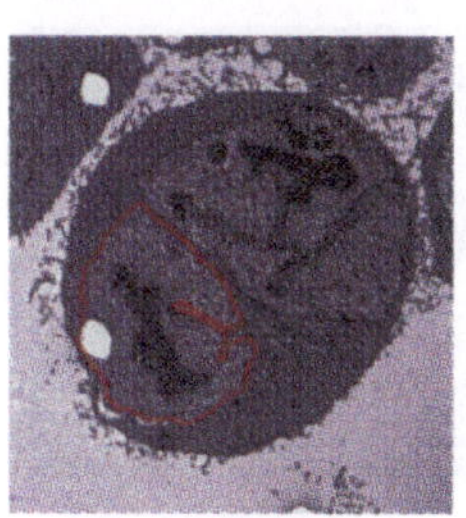

Abb. 20 *Seite 80*

Abb. 20 *Seite 80*

Abb. 21 *Seite 81*

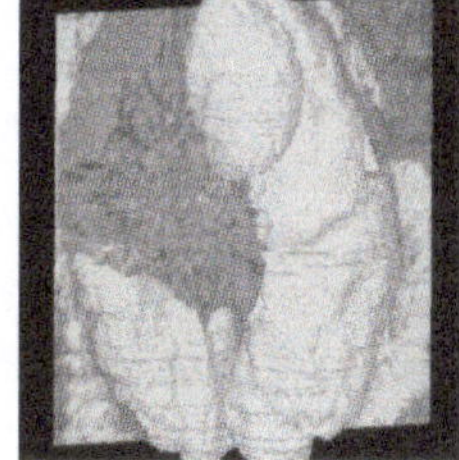

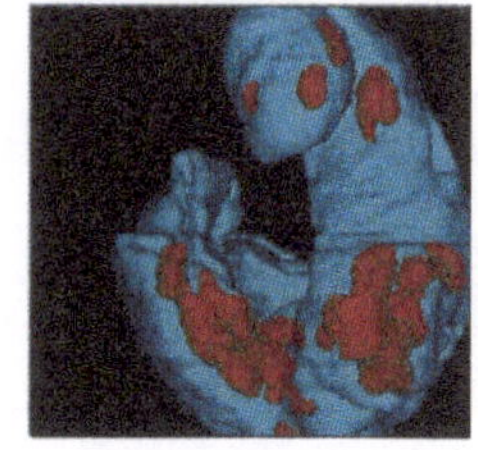

Abb. 21 *Seite 81*

Abb. 22 *Seite 82*

Abb. 22 *Seite 82*

Abb. 23 *Seite 83*

Abb. 23 *Seite 83*

Abb. 23 *Seite 83*

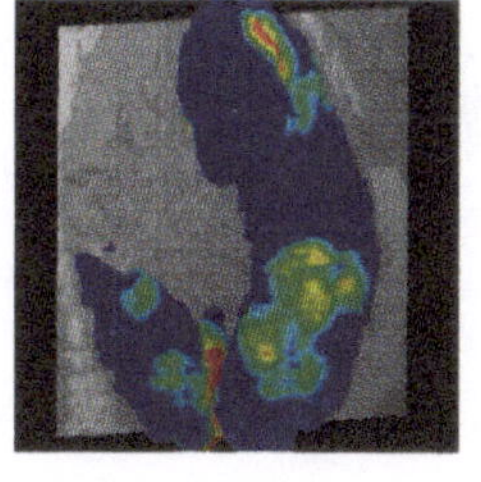

Abb. 23 *Seite 83*

Abb. 24 *Seite 84*

Abb. 25 *Seite 84*

Gabor Székely

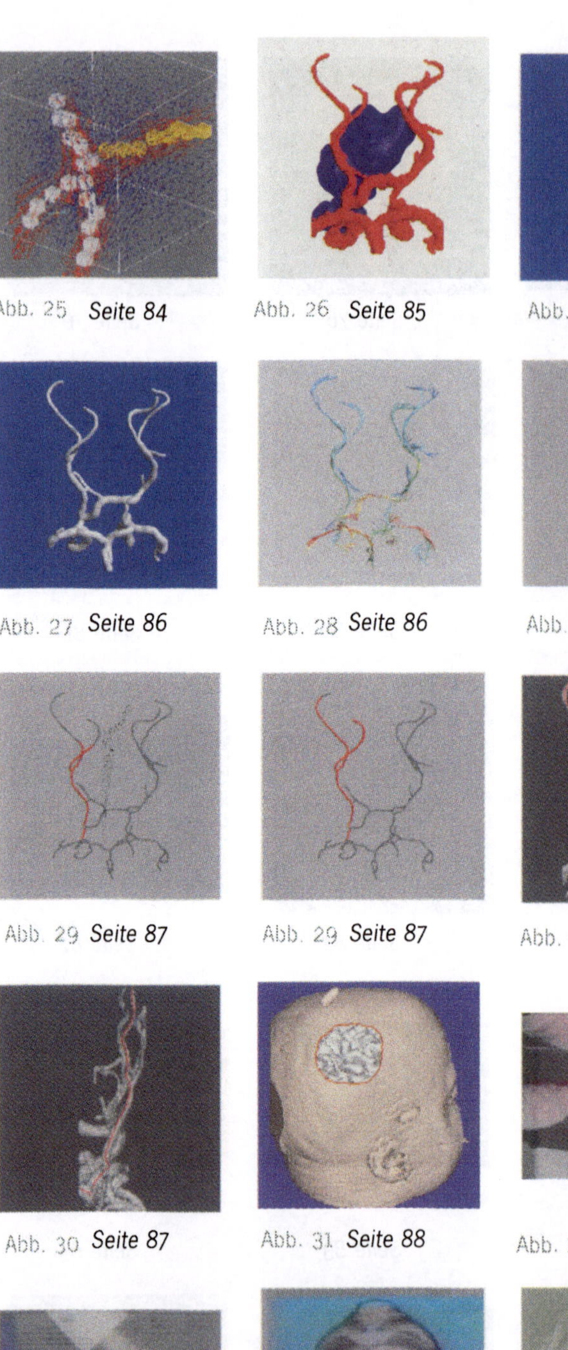

Abb. 25  *Seite 84*     Abb. 26  *Seite 85*     Abb. 27 *Seite 86*

Abb. 27  *Seite 86*     Abb. 28 *Seite 86*     Abb. 29 *Seite 87*

Abb. 29  *Seite 87*     Abb. 29  *Seite 87*     Abb. 30  *Seite 87*

Abb. 30  *Seite 87*     Abb. 31  *Seite 88*     Abb. 31  *Seite 88*

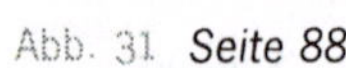

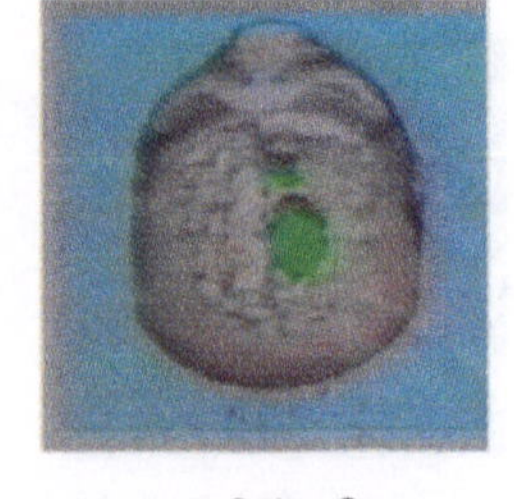

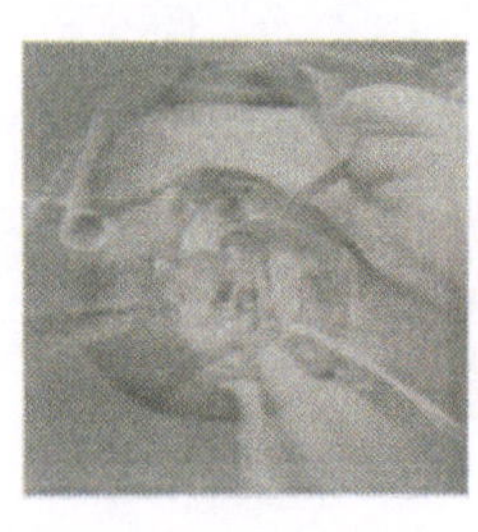

Abb. 31  *Seite 88*     Abb. 32 *Seite 89*     Abb. 32  *Seite 89*

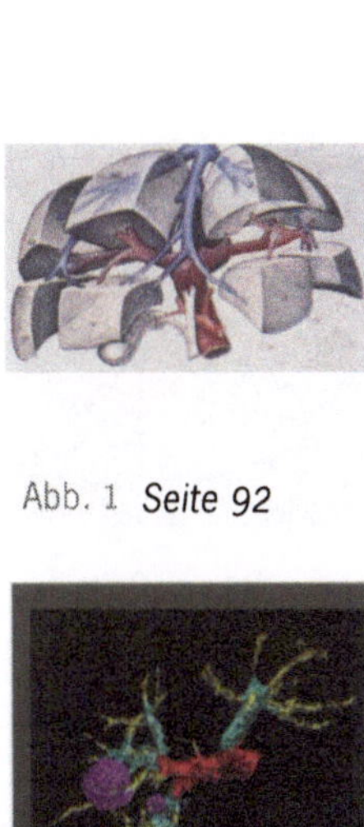

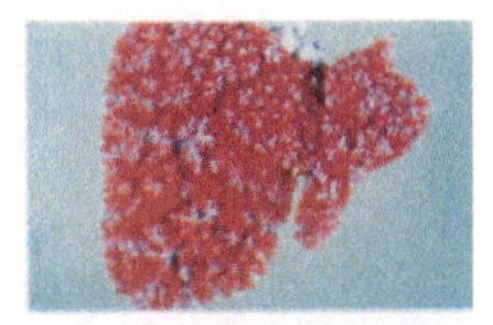

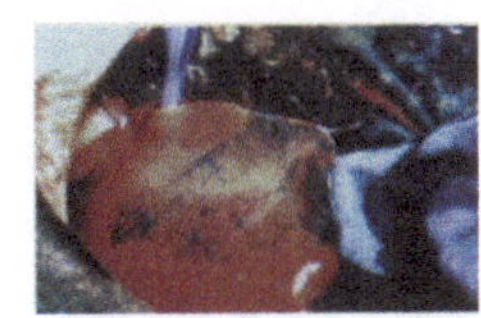

H.-O. Peitgen,
D. Selle,
J. H. D. Fasel,
K.-J. Klose,
H. Jürgens,
C. J. G. Evertsz

Abb. 1 *Seite 92*     Abb. 2 *Seite 92*     Abb. 3 *Seite 93*

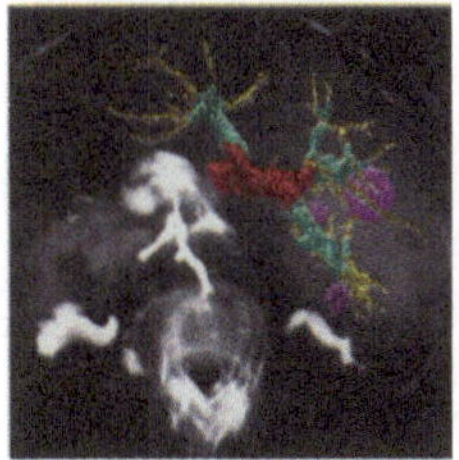

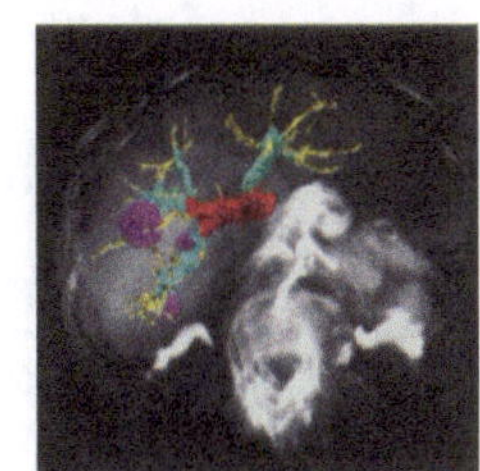

Abb. 6 *Seite 97*     Abb. 7 *Seite 97*     Abb. 8 *Seite 100*

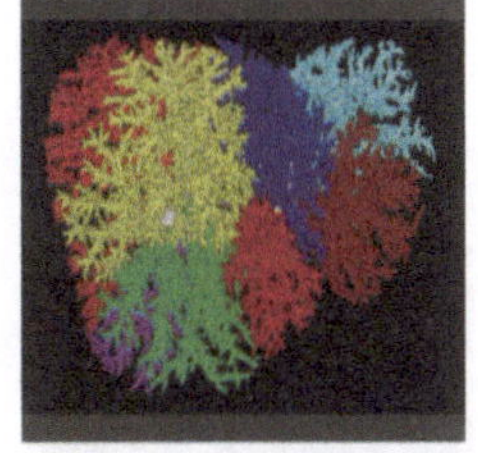

Abb. 8 *Seite 100*     Abb. 9 *Seite 101*     Abb. 11 *Seite 102*

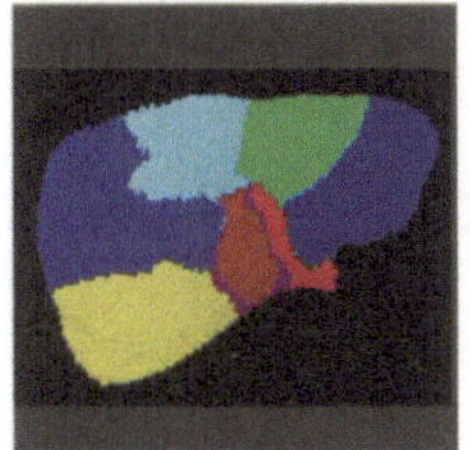

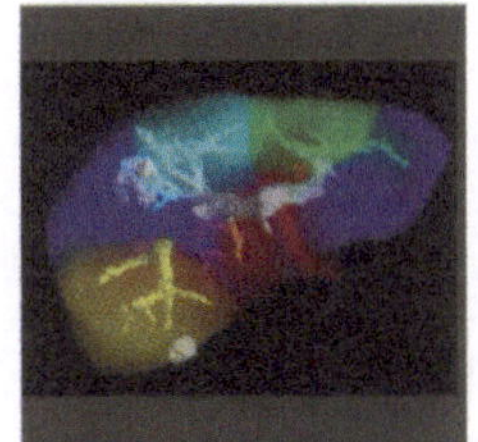

Abb. 12 *Seite 103*     Abb. 12 *Seite 103*     Abb. 13 *Seite 104*

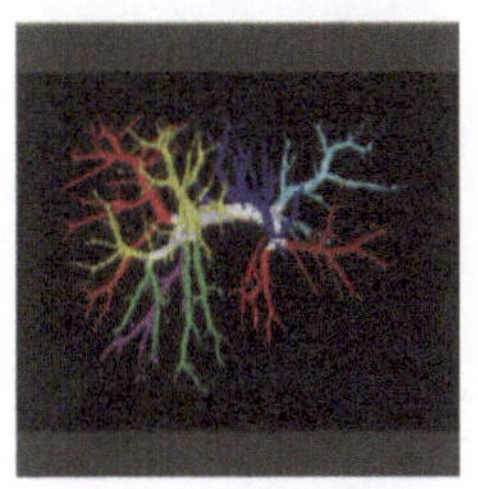

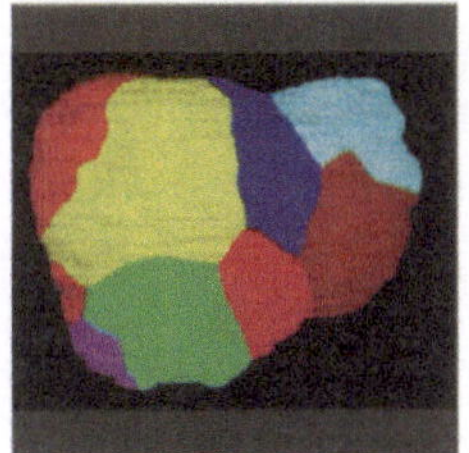

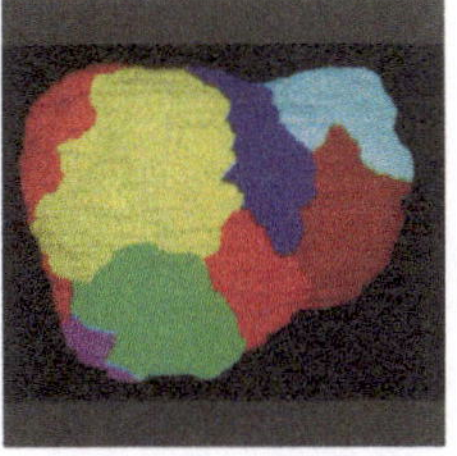

Abb. 14 (a1) *Seite 105*     Abb. 14 (a2) *Seite 105*     Abb. 14 (a3) *Seite 105*

H.-O. Peitgen,
D. Selle,
J. H. D. Fasel,
K.-J. Klose,
H. Jürgens,
C. J. G. Evertsz

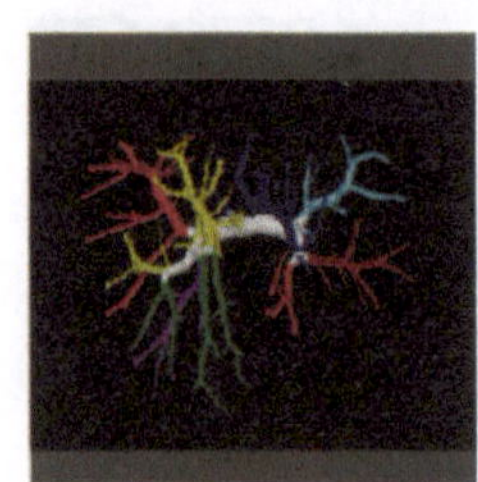

Abb. 14 (b1) *Seite 105*

Abb. 14 (b2) *Seite 105*

Abb. 14 (b3) *Seite 105*

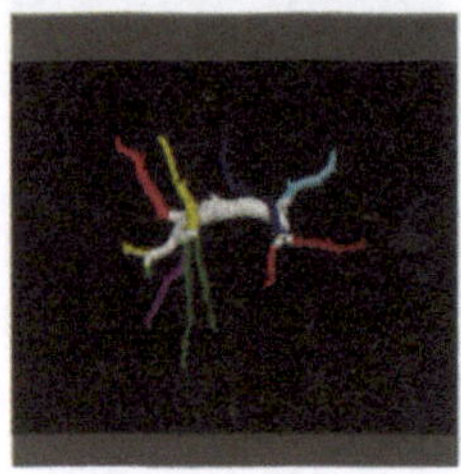

Abb. 14 (c1) *Seite 105*

Abb. 14 (c2) *Seite 105*

Abb. 14 (c3) *Seite 105*

Günter Pomaska

Abb. 4 *Seite 112*

Abb. 6 *Seite 113*

Abb. 7 *Seite 113*

Abb. 8 *Seite 113*

Abb. 9 *Seite 114*

Abb. 9 *Seite 132*

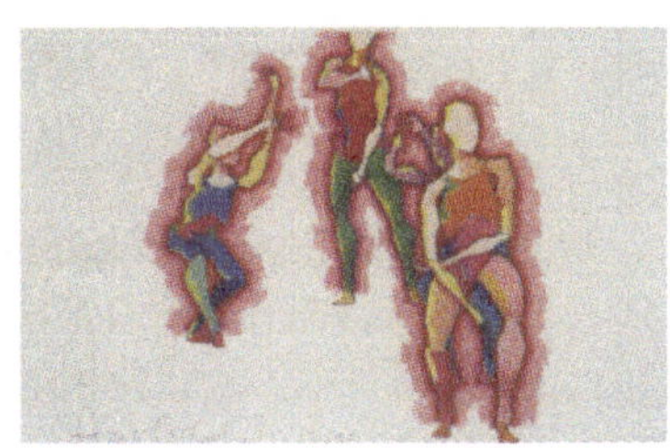

Abb. 13 *Seite 134*

Frieder Nake

Abb. 12 *Seite 133*

# Autorenverzeichnis


**Prof. Dr. Achim Bachem**
Deutsches Zentrum für Luft- und Raumfahrt (DLR)
Königswinterer Str. 522-524
D-53227 Bonn
e-mail: achim.bachem@dlr.de

**Prof. Dr. Wolfgang Dahmen**
Rheinisch-Westfälische Technische Hochschule (RWTH) Aachen
Institut für Geometrie und Praktische Mathematik
Templergraben 55
D-52062 Aachen
e-mail: dahmen@igpm.rwth-aachen.de

**Prof. Dr. Andreas Dress**
Universität Bielefeld
Fakultät für Mathematik
Forschungsschwerpunkt Mathematisierung - Strukturbildungsprozesse
Postfach 10 01 31
D-33501 Bielefeld
e-mail: dress@mathematik.uni-Bielefeld.de

**Dr. Jean H. D. Fasel**
Universität Genf
Centre Medical Universitaire
Département de Morphologie
CH-1211 Genf 4
e-mail: jean.fasel@medecine.unige.ch

**Prof. Dr. Herbert W. Franke**
Austraße 12
D-82544 Egling
e-mail: franke@zi.biologie.uni-muenchen.de

**Prof. Gottfried Jäger**
Fachhochschule Bielefeld
Fachbereich Design
Forschungs- und Entwicklungsschwerpunkt Fotografie und Medien
Lampingstr. 3
D-33615 Bielefeld
e-mail: gjaeger@fhzinfo.fh-bielefeld.de

**Prof. Dr. Klaus-Jochen Klose**
Universität Marburg
Medizinisches Zentrum für Radiologie. Abteilung für Strahlendiagnostik
Baldinger Straße
D-35043 Marburg

**Prof. Dr. Frieder Nake**
Universität Bremen
FB 3 - Informatik
Postfach 330 440
D-28334 Bremen
e-mail: nake@informatik.uni-bremen.de

**Prof. Dr. Georg Nees**
Im Heuschlag 13
D-91054 Erlangen

**Prof. Dr. Heinz-Otto Peitgen**
Universität Bremen
CeVis - Centrum für Complexe Systeme und Visualisierung
MeVis - Centrum für Medizinische Diagnosesysteme und Visualisierung GmbH
Postfach 330 440
D-28334 Bremen
e-mail: peitgen@mevis.de

**Prof. Dr. János Sandor Petöfi**
Università degli Studi di Macerata
Dipartimento di Filosofia e Scienze umane
Via Garibaldi, 20
I-62100 Macerata
e-mail: petofi@mercurio.it

**Prof. Dr. Günter Pomaska**
Fachhochschule Bielefeld
Fachbereich Architektur und Bauingenieurwesen
Artilleriestr. 9
D-32380 Minden
e-mail: gp@imagefact.com

**Dr. Jörg R. J. Schirra**

Otto-von-Guericke-Universität Magdeburg

Fakultät für Informatik

Postfach 4120

D-39016 Magdeburg

e-mail: joerg@isg.cs.uni-magdeburg.de

**Dipl.-Inform. Dirk Selle**

Universität Bremen

MeVis - Centrum für Medizinische Diagnosesysteme und Visualisierung GmbH

Postfach 330 440

D-28334 Bremen

e-mail: selle@mevis.de

**Prof. Dr. Thomas Strothotte**

Otto-von-Guericke-Universität Magdeburg

Fakultät für Informatik

Postfach 4120

D-39016 Magdeburg

e-mail: tstr@isg.cs.uni-magdeburg.de

**Dr. Gabor Székely**

Eidgenössische Technische Hochschule (ETH) Zürich

Institut für Kommunikationstechnik

FG Bildwissenschaft

ETH-Zentrum

CH-8092 Zürich

e-mail: szekely@vision.ee.ethz.ch